中国人民大学2021年度
“中央高校建设世界一流大学（学科）和特色发展引导专项资金”
支持

环境治理的中国之制

纵向分权与跨域协同

马本 ■ 著

中国社会科学出版社

图书在版编目（CIP）数据

环境治理的中国之制：纵向分权与跨域协同／马本著．—北京：中国社会科学出版社，2022.8

ISBN 978－7－5227－0192－9

Ⅰ.①环… Ⅱ.①马… Ⅲ.①环境综合整治—研究—中国 Ⅳ.①X321.2

中国版本图书馆 CIP 数据核字（2022）第 079074 号

出 版 人 赵剑英
责任编辑 刘 艳
责任校对 陈 晨
责任印制 戴 宽

出　　版 中国社会科学出版社
社　　址 北京鼓楼西大街甲 158 号
邮　　编 100720
网　　址 http://www.csspw.cn
发 行 部 010－84083685
门 市 部 010－84029450
经　　销 新华书店及其他书店

印　　刷 北京明恒达印务有限公司
装　　订 廊坊市广阳区广增装订厂
版　　次 2022 年 8 月第 1 版
印　　次 2022 年 8 月第 1 次印刷

开　　本 710×1000　1/16
印　　张 20
插　　页 2
字　　数 303 千字
定　　价 106.00 元

前　言

中国的生态环境管理体制是建设生态文明、实现美丽中国的长期性、战略性和基础性制度安排。本书针对环境治理中的纵向分权和跨域协同展开深入的理论和经验分析，结合生态文明体制改革新动态提出完善中国生态环境管理制度的重点方向。中国的环境决策具有明显的自上而下特点，政策执行监管则呈现向基层分权的特征。在多级政府体制下，环境决策权与执行监管权的纵向偏离可能导致政策制定和政策执行的双重低效率，出现相对集中的政策制定缺乏灵活性、分散化的政策执行刚性不足的悖论。

本书以环境分权理论为基础，从公众环保诉求、纵向体制改革、分权下的地区策略互动、环境管制执行异质性等视角，深入探究中国环境分权的理论逻辑，采用面板数据模型、面板门槛模型、高阶动态空间计量模型、工具变量法等定量分析工具，较为深入地探讨了环境管理权力在多层级政府间优化配置问题，旨在为生态环境管理制度的完善提供有价值的启迪。在纵向分权的基础上，本书针对具有明显跨行政区属性的 $PM_{2.5}$ 污染，以京津冀为案例，融合纵向分权与横向协同，深入分析跨界大气污染治理的多行政区横向协作机制，提出跨域治理体制机制和政策工具选择建议，最终形成纵向分权与横向合作相结合的构建现代环境治理体系的综合改革思路。

本书分为四篇，第一篇导论，第二篇理论篇，第三篇案例篇，第四篇政策篇。第一篇是导论，介绍研究背景、研究框架、主要内容和学术贡献。第二篇是理论篇，包括第二章公众环境质量诉求的地区差异与环境决策分权，第三章环境监管分权的历史演进与污染治理效果评估，第四章分权体制下城市环境监管策略互动与监管失灵，以及第五章分权体制下城市环境规制异质性与影响因素。第三篇是案例篇，包括第六章跨域污染协同治理案例、理论与经验借鉴，第七章京津冀大气污染协同治理制度演变、评估与设计，以及第八章京津冀大气污染跨域协同治理的配套政策分析。第四篇是政策篇，包括第九章对中国构建现代环境治理体系的关键措施评述，第十章中国环境政策制定与监管的纵向分权改革思路，第十一章中国省以下生态环境机构垂直管理改革探析，以及第十二章京津冀大气跨域协同治理应平衡省市间利益。

目　　录

第一篇　导论

第二篇　理论篇

第三篇　案例篇

第四篇 政策篇

第一篇　导论

本篇介绍本书的研究背景、研究框架、主要内容和学术贡献。虽然中国在环境治理上取得重大成就，但污染总体上还比较严重，环境质量改善仍处于攻坚期，探索建立与污染治理需求相匹配的环境管理纵向分权和跨域协同的制度，是建设生态文明、实现美丽中国的基础和根本保障。本书的研究对象是环境管理权在不同层级政府间的优化配置，构建了纵向分权和跨域协同的整合分析框架，由四篇十二章内容构成，旨在从理论、案例、政策三个维度对生态环境管理体制这一环境治理的关键制度进行深入探析，形成纵向分权与横向合作相结合的环境治理体系改革思路。

第一章　导论

为有效治理大气、水体等环境污染，更好应对跨域污染问题，探索环境管理权在不同政府层级间的优化配置和合作机制是建设生态文明、实现美丽中国的长期性、基础性、战略性制度安排。本书将政府与市场、政府与社会分权视为外生，聚焦多层级政府间的环境管理权优化配置，认为环境决策权与执行监管权的纵向偏离可能导致政策制定和政策执行的双重低效率；从公众环保诉求、纵向体制改革、分权下的地区策略互动、环境管制执行异质性等视角对纵向分权开展研究；针对具有明显跨行政区属性的 $PM_{2.5}$ 污染，以京津冀地区为案例，分析跨界大气污染治理的多行政区横向协作机制。本书在分析框架构建、纵向分权研究视角、跨域协作利益平衡、环境治理改革思路四个方面体现出创新性。

第一节　研究背景

中国环境污染形势总体严峻，水体局部污染严重。2019 年全国地表水监测 1931 个水质断面中，劣 V 类占 3.4%，主要污染指标为化学需氧量、总磷和高锰酸盐指数。在长江、黄河、珠江、松花江、淮河、海河、辽河七大流域和浙闽片河流、西北诸河、西南诸河的 1610 个水质断面中，劣 V 类占 3.0%；其中黄河流域劣 V 类占 8.8%，海河流域劣 V 类占 7.5%，辽河流域劣 V 类占 8.7%。在开展监测的 110 个重要湖泊中，劣 V 类占 7.3%；全国 2830 处浅层地下水水质监测井中，V 类占 46.2%，超标指标为锰、总硬度、碘化物、铁、氟化物等[①]。因此，中国水质的全面改善还需要付出艰苦努力。中国的城市空气污染总体较严重，超标城市占相当比例，且中国现行的空气质量标准相对宽松。2020 年，全国 337 个地级及以上城市中，202 个城市空气质量达标，占比为 59.9%，135 个城市空气质量超标，占比为 40.1%；考虑到 2020 年受新冠肺炎疫情影响，2019 年达标城市比例仅为 46.6%，超标城市比例达 53.4%[②]。根据《环境空气质量标准（GB 3095—2012）》，中国现行环境空气污染物浓度年均值 $PM_{2.5}$ 二级标准为 35 微克/立方米、日均值二级标准为 75 微克/立方米。世界卫生组织（WHO）于 2021 年 9 月修订并发布了《全球空气质量指导值（2021）》，形成了全球空气质量的新基准。相对于 2005 年版本，$PM_{2.5}$ 浓度年均限值由 10 微克/立方米下调为 5 微克/立方米，加严 50%；日浓度限值由 25 微克/立方米下调为 15 微克/立方米。WHO 对空气质量标准的修订是基于空气污染健康损害的最新证据。中国现行的空气质量浓度限值比 2005 年版的 WHO 推荐标准明显偏高，而最新版本的标准又大幅加严。除 $PM_{2.5}$ 污染外，臭氧、氮氧化物污染也呈现上升趋势，中国的空气质量标准同样比 WHO 相应的标准宽松。由此可见，中国空气污染的治理仍任重道远。

2012 年党的十八大报告将生态文明建设放在突出位置，与经济建设、政治建设、文化建设和社会建设一起形成了“五位一体”总体布局，并首次将“建设美丽中国”作为生态文明建设的奋斗目标。2015 年，中共中央关于制定国民经济和社会发展第十三个五年规划的建议中提出了新发展理念，绿色发展作为“五大发展理念”之一成为指导新时期绿色高质量发展的行动指南。蓝天保卫战、碧水保卫战、净土保卫战取得重大进展，2013 年《大气污染防治行动计划》颁布实施，2015 年《水污染防治行动计划》实施，2016 年《土壤污染防治行动计划》实施；2020 年，中国向世界庄严承诺“2030 年前

---

① 数据来源：《2019 中国生态环境状况公报》。

② 数据来源：《2020 中国生态环境状况公报》，其中参与评价的六种大气污染物均达标，即为环境空气质量达标。

实现碳达峰、2060年前实现碳中和”的中长期减排战略目标，标志着社会经济发展将步入全面绿色转型的新阶段，污染治理步入减污降碳协同增效的新时期。党的十八大以来，中国在生态文明建设领域出台政策之密集、推进力度之大、取得成效之显著前所未有。在习近平生态文明思想引领下，生态环境管理制度作为贯彻落实生态文明战略决策的根本保障，也经历了快速发展和变革期。2015年中共中央印发《生态文明体制改革总体方案》，勾画了生态文明建设制度的四梁八柱，生态文明体制改革有了顶层设计。特别是2016年启动了省以下生态环境机构垂直管理改革试点，2018年将分散在国家发展改革委等六部委的生态环境管理职能划入新组建的生态环境部，这些生态文明领域的重大体制改革成为落实习近平生态文明思想、更加有力地推进美丽中国建设的重要支撑。

在人口众多、地域辽阔、行政管理层级多、各地发展阶段差异大、污染态势不尽相同的发展中大国，生态环境管理权在不同政府层级间如何合理配置是一个具有复杂性、长期性、基础性和战略性的制度安排。在中国，主要的环境政策均由中央政府制定，政策手段以命令式为主；在上级环保行政指令约束下，地方政府负责环境规制的监督实施①。由于经济发展和环境保护之间存在非线性、互相作用的复杂耦合关系，特别是对环境保护的重视程度因经济发展阶段、产业结构演变、公众环境诉求等的变化而动态调整，导致经济发展水平、产业结构、污染状况差异大的地区其污染治理的诉求呈现较大差异②。由中央政府负责的生态环境政策制定可能面临统一性和灵活性的权衡取舍，统一标准的政策制定很难同时满足各地的差异化诉求，出现众口难调的困境。因此，必然面临中央政府和地方政府在生态环境决策权上的优化配置。过于集中的环境决策可能体现出“一刀切”特点，难以与各地的具体情况相匹配，存在过度管制或管制不足等带来的无

---

① 张凌云、齐晔：《地方环境监管困境解释——政治激励与财政约束假说》，《中国行政管理》2010年第3期。

② 马本、张莉、郑新业：《收入水平、污染密度与公众环境质量需求》，《世界经济》2017年第9期。

效率情形；分权的环境决策可能受到地方特征和经济发展等激励机制的影响，比如为经济竞争而放松环境政策、污染治理跨界性带来的"搭便车"等的挑战。因此如何将环境决策权力在中央和地方进行分配是一个在理论和经验上均有待进一步深入分析的重要问题。

自20世纪90年代以来，中国已逐步建立起主要针对工业的、全面而现代化的环境法律和政策体系①，而环境政策执行监督主要依赖地方政府。特别是在省以下环境垂改前，中国生态环境管理长期依赖属地化的行政管理体制。在省、地市和县级，环境保护局（厅）在行政上均隶属于相应层级的地方人民政府，即地方政府负责环境保护局（厅）的人事任命和主要经费。其结果是相对集中的环境决策，依赖多层级政府间自上而下层层传递而得以执行。环境规制实施的向下分权化意味着，环境政策的执行在地方可能被扭曲，出现监管疲软等无效率问题。环境向下分权可能导致地方政府间的不合作和协调不足，立法和规制缺少跨地区一体性导致的污染泄漏，也不利于包括气候变化在内的国际环境公共品的供给，来自地方经济利益的压力可能对政策执行造成扭曲等②。特别是，在多级政府、多目标委托代理框架下，经济增长目标自上而下层层加码③，环境保护压力传递出现层层递减④，出现越往基层越"重经济、轻环保"。环境向下分权的另一挑战是辖区间出现的策略互动行为，可能导致地方政府无效率的弱

① Beyer, S., "Environmental Law and Policy in the People's Republic of China", *Chinese Journal of International Law*, Vol. 5, No. 1, 2006, pp. 185 – 211. OECD, *Environmental Compliance and Enforcement in China: An Assessment of Current Practices and Ways Forward*, Paris: OECD Publishing, 2006. Zhang, S., "Environmental Regulatory and Policy Framework in China: An Overview", *Journal of Environmental Sciences*, Vol. 13, No. 1, 2001, pp. 122 – 128. 任丙强：《生态文明建设视角下的环境治理：问题、挑战与对策》，《政治学研究》2013年第5期。

② Balme, R. and Qi, Y., "Multi – Level Governance and the Environment: Intergovernmental Relations and Innovation in Environmental Policy", *Environmental Policy and Governance*, Vol. 24, No. 3, 2014, pp. 147 – 232.

③ Li, X., Liu, C., Weng, X., Zhou, L. – A., "Target Setting in Tournaments: Theory and Evidence from China", *The Economic Journal*, Vol. 129, No. 623, 2019, pp. 2888 – 2915.

④ 参见2016—2018年中央对31个省级行政区环保督察情况的反馈意见。

环境规制：一是污染的跨区域损害导致分权决策的“以邻为壑”，污染治理收益的跨界外溢性导致分权决策下的“搭便车”；二是为保持工业竞争力、争夺流动性资源（资本和劳动），辖区间将放松环境管制作为竞争手段而出现“竞次”（Race to the Bottom）①。在这些因素的共同作用下，在中国，环境政策在企业层面的执行成为一个公认的环境治理薄弱环节②。

纵向分权除了可能出现上述的弊端外，也存在能提高政策执行效率的有利因素。传统理论观点认为，向地方分权有利于发挥地方政府的信息优势③，鼓励政策试验和创新④，实现与城市规划等相关地方事务的协同⑤等。因此，环境政策制定权和执行监管权在各层级政府之间如何优化配置，有赖于在成本收益分析框架下，对分权的收益和潜在成本进行全面系统的评估。当然，理论上地方政府既可能出现“逐底竞争”的弱环境规制，也可能在特定政策引导下出现“逐顶竞争”（Race to the Top）的过度规制⑥；更为重要的是，无论是环境政

① Brueckner, J. K., "Strategic Interaction among Governments: An Overview of Empirical Studies", *International Regional Science Review*, Vol. 26, No. 2, 2003, pp. 175 - 188. Konisky, D. M., "Regulatory Competition and Environmental Enforcement: Is There a Race to the Bottom?", *American Journal of Political Science*, Vol. 51, No. 4, 2007, pp. 853 - 872. Ulph, A., "Harmonization and Optimal Environmental Policy in a Federal System with Asymmetric Information", *Journal of Environmental Economics and Management*, Vol. 39, No. 2, 2000, pp. 224 - 241.

② OECD, *Environmental Compliance and Enforcement in China: An Assessment of Current Practices and Ways Forward*, Paris: OECD Publishing, 2006. OECD, *OECD Environmental Performance Review: China2007*, Paris: OECD Publishing, 2007. 张凌云、齐晔：《地方环境监管困境解释——政治激励与财政约束假说》，《中国行政管理》2010 年第 3 期。

③ Adler, J. H., "Jurisdictional Mismatch in Environmental Federalism", *New York University Environmental Law Journal*, Vol. 14, No. 1, 2005, pp. 130 - 178. Oates, W. E., "An Essay on Fiscal Federalism", *Journal of Economic Literature*, Vol. 37, No. 3, 1999, pp. 1120 - 1149.

④ Gordon, R. H., "An Optimal Taxation Approach to Fiscal Federalism", *The Quarterly Journal of Economics*, Vol. 98, No. 4, 1983, pp. 567 - 586. Oates, W. E., "An Essay on Fiscal Federalism", *Journal of Economic Literature*, Vol. 37, No. 3, 1999, pp. 1120 - 1149.

⑤ Sõberg, E., "An Empirical Study of Federal Law Versus Local Environmental Enforcement", *Journal of Environmental Economics and Management*, Vol. 76, 2016, pp. 14 - 31.

⑥ Oates, W. E. and Schwab, R. M., "Economic Competition Among Jurisdictions: Efficiency Enhancing or Distortion Inducing?", *Journal of Public Economics*, Vol. 35, No. 3, 1988, pp. 333 - 354.

策，还是环境规制，其内涵都是多元的，既可能针对不同污染物（水污染、大气污染、有害固废等），也因环境政策阶段而异（政策研究、制定、监测、执行），更有来自环境政策工具的不同（例如，排污税、总量管制与交易、排放标准）。理论上，很难有一种环境权力的纵向配置同时适用于所有情形①。因此，在多层级政府、多环境介质、多管理要素的情形下，深入分析中国政府环境分权的理论逻辑，通过严谨的经验证据揭示环境污染背后的制度根源，对于建立科学合理的、因不同情形而动态调整的环境纵向分权制度至关重要。

近年来，跨域污染问题日益突出，是生态环境管理制度面临的新挑战。遵循自然扩散规律，环境污染呈现出区域性、流域性等特征，并不依人为划定的行政边界而分布，表现出跨县、跨市、跨省甚至跨国等多层次的跨域特征。中国七大水系的水污染、区域性的 $PM_{2.5}$ 污染等均表现出跨省级行政区特点，该类跨域污染的治理涉及中央和地方关系、地方间合作、环境纵向分权等复杂因素，是环境治理面临的新挑战。譬如，经过三轮来源解析，北京市 $PM_{2.5}$ 污染的区域传输源贡献呈上升趋势，2021 年 9 月发布的结果表明，北京本地排放约占六成（58% ±16%）、区域传输约占四成（42% ±16%），重污染日区域传输的贡献达 64%（±8%）。为有效应对日益突出的区域污染，建立跨行政区协同治理制度成为一个必要选项。与纵向分权不同，跨域协同治理是横向协作，是地方政府间为应对区域性污染而开展的协商、谈判、联合治理等的"集体行动"。环境管理权在多政府层级的纵向合理配置是污染治理跨地区协同制度建立的前提条件和重要载体。具体而言，应对跨省域污染，过于分散的环境政策执行监管将可能导致跨域协同面临管理碎片化、各行其是、协调不足的困境；在中国权威型体制下，过于集中的政策制定权将导致跨域协同过于依赖自上而下的指令，不利于充分调动域内各地区的主动性、积极性，建立激励兼容的协同治理格局。因此，在纵向分权基础上，如何从管理制

① Millimet, D. L., "Environmental Federalism: A Survey of the Empirical Literature", *Case Western Reserve Law Review*, Vol. 64, No. 4, 2014, pp. 1669–1758.

度上探索建立跨域污染治理协同新机制，厘清中国生态环境管理纵向分权与横向协同的关系，建立权责清晰、分工协作及与中国发展阶段、各地区发展和污染态势相适应的现代生态环境管理制度，对于加快建设现代环境治理体系、更好落实生态文明建设重大战略、加快美丽中国建设步伐具有重要的理论和现实意义。

第二节 研究框架

随着中国的工业化、城镇化进程，在经济发展取得举世瞩目成就的同时，生态环境问题也日益突出，成为经济高质量发展和可持续发展面临的突出挑战。环境污染所具有的负外部性特征，是市场失灵的典型代表。环境污染治理需要政府通过环境管理和政策工具干预发挥不可或缺的重要作用。在这个过程中，生态环境管理制度决定了生态环境管理权力的配置格局，既是处理政府与市场、政府与社会在生态环境管理上分工协作关系的具体体现，也是政府履行生态环境管理责任的根本和保障。

对一个国家而言，生态环境管理的权力配置涉及非常丰富的内容。从政府、市场和社会视角看，生态环境管理权的配置既包括承担公共管理职能的政府与以价格为核心的市场机制之间的权责划分，也包括政府与作为个体或群体的公民、各类社会组织的权责划分；从政府纵向和横向视角看，既包括多层级政府间纵向权力分配，也包括同一政府层级中各兄弟部门间管理权的横向划分；从生态环境管理内容视角看，既包括环境决策权的纵向、横向优化配置，也包括诸如环境规划、环境监察、环境监测、环境宣教、环境科研、环境应急等具体业务权限在纵向、横向政府机构间的优化配置。进一步地，不同的环境污染具有不同的物理化学性质、不同的影响边界、不同的健康代价等，因此对于大气、水体、土壤、固废、生态等不同领域的生态环境污染问题，最优的环境权力配置可能存在差异，这也为环境管理权力配置带来了复杂性和不确定性。

由于新古典经济学中的市场效率和市场失灵理论，为市场和政府在生态环境治理上的分工提供了一个较为明确的功能边界。政府通过政策干预市场，以解决存在外部性、公共物品、市场势力、信息不对称等市场失灵的情形。由于生态环境保护具有典型的公共品属性，政府在其中的作用不可或缺、无可替代。因此，本书以新古典经济学中政府和市场的功能边界为基础，针对生态环境治理，着重研究政府生态环境管理权力的内部优化配置问题，而将政府与市场的责任边界视为相对外生的变量。类似地，本书亦将政府与社会在生态环境治理上的边界视为外生。进一步地，本书主要考察环境权力在多政府层级间的纵向配置问题，以及以此为基础的跨地区协同，未针对在同一政府不同部门间环境权力的分散与整合。基本的考虑是，生态环境部门作为环境监管的职能部门，承担了生态环境监管的大部分职能；特别是2018年新一轮行政体制改革，将分散在发展改革、水利、农业等六部门的生态环境监管职能加以整合，随着自上而下的层层落实，同一政府层级内的生态环境监管职能趋于合理。与不同部门环保职能横向整合相比，不同政府层级间环境权力的配置是更具现实性、复杂性且对环境治理效果更具影响的重要问题。特别是在行政层级多、幅员辽阔、各地区经济社会和环境特征差异明显的中国，环境政策制定和执行监管的权力如何在多层级间优化配置，如何从制度上更好地应对跨域污染问题，是建立与中国体制特点和区域特征相适应的现代生态环境管理制度的重要内容，也是建设生态文明和美丽中国的重要基础与根本保障。

在国家、省、市、县等多级政府框架下，环境治理的决策权和监督管理权在不同层级政府间如何优化配置，是改善中国的环境质量、提升整体经济福利的一个十分重要且紧迫的理论和现实问题。随着流域水污染、$PM_{2.5}$等跨行政区污染问题日益突出，在环境管理纵向分权基础上，如何建立跨域协同治理的新制度，成为新时期更好地应对污染跨域特征所需要解决的新的重大课题。本书以中国环境治理的纵向分权和跨域协同为研究对象，在纵向分权上，将环境决策和环境政策执行监管加以区分，重点探讨环境决策权和执行监管权在中央和地方、不同层级地方政府间的优化配置；在环境介质上，聚焦主要污染类型，以大气污染和水污染为主，并将环境管理权进一步细化，考察环境行政、环境监察、环境监测等重要生态环境管理内容，充分考察大气污染和水污染等污染类型的差异，以及环境管理事项的差异性；在管理要素上，将生态环境管理按照决策机制、实施机制、考评机制、信息机制和资金机制等进一步细分，深度考察分析生态环境管理制度的运行效果，尽可能与生态环境管理制度涉及领域多、管理环节多的复杂性特征相适应。

本书聚焦中国环境治理纵向分权与跨域协同制度，研究框架见图1-1。需要强调的是，本书的“分权”是分配权力、划分权力之意，与传统的下放权力有一定不同。换句话说，上级向下级下放权力，或者权力向上级集中均属于本书定义的“分权”范畴。从根本上讲，政府生态环境治理是为了满足公众对环境质量的诉求；根据环境库兹涅茨曲线和个人需求层次论，收入较低时公众对环境质量的诉求较弱，随着收入提高，环境质量在其效用函数中占据更为重要的位置，从而对环境质量提出更高要求。从这个角度看，不同地区、城乡之间、不同收入人群对环境质量表现出不同诉求，通过各种渠道对政府环境治理施加的压力也不尽相同。因此，各地区公众诉求差异及其决定因素是考察中央和地方环境政策制定权优化配置的重要角度。

由于中国环境政策执行监管主要在地方政府，而地方政府包括省级、地市级和县级①，在地方多层级政府间必然面临环境管理权的配置合理性问题。通过考察省级、地市级和县级的环境分权度（见图1-1），分析中国地方政府环境分权的趋势，并从是否有利于污染减排的角度考察分权制度安排的合理性，对于进一步完善中国省以下生态环境垂直管理改革具有重要意义。

在执行监管向下分权体制下，市县政府在辖区环境监管上存在相互竞争和博弈行为。以图1-1中县级政府为例，这种策略互动既包

① 中国的五级政府体制还包括乡镇级，但由于乡镇级通常没有专设的环境管理机构，且其环境管理职能多是县级的延伸，因此本书在讨论地方环境分权时主要关注省级、地市级和县级，根据数据情况将乡镇级数据并入县级。

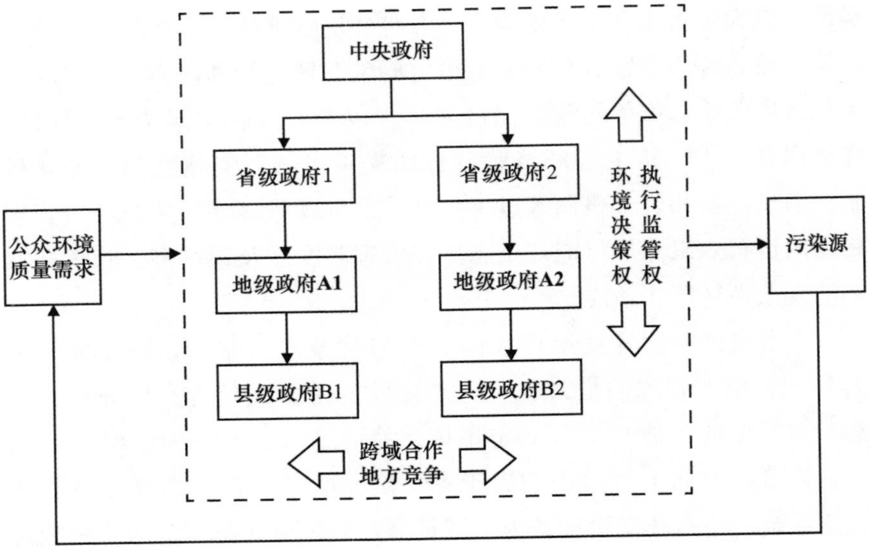

图1－1　中国环境治理纵向分权与跨域协同研究框架

括隶属于同一地级市的兄弟县之间（如**B**1内部各县之间），也涉及隶属于不同上级的县之间（如**B**1和**B**2两组县级政府之间）。这种横向的策略互动为解释环境监管向下分权时的监管不力提供了重要视角。由于地方政府之间存在经济竞争和受益外溢两个主要互动机制，环境监管策略互动表现为“逐底竞争”还是“搭便车”的挤出效应值得深入探讨。若前者是主导机制，地方政府间为了竞争经济增长而竞相放松环境监管起主要作用，而若后者是主导机制，污染治理的跨界外部性是监管不力的主要因素，对应于不同的改革策略。

在环境政策制定集中、政策执行监管向下分权的体制下，地方政府基于自身资源禀赋、发展阶段、污染态势等综合考量，选择“最优”的环境规制执行策略，将导致相对统一的环境决策在地方层面表现为规制力度的异质性。这种异质性有多大，变化趋势如何，由哪些因素决定，对这些问题的讨论将有助于深刻理解环境政策执行监管分权化带来的问题，为优化纵向权力配置提供重要基础。

地方政府在应对跨行政区污染时，也需要开展治污合作。比如为应对跨省界的大气污染，要从根本上改善区域环境质量，需要地方政府“集体行动”、协同治理。地方政府横向协同面临两大挑战：一是自上而下、向上负责和“条块分割、以块为主”的权力结构带来的地方行政分割、各自为政；二是向基层政府分权的环境管理制度带来的环境政策执行和监管的属地化、碎片化。因此，以纵向分权制度为基础，探讨地方政府间如何建立跨域协同制度，调动各地的积极性，更为有效地应对跨地区污染是现代环境治理体系必须面对和解决的新问题。

概而言之，在纵向分权上，本书旨在从最优权力配置角度提出提高中国环境治理制度经济效率的对策，从根本上解决环境政策制定“一刀切”、同时环境监管总体疲软的双重低效率和由此导致的较高的制度成本，从环境管理制度视角构建现代环境治理体系。在横向合作上，着重探讨如何在管理制度和政策工具方面更好地应对跨地区污染问题，以京津冀地区 $PM_{2.5}$ 污染协同治理为例①，深入分析了既有环境管理体制、协同治理实践和管理机制等方面存在的问题，提出了构建激励兼容、利益平衡、体现经济效率的区域协同治理新格局的改革思路。

第三节 主要内容

在地域辽阔、多行政层级的中国，环境管理制度设计是建设生态文明、实现美丽中国的长期性、战略性和基础性的制度安排。本书针对中国环境治理中的纵向分权和跨域协同展开深入的理论与经验分析，结合生态文明体制改革新动态提出完善中国环境管理制度的重点方向。在中国，环境决策具有明显的自上而下的特点，政策执行监管

① 京津冀区域由于在经济发展、产业结构、污染程度等方面均存在特殊性、复杂性，其大气污染跨域治理面临比珠三角、长三角等区域更大的难度和挑战。本书以京津冀地区为例讨论跨域横向协同治污，虽不具有严格意义上的一般性，但京津冀跨域治污协同更具紧迫性和挑战性，其体制机制和手段选择对其他横向治污协同相对容易的区域亦具有一定的参考价值。

则呈现向基层分权的特征。在多级政府体制下，环境决策权与执行监管权的纵向偏离可能导致政策制定和政策执行的双重低效率，出现相对集中的政策制定缺乏灵活性、分权化的政策执行刚性不足的悖论。本书以环境分权理论为基础，从公众环保诉求、纵向体制改革、分权下的地区策略互动、环境管制执行异质性等视角，深入探究中国环境分权的理论逻辑，采用面板数据模型、面板门槛模型、高阶动态空间计量模型、工具变量法等定量分析工具，较为深入地探讨了环境管理权力在多层级政府间的优化配置问题，旨在为中国环境管理制度的完善提供有价值的启迪。在纵向分权的基础上，本书针对具有明显跨行政区属性的 $PM_{2.5}$ 污染，以京津冀地区为案例，融合纵向分权与横向协同，深入分析跨界大气污染治理的多行政区横向协作机制，提出跨域治理体制机制和政策工具选择建议，最终形成纵向分权与横向合作相结合的环境治理体系的综合制度创新思路。

本书分为四篇。第一篇是导论，介绍研究背景、研究框架、主要内容和学术贡献。

第二篇是理论篇，包括第二、第三、第四和第五章。其中，第二章从公众环境质量需求角度，研究环境决策在中央政府和地方政府的优化配置。从经济学角度看，公众对环境质量需求是在收入约束下，通过优化消费品的组合实现自身效用最大化的过程中做出的理性选择。公众对环境质量的需求是政府环境治理力度的重要标尺，与公众需求相适应的治理水平是有效率的，更能够促进社会福利提升。不同地区公众环境治理需求差异性有多大，有哪些决定因素，回答这个问题对于环境决策分权的安排具有重要意义。本书用环境信访度量公众对环境质量的需求，估计了污染程度变化和收入水平差异对公众环境质量需求的影响。基于 1992—2010 年省级面板数据，首次证实了中国的环境质量具有奢侈品的属性（收入弹性大于 1），解释了为什么高收入地区环境质量改善与公众需求之间的矛盾更为突出。建议在央地纵向分权安排上赋予高收入地区更大的环境政策自主权，在横向合作方面建立跨地区治污补偿机制，以鼓励地区之间在环境改善上的合作。

第三章从地方政府环境权力的配置角度，评估环境分权现状和趋势，定量分析环境分权对污染治理的影响，从而提出省以下环境权力优化配置建议。聚焦中国多层级地方政府，基于环保系统人员数据，定量测算了省、市、县环境分权度及其动态变化，具体到行政、监察、监测三个领域；而后利用1992—2015年面板数据的多种工具变量回归，评估了多层级环境分权对工业污染治理的影响，并基于环境分权的成本收益框架将实证结果与地方环保体制变革结合起来。结果发现中国环境管理向县分权和向中央集权并存，省、市级的管理力量被相对削弱，呈现“重两端、轻中间”的特点；属地体制下，环境权力下放至县加剧了工业污染，存在“过度分权”问题；扩大市级环境管理权有助于工业污染减排，意味着将环境权力上收，能够扭转分权成本超过收益的低效率制度困境。环境分权的治污效果因环保行政、监察、监测职能而异，在不同区域、不同污染物间表现出异质性；其政策启示是，在环境管理集权化改革中，应考虑管理职能差异，探索与区域特征、环境介质和污染物类型相契合的灵活性的制度安排。

第四章从地方政府策略互动视角，分析地方政府间经济竞争、污染治理跨界外部性以及来自上级的协调对地方环境监管的影响，为解决环境监管不力提供改革思路。在中国，地方政府间为发展经济展开激烈的经济竞争，地方政府倾向于将放松环境监管作为经济竞争的手段；且由于污染治理具有跨界正外部性，地方政府在环境监管上可能存在“搭便车”，产生环境监管的“挤出”。同时，上级对所辖地区的环境监管和污染治理存在协调。基于地方政府环境监管博弈理论模型，本书针对受益外溢、经济竞争和管制协调三个理论机制，利用中国277个地级市数据，采用两区制动态空间Durbin固定效应模型，检验了三种理论机制的存在性和大小。结果发现，受益外溢是城市环境监管策略互动的主导机制，城市环境监管相互“搭便车”尤为突出；经济竞争导致的城市间环境监管“竞次”，表现出非均匀性，在同省经济相似城市间较为明显；以环保目标责任制为主要载体，省级的管制协调深刻影响城市环境监管行为，缓解了“搭便车”的不利影响。

本书揭示出市县政府属地化的监管体制是中国环境监管不力的主要根源，为打破环境监管纳什均衡，加快推进适当集权的环境监管体制改革是重中之重。

第五章分析了在向下分权体制下城市环境规制异质性和影响因素。在环境分权体制下，地方自身特征的差异导致环境规制水平呈现地区异质性，自上而下的环境政策会受到地方自身特征的影响，从而表现出环境监管力度的差异。本书提出了改进的 Levinson 指数法，在环境规制强度的宏观测度上，解决了行业结构差异的误差和 Levinson 指数跨期不可比问题。基于中国地级市工业治污合规成本，发现环境规制强度时空异质性特征明显，Theil 分解表明省内差异贡献了总差异的近 80%，规制实施分权下的城市内生决策机制不容忽视。同时考虑上级的指令性协调和城市间互动，采用偏差修正的极大似然法估计空间动态面板数据模型。结果表明，规制强度与工业比重存在"U 型"关系，当工业 GDP 占比超过 49.0% 时，环境规制强度由弱转强；水环境规制的工业比重阈值达 60.6%，远高于大气的 43.7%。在环境规制实施的分权体制下，工业化进程和环境要素特性，通过分散化决策转化为环境规制实施的参差不齐和总体乏力。为扭转规制实施不力局面，应优化环境权力在不同政府层级间的配置，探索因环境介质而异、规制实施集权与政策制定分权相统一的灵活型环境管理体制。

第三篇是案例篇，包括第六、第七和第八章。其中，第六章分析了中国的环境污染呈现出区域性、流域性等自然特征，表现出跨县、跨市、跨省甚至跨国等多层次的跨域特征。该类跨域污染的治理涉及中央和地方关系、地方间合作、环境纵向分权等复杂因素。本书选取京津冀跨域 $PM_{2.5}$ 污染作为研究案例，以环境治理纵向分权为制度基础，深入探讨中国跨域大气污染协同治理的制度和政策工具，提出中国跨域污染协同治理的思路和方向。这一章讨论了选取京津冀跨域大气污染协同治理案例的考量，介绍了集体行动、环境分权、网络治理等跨域环境治理理论，从机构设置、运行机制和政策手段等方面介绍了美国在跨域大气污染协同治理方面的经验，为分析京津冀跨域大气污染协同治理提供理论基础和经验镜鉴。

第七章从环保系统人员在多层级间的配置和环保资金投入结构等角度，分析京津冀跨域大气污染协同治理的制度基础。而后依据京津冀协同治污实践，将协同制度分为协同萌芽期、机制探索期和体制完善期，按照协同治理措施的特点，划分为临时性、运动式措施与常态化、制度化治理措施，并对主要的治理手段进行了梳理。识别了京津冀大气污染协同治理面临的主要问题：治理效果不稳固、长效机制未建立，治理成本高、成本收益地区失衡。从决策机制、实施机制、考评机制、信息机制、资金机制五个角度分析了产生上述问题的原因，最后从这五个方面对京津冀大气污染协同治理制度进行了改革思路的设计，旨在建立激励兼容、利益平衡的跨域协同治理新格局。

第八章着眼于利益协调、经济效率、有效性等视角，对现行的大气污染防治政策进行了分析评价，包括环境保护目标责任制、大气污染物排放标准、企业停产限产错峰生产和淘汰落后、环境保护税、环境财政、环保电价和可再生能源上网电价政策等。而后提出了优化大气污染治理政策的思路：一是降低对临时性、运动式治理工具的依赖，逐渐向常态化、规范化的治理工具转型；二是现有的大气污染排放标准政策不宜进一步加严，为经济手段的采用并发挥更大的利益协调作用提供政策空间；三是系统设计并重视跨域大气排污许可交易制度和大气污染治理纵向及横向的财政转移支付制度在区域利益协调中的作用。最终目标是建立体现环境公平、重视利益平衡、提高经济效益的跨域大气污染协同治理政策工具集。

第四篇是政策篇，包括第九、第十、第十一和第十二章。其中，第九章针对 2020 年 3 月中办、国办发布的《关于构建现代环境治理体系的指导意见》，分析了从科学决策机制、合理的生态环境体制、准确及时的数据和环境治理工具转型四个方面构建现代环境治理体系的重要性。具体而言，科学的环境决策机制是重要前提，决策过程要更好地体现环境问题的自然属性和经济效率；合理的生态环境管理体制是基石，将生态环境管理各项职能在不同政府层级间进行优化配置；准确及时的生态环境数据是基本保障，注重夯实科学决策的数据基础；环境治理手段转型是关键落脚点，政策取向做到政府干预与市场挖潜相结合，以统筹性、常态化的环境管理为核心，命令控制手段与环境经济手段并重，通过事前防控、事中控制、事后治理的全过程监管，促进企业更好地履行环境责任。

第十章提出了环境政策制定与监管纵向分权改革思路。长期以来，中国生态环境管理体制采用政策制定与执行监管高度分离的模式，可能出现相对集中的政策制定缺乏灵活性、分权化的政策执行刚性不足的悖论，导致政策制定和政策执行的双重低效率的突出问题。本章指出了导致中国生态环境执法困局的原因，重点分析了环境政策制定的适度分权与环境政策执行监管权的适度集中，是破解中国生态环境执法困局的关键举措。具体而言是环境政策制定权由中央适度向省级下放，而政策执行监管权从市县向省级集中，在省级逐步做到两者的相对统一。鉴于此，优化中国生态环境政策的制定范式，加快推进地方生态环境管理垂直改革等具体建议，为中国生态文明建设制度完善提供重要方向。

第十一章探析了中国省以下生态环境机构垂直管理改革。2016年9月，省以下环保垂直改革开启了环境管理体制纵向改革的大幕，在生态环境部等职能部门大力推动下，改革试点取得了重大进展。通过实地调研和数据分析，发现此项改革还存在总体进度相对滞后、中央的试点方案不完善、地方的推进机制和协调机制不足等问题。通过对关键问题的深度分析，本书认为，市以下垂直执法难以解决环保执法难题，最终改革方案应当对地方环保垂改进行分类指导，环保行政机构垂直改革宜按职能分类开展。为从制度上保障公众基本生态环境需求的满足，从完善改革方案和改进地方执行机制两个方面提出了对策建议：一是探索县环保局“市局派出分局＋县政府工作部门”、环境执法队伍市级或省级垂直的制度安排；二是强化中央政府对地方垂改的督导，提高部分省份垂改领导小组的级别，并增强与生态环境职能横向整合的统筹协调。

第十二章针对京津冀跨域大气污染治理和利益平衡提出改革思

路。京津冀大气污染治理存在治理效果不稳固、治理成本高、域内利益失衡等问题。随着京津冀大气污染治理的空间收窄，通过精准治理降低总成本、通过利益平衡调动域内省市积极性，是决定区域空气质量能否持续改善的关键。本书探究了治理成本高和利益失衡的原因：京津冀在经济发展、产业结构上的固有差异；大气污染治理主要依赖行政命令手段，经济手段的作用有限；区域大气污染的贡献份额和责任机制不明确等。为保障京津冀空气质量持续改善，建议构建区域治理长效机制。在治理决策机制方面，应基于成本收益原则针对特定的大气环境问题制定目标和控制策略；以地市为单元测算区域大气污染贡献与治理责任；鼓励省市间以平等协商方式应对跨区域污染治理。在政策手段优化方面，在区域层面系统定位并设计大气污染治理政策；逐步减少对临时性、运动式行政命令的依赖；加快常态化、常规性环境管理手段的建设进度；充分发挥环境公共财政等经济手段的利益协调作用。

第四节　学术贡献

本书具有显著的创新性，主要体现为将环境纵向分权与跨域协同纳入整合分析框架，选取四个视角对纵向分权开展具有一定开创性的研究，从利益平衡的独特视角对跨域污染协同治理制度进行拓展性深入研究，提出具有前瞻性、创新性和实践价值的环境治理制度改革综合思路等。

第一，构建了环境纵向分权与横向跨域协同整合分析框架。环境纵向分权是成本与收益的权衡取舍，其理论逻辑是将环境权力下放到基层政府，有助于更好地利用地方信息优势①、实现地方性环境公共

---

① Adler, J. H., "Jurisdictional Mismatch in Environmental Federalism", *New York University Environmental Law Journal*, Vol. 14, No. 1, 2005, pp. 130 - 178. Oates, W. E., "An Essay on Fiscal Federalism", *Journal of Economic Literature*, Vol. 37, No. 3, 1999, pp. 1120 - 1149.

品的最优供给①、促进政策差异化和创新②及其与地方事务的协同③等；同时，基层的环境治理面临“重经济、轻环保”④、因经济竞争而放松⑤、污染治理跨界外溢导致“搭便车”等治理难题。本书将环境管理权分为政策制定权和执行监管权，发现中国环境政策制定权高度集中，执行监管权过于分散，存在较大的纵向优化配置空间。而有效的跨行政区协同需要以环境纵向权力优化为前提。比如针对跨省污染问题，如果省级政府一方面不具有环境政策制定权，另一方面又过度依赖市县政府的环境执法监管，那么跨省治污协同机制将面临严重的行政分割、碎片化执法、自上而下强力协同等治理难题，难以建立真正意义上的激励兼容、利益平衡、体现经济效率的跨域横向协同治理的长效机制。将环境纵向分权与横向跨域协同纳入整合的分析框架，一方面使本书的内容更加丰富、立体，从制度上揭示了中国环境纵向分权存在的政策制定与执行监管高度分离问题，以及横向跨域协同面临行政分割、协同难度大的根源。另一方面，纵向分权与横向协同相结合的研究，能够为解决中国污染治理现实问题提供更好的回应性、洞察力和参考价值，更好地为建设生态文明和美丽中国提供智力支持。

---

① Tiebout, C. M., “A Pure Theory of Local Expenditures”, *The Journal of Political Economy*, Vol. 64, No. 5, 1956, pp. 416 – 424.

② Gordon, R. H., “An Optimal Taxation Approach to Fiscal Federalism”, *The Quarterly Journal of Economics*, Vol. 98, No. 4, 1983, pp. 567 – 586. Oates, W. E., “An Essay on Fiscal Federalism”, *Journal of Economic Literature*, Vol. 37, No. 3, 1999, pp. 1120 – 1149.

③ Sjöberg, E., “An Empirical Study of Federal Law Versus Local Environmental Enforcement”, *Journal of Environmental Economics and Management*, Vol. 76, 2016, pp. 14 – 31.

④ Li, X., Liu, C., Weng, X., Zhou, L. – A., “Target Setting in Tournaments: Theory and Evidence from China”, *The Economic Journal*, Vol. 129, No. 623, 2019, pp. 2888 – 2915.

⑤ Brueckner, J. K., “Strategic Interaction among Governments: An Overview of Empirical Studies”, *International Regional Science Review*, Vol. 26, No. 2, 2003, pp. 175 – 188. Konisky, D. M., “Regulatory Competition and Environmental Enforcement: Is There a Race to the Bottom?”, *American Journal of Political Science*, Vol. 51, No. 4, 2007, pp. 853 – 872. Ulph, A., “Harmonization and Optimal Environmental Policy in a Federal System with Asymmetric Information”, *Journal of Environmental Economics and Management*, Vol. 39, No. 2, 2000, pp. 224 – 241.

第二，选取四个视角对纵向分权的研究具有一定开创性。从公众环保诉求、纵向体制改革、分权下的地区策略互动、环境管制执行异质性等视角研究纵向分权制度安排，在多个方面具有创新性。其一，基于环境信访真实发生的市场行为，采用显示偏好法研究公众环境质量需求的决定因素，克服了意愿调查价值评估法（CVM）在获取环境质量支付意愿时方法论上的明显缺陷，结论更贴近现实。本书首次证实在中国，环境质量具有奢侈品（需求的收入弹性大于1）属性这个鲜被证实的假说，有助于纠正基于CVM将环境公共品归为必需品的认识偏差。其二，本书聚焦中国省以下环境分权，基于环保系统人员数据，采用新的分权衡量方法，首次评估了1992—2015年省、市、县三级政府的环境分权度，填补了省以下环境分权定量研究的空白。其三，基于地级市环境监管策略互动的研究，构建了囊括经济竞争、受益外溢和管制协调等多种理论机制的整合分析框架，识别出受益外溢是城市环境监管博弈的主导机制，跨界外部性是环境监管乏力的首要诱因，有助于纠正传统的以GDP和税收为核心的激励机制是地方政府陷入环保困境主因的认识①。将管制协调与策略互动分离，在城市层面首次定量评估了管制协调效应的大小，揭示了中国环境权威主义的体制优势，解决了已有研究忽视环保目标责任制对地方环境规制的协调而导致的估计偏误②。其四，本书提出了改进的Levinson指数法，同时解决了行业结构差异和跨期不可比问题，矫正了传统治污强度指标的测量偏差，在环境规制强度测量方法论上做出了贡献。首次采用中国地级市企业合规成本数据，更为准确地测量了在规制实施分权体制下，环境规制强度表现出的时空异质性。

第三，从利益平衡的独特视角对跨域污染协同治理制度进行拓展

① 任丙强：《生态文明建设视角下的环境治理：问题、挑战与对策》，《政治学研究》2013年第5期。张凌云、齐晔：《地方环境监管困境解释——政治激励与财政约束假说》，《中国行政管理》2010年第3期。周黎安：《中国地方官员的晋升锦标赛模式研究》，《经济研究》2007年第7期。

② 李胜兰、初善冰、申晨：《地方政府竞争、环境规制与区域生态效率》，《世界经济》2014年第4期。王宇澄：《基于空间面板模型的我国地方政府环境规制竞争研究》，《管理评论》2015年第8期。

性研究。针对跨域污染治理，本书选择京津冀地区做深入的案例分析。从高收入地区对环境质量高需求和低收入地区产业结构重、治理投入大的现实出发，以区域成本收益失衡问题为切入点，从环境管理体制及其演进、区域大气污染协同治理实践、大气污染协同制度评估、大气污染协同治理制度设计等角度探析了利益失衡产生的制度原因，是对跨域污染协同治理制度研究的拓展。其一，本书深入梳理和分析了美国跨域大气污染治理经验，特别是基于成本收益的决策机制、基于宽松污染物排放标准和排污许可交易制度的工具选择，对中国跨域大气污染治理有诸多直接的镜鉴价值，拓展了已有研究对国际跨域治污经验的讨论①。其二，以跨域治理利益失衡为切入点，分析了在自上而下强力协同、横向协同不足、政策执行过度依赖市县政府的模式下，京津冀地区大气污染治理效果不稳固、未建立激励兼容的长效协同治污机制的突出问题。拓展了已有研究针对中国环境监管制度困境的讨论②，也是对京津冀跨域大气污染协同治理研究的深化③。

① 蔡岚：《空气污染治理中的政府间关系——以美国加利福尼亚州为例》，《中国行政管理》2013 年第 10 期。李瑞娟、李丽平：《美国环境管理体制对中国的启示》，《世界环境》2016 年第 2 期。刘洁、万玉秋、沈国成、汪晓勇：《中美欧跨区域大气环境监管比较研究及启示》，《四川环境》2011 年第 5 期。汪小勇、万玉秋、姜文、缪旭波、朱晓东：《美国跨界大气环境监管经验对中国的借鉴》，《中国人口·资源与环境》2012 年第 3 期。周胜男、宋国君、张冰：《美国加州空气质量政府管理模式及对中国的启示》，《环境污染与防治》2013 年第 8 期。朱玲、万玉秋、缪旭波、杨柳燕、汪小勇、刘洋：《论美国的跨区域大气环境监管对我国的借鉴》，《环境保护科学》2010 年第 2 期。

② 曾贤刚：《地方政府环境管理体制分析》，《教学与研究》2009 年第 1 期。柴发合、李艳萍、乔琦、王淑兰：《我国大气污染联防联控环境监管模式的战略转型》，《环境保护》2013 年第 5 期。陈健鹏、高世楫、李佐军：《“十三五”时期中国环境监管体制改革的形势、目标与若干建议》，《中国人口·资源与环境》2016 年第 11 期。宋国君、金书秦、傅毅明：《基于外部性理论的中国环境管理体制设计》，《中国人口·资源与环境》2008 年第 2 期。杨妍、孙涛：《跨区域环境治理与地方政府合作机制研究》，《中国行政管理》2009 年第 1 期。张凌云、齐晔：《地方环境监管困境解释——政治激励与财政约束假说》，《中国行政管理》2010 年第 3 期。张世秋、万薇、何平：《区域大气环境质量管理的合作机制与政策讨论》，《中国环境管理》2015 年第 2 期。齐晔：《中国环境监管体制研究》，上海三联书店 2008 年版。

③ Wu, D., Xu, Y., Zhang, S., “Will Joint Regional Air Pollution Control Be More Cost-Effective? An Empirical Study of China’s Beijing-Tianjin-Hebei Region”, *Journal of Environmental Management*, Vol. 149, 2015, pp. 27-36. 汪伟全：《空气污染的跨域合作治理研究——以北京地区为例》，《公共管理学报》2014 年第 1 期。魏娜、孟庆国：《大气污染跨域协同治理的机制考察与制度逻辑——基于京津冀的协同实践》，《中国软科学》2018 年第 10 期。

其三，作为跨域治污协同制度的重要配套，本书评估了中国大气污染治理政策，基于利益协调角度提出了政策工具改革方向。特别是要更加注重经济手段的采用，从政策工具相互关联和功能定位的新视角，设计了体现环境公平、重视利益平衡、提高经济效率的跨域大气污染协同治理的政策工具集。

第四，提出了具有前瞻性、创新性和实践价值的环境治理制度改革思路。本书基于严谨的理论分析和深入的案例分析，围绕中国生态环境制度存在的问题，在透析规律、建立因果关系的基础上，提出对中国中长期生态环境和政策工具改革具有重要参考价值的一揽子方案。其一，要构建现代环境治理体系，科学的环境决策机制是重要前提，决策过程要更好地体现环境问题的自然属性和经济效率；合理的生态环境管理体制是基石，将生态环境管理各项职能在不同政府层级间进行优化配置；准确及时的生态环境数据是基本保障，注重夯实科学决策的数据基础；环境治理手段转型是关键落脚点，要以统筹性、常态化的环境管理为核心，做到命令控制手段与环境经济手段并重。其二，认识到中国环境政策制定与执行监管高度分离的模式，可能出现相对集中的政策制定缺乏灵活性、分权化的政策执行刚性不足的悖论，导致政策制定和政策执行的双重低效率的突出问题。创新性地提出解决方案，即环境政策制定权由中央适度向省级下放，而政策执行监管权从市县向省级集中，在省级逐步做到两者的相对统一。其三，分析发现市以下垂直执法难以解决环保执法难题，建议最终的省以下改革方案应当对地方环保垂改进行分类指导，环保行政机构垂直改革宜按职能分类开展。其四，认为京津冀大气环境进一步改善需要精准治理、平衡域内利益、调动各地区积极性，提出应基于成本收益原则针对特定的大气环境问题制定目标和控制策略，鼓励省市间以平等协商方式应对跨区域污染治理，充分发挥环境公共财政等经济手段的利益协调作用等政策建议。

第二篇　理论篇

以环境分权理论为基础，本篇从公众环境质量诉求、纵向体制改革绩效、分权下的城市策略互动、环境管制执行异质性四个视角对纵向分权开展理论研究。从公众诉求角度看，中国的环境质量具有奢侈品属性，高收入地区环境诉求更加强烈，为中央政府向省级政府的适度环境决策分权提供了依据；属地体制下，环境管理权下放至县加剧了工业污染，存在“过度分权”问题；将环境权力上收，能够扭转分权成本超过收益的低效率制度困境；市县政府在分权体制下存在策略性行为，其污染治理的“搭便车”及其导致的挤出效应是导致监管不力的重要机制；受制于各地资源禀赋差异、环境政策实施的分权化导致中国的环境规制实施力度在地市层面的参差不齐和总体乏力。探索环境管理权的纵向优化配置是完善中国生态环境管理制度、构建现代环境治理体系的重要内容。

第二章　公众环境质量诉求的地区差异与环境决策分权

理解环境质量需求差异及其决定因素，对制定贴近公众需求、体现经济效率的治污政策至关重要。本书采用显示偏好法，用环境信访度量公众对环境质量的需求，估计了污染程度变化和收入水平差异对公众环境质量需求的影响。基于1992—2010年省级面板数据，研究发现：在中国，环境质量需求的污染弹性小于1，公众改善环境质量的需求增加慢于污染恶化的速度；需求的收入弹性大于1，表明居民对更好环境质量的需求增长快于其收入增长。本书首次证实了中国的环境质量具有奢侈品的属性，解释了为什么高收入地区环境质量改善与公众需求之间的矛盾更为突出。基于实证研究结果，建议在央地纵向分权安排上赋予高收入地区更大的环境政策自主权，在横向合作方面建立跨地区治污补偿机制，以鼓励地区之间在环境改善上的合作。

第一节　引言

环境质量的高低既有受气象条件影响的因素，也有人类社会行为选择的原因。作为公共品（public good），社会对环境质量的需求，可通过政府制定环境标准及环境执法得以实现。然而，故事的曲折性在于，“倒U型”环境库兹涅茨曲线（EKC）①揭示出的残酷事实：在一定阶段，增加收入与碧水蓝天之间可谓“鱼与熊掌不可兼得”，必须在利弊权衡中选择与割舍。譬如，采用宽松的环境规制标准的地方政府，在争夺资本、劳动等流动资源中更易胜出，获得更大GDP和税收②，公众也从更多的就业以及更丰富的物质消费中获益；同时，严重的环境污染将使公众遭受健康损失，医疗成本和防护支出增加，在消费与环境质量的权衡中寻找新的平衡点。在这个过程中，以最大化效用为目的，公众对改善环境质量的意愿表达，成为政府治理污染的重要依据，也是治污力度的重要标尺。

在中国，区域发展不平衡，地区间、城乡间、不同人群间收入差距较大③，对改善环境质量的诉求也呈现出明显的地域特征④。长期以来，中国的环境政策以自上而下命令式为主，这种具有“一刀切”色彩的权威型政策模式，难以与地区异质性相适应。换句话说，中央层面的环境政策要求，可能超过欠发达地区但却低于高收入地区的最优治污水平，从而带来效率损失和普遍不满。加之，以$PM_{2.5}$超标为代表的环境污染具有跨行政区域的特征，如何平衡不同地区发展和环保的异质性诉求，成为政策制定者必须解决的现实问

① Brajer, V., Mead, R. W., Xiao, F., “Health Benefits of Tunneling Through the Chinese Environmental Kuznets Curve (EKC)”, *Ecological Economics*, Vol. 66, No. 4, 2008, pp. 674－686. Brajer, V., Mead, R. W., Xiao, F., “Searching for an Environmental Kuznets Curve in China's Air Pollution”, *China Economic Review*, Vol. 22, No. 3, 2011, pp. 383－397. Grossman, G. M. and Krueger, A. B., “Economic Growth and the Environment”, *The Quarterly Journal of Economics*, Vol. 110, No. 2, 1995, pp. 353－377. Shen, J., “A Simultaneous Estimation of Environmental Kuznets Curve: Evidence from China”, *China Economic Review*, Vol. 17, No. 4, 2006, pp. 383－394.

② Brueckner, J. K., “Strategic Interaction among Governments: An Overview of Empirical Studies”, *International Regional Science Review*, Vol. 26, No. 2, 2003, pp. 175－188. 张文彬、张理芃、张可云：《中国环境规制强度省际竞争形态及其演变——基于两区制空间Durbin固定效应模型的分析》，《管理世界》2010年第12期。

③ 李实、罗楚亮：《中国收入差距究竟有多大？——对修正样本结构偏差的尝试》，《经济研究》2011年第4期。

④ 郑思齐、万广华、孙伟增、罗党论：《公众诉求与城市环境治理》，《管理世界》2013年第6期。

题。基于此，从公众环境质量诉求异质性的角度，理解中国不同地区、不同人群环境质量需求的差异及背后的决定因素，提出环境政策纵向分权和横向合作的建议，实现符合各地实际的最优治污水平，对提升中国治污政策的经济效率、提升人民“有感”的环境政策具有重要现实意义。

作为公共物品，环境质量无市场交易和价格，是研究环境质量需求的难点。已有研究多采用意愿调查价值评估法（Contingent Valuation Method 或 CVM），获取公众对改善环境的支付意愿。据此估计环境质量需求的收入弹性介于 0 和 1 之间，将其归为必需品①。然而，CVM 存在假设偏差（hypothetical bias）等重大方法论缺陷②。相比之下，显示偏好法（Revealed Preference Method）基于真实发生的相关市场行为，在方法论上更具优势，但采用此方法对中国环境质量需求的研究几乎是空白③。鉴于此，针对代表性消费者，本章建立了环境质量需求理论框架。尝试用环境信访体现民众对环境质量的需求，采用 1992—2010 年省级数据，控制相关变量后，重点

① Hökby, S. and Söderqvist, T., "Elasticities of Demand and Willingness to Pay for Environmental Services in Sweden", *Environmental and Resource Economics*, Vol. 26, No. 3, 2003, pp. 361 – 383. Lai, C. Y. I. and Yang, C. C., "On Environmental Quality: 'Normal' versus 'Luxury' Good", *The Journal of Social Sciences and Philosophy*, Vol. 23, No. 1, 2010, pp. 1 – 14. Ready, R. C., Malzubris, J., Senkane, S., "The Relationship between Environmental Values and Income in a Transition Economy: Surface Water Quality in Latvia", *Environment and Development Economics*, Vol. 7, No. 1, 2002, pp. 147 – 156. Wang, H., Shi, Y., Kim, Y., Kamata, T., "Valuing Water Quality Improvement in China: A Case Study of Lake Puzhehei in Yunnan Province", *Ecological Economics*, Vol. 94, 2013, pp. 56 – 65. Wang, H., Shi, Y., Kim, Y., Kamata, T., "Economic Value of Water Quality Improvement by One Grade Level in Erhai Lake: A Willingness – to – Pay Survey and a Benefit – Transfer Study", *Frontiers of Economics in China*, Vol. 10, No. 1, 2015, pp. 168 – 199.

② Hausman, J., "Contingent Valuation: From Dubious to Hopeless", *Journal of Economic Perspectives*, Vol. 26, No. 4, 2012, pp. 43 – 56. Horowitz, J. K. and McConnell, K. E., "Willingness to Accept, Willingness to Pay and the Income Effect", *Journal of Economic Behavior & Organization*, Vol. 51, No. 4, 2003, pp. 537 – 545. Kristrom, B. and Riera, P., "Is the Income Elasticity of Environmental Improvements Less Than One?", *Environmental and Resource Economics*, Vol. 7, No. 1, 1996, pp. 45 – 55.

③ Ito, K. and Zhang, S., "Willingness to Pay for Clean Air: Evidence from Air Purifier Markets in China", *Journal of Political Economy*, Vol. 128, No. 5, 2020, pp. 1627 – 1672.

检验了决定中国环境质量需求的收入效应和“价格”效应；并基于面板门槛模型，分析了收入弹性的结构变化。基于经验研究，从居民环境质量需求差异的视角讨论了环境政策的优化以提升经济效率和公众满意度。

用环境信访量表达环境质量需求，主要基于以下考虑：第一，自1990年颁布《环境保护信访管理办法》以来，环境信访在中国已制度化，具备广泛的群众基础，成为表达环境质量诉求的重要方式。第二，环境信访是一种被动抗争，信访人要付出成本，包括邮寄、交通、机会成本等①。对理性的居民而言，信访行为是利弊权衡后，对环境质量不满的一种真实表达。第三，依托官方统计体系，环境信访数据统计范围覆盖全国，据此得出的结论更具一般性。

本书的创新体现为：第一，基于真实发生的行为，采用显示偏好法克服了CVM在获取环境质量支付意愿时方法论上的明显缺陷②，结论更贴近现实。第二，在控制相关变量后，首次证实在中国，环境质量属于奢侈品（需求的收入弹性大于1）这个鲜被证实的假说③，有助于纠正基于CVM将环境公共品归为必需品的认识偏差④。第三，从公众需求异质性视角，揭示出在中国富裕地区和城镇地区，治污减排绩效滞后于公众环境质量诉求的事实，为治污减排策略的优化提供了

---

① 陈丰：《经济学视野下的信访制度成本研究》，《经济体制改革》2010年第6期。

② Hausman, J., “Contingent Valuation: From Dubious to Hopeless”, *Journal of Economic Perspectives*, Vol. 26, No. 4, 2012, pp. 43 – 56.

③ Kristrom, B. and Riera, P., “Is the Income Elasticity of Environmental Improvements Less Than One?”, *Environmental and Resource Economics*, Vol. 7, No. 1, 1996, pp. 45 – 55. Pearce, D. and Palmer, C., “Public and Private Spending for Environmental Protection: A Cross – Country Policy Analysis”, *Fiscal Studies*, Vol. 22, No. 4, 2001, pp. 403 – 456.

④ Ready, R. C., Malzubris, J., Senkane, S., “The Relationship between Environmental Values and Income in a Transition Economy: Surface Water Quality in Latvia”, *Environment and Development Economics*, Vol. 7, No. 1, 2002, pp. 147 – 156. Wang, H., Shi, Y., Kim, Y., Kamata, T., “Valuing Water Quality Improvement in China: A Case Study of Lake Puzhehei in Yunnan Province”, *Ecological Economics*, Vol. 94, 2013, pp. 56 – 65. Wang, H., Shi, Y., Kim, Y., Kamata, T., “Economic Value of Water Quality Improvement by One Grade Level in Erhai Lake: A Willingness – to – Pay Survey and a Benefit – Transfer Study”, *Frontiers of Economics in China*, Vol. 10, No. 1, 2015, pp. 168 – 199.

公众需求的新思考。

本章结构安排如下：第二节为环境质量需求的研究进展综述；第三节针对典型消费者建立理论框架、提出假说；第四节介绍计量模型、变量选择与数据情况；第五节是计量结果分析；第六节是结论并阐述政策含义。

第二节　环境质量需求的研究文献

自 Grossman 和 Krueger（1991）[①] 采用跨国混合截面数据，发现城市空气质量（SO_2和颗粒物浓度）和收入水平之间呈现“倒 U 型”关联以来，环境污染与经济增长之间关系，特别是“倒 U 型”环境库兹涅茨曲线（EKC）形成机理的理论研究及其存在性的实证检验，成为环境经济学研究热点。在实证领域，Grossman 和 Krueger（1995）[②] 采用跨国面板数据发现环境污染与人均收入之间存在“倒 U 型”或者“N 型”关系。由于中国经济的快速发展伴随日益突出的污染问题，EKC 在中国的存在性备受实证研究青睐。尽管不少研究证实“倒 U 型”曲线在中国的存在性[③]，但由于研究设计随意性大，在研究对象（省区、地市）、数据特征（时间序列、横截面、面板数据）、样本量、环境污染指标（环境质量、污染物排放量；不同污染物类型）、控制变量（例如，是否控制技术进步效应和

---

① Grossman, G. M. and Krueger, A. B., *Environmental Impacts of a North American Free Trade Agreement*, NBER Working Paper No. 3914, 1991.

② Grossman, G. M. and Krueger, A. B., "Economic Growth and the Environment", *The Quarterly Journal of Economics*, Vol. 110, No. 2, 1995, pp. 353 – 377.

③ Brajer, V., Mead, R. W., Xiao, F., "Health Benefits of Tunneling through the Chinese Environmental Kuznets Curve (EKC)", *Ecological Economics*, Vol. 66, No. 4, 2008, pp. 674 – 686. Brajer, V., Mead, R. W., Xiao, F., "Searching for an Environmental Kuznets Curve in China's Air Pollution", *China Economic Review*, Vol. 22, No. 3, 2011, pp. 383 – 397. Shen, J., "A Simultaneous Estimation of Environmental Kuznets Curve: Evidence from China", *China Economic Review*, Vol. 17, No. 4, 2006, pp. 383 – 394.

产业结构效应）、估计技术等方面存在诸多差异，很难得出一致的结论。[①] 此类研究的另一个缺陷是，即便证实了 EKC 的存在性，也很难严谨地给出其形成的内在机理。

理论研究也在尝试证明环境污染与经济增长间存在“倒 U 型”关系的可能。Selden 和 Song（1995）[②] 采用新古典环境增长模型，认为资本在环境治理和消费间的合理分配，有可能实现污染的“倒 U 型”转变；Brock 和 Taylor（2010）[③] 基于索洛增长模型及规模报酬递减规律，强调技术进步在实现环境污染“倒 U 型”拐点的作用；Andreoni 和 Levinson（2001）[④] 认为污染治理技术存在规模报酬递增，推动污染水平出现拐点；Jones 和 Manuelli（2001）[⑤] 基于公共选择理论，认为选民对排污税的支持和对高排放技术的限制对于实现 EKC 至关重要。尽管建模视角和方法不同，但这些探究 EKC 成因的理论研究，隐含的微观机理是一致的：随着收入的提高，人们对消费品和环境质量需求的相对变化，通过环境政策响应促进污染水平降低[⑥]。具体而

---

① 譬如，Song 等（2008）采用 1985—2005 年中国省级面板数据和面板协整方法，发现废气、废水和固体废弃物与人均 GDP 之间均存在“倒 U 型”关系；类似地，De Groot 等（2004）采用 1982—1997 年中国省级面板数据，却发现废水排放量随收入提高而单调递增，人均废气排放量随人均收入提高而提高，固体废弃物与收入之间则存在“N 型”曲线关系，两个研究的结论迥异。

② Selden, T. M. and Song, D., “Neoclassical Growth, the J Curve for Abatement, and the Inverted U Curve for Pollution”, *Journal of Environmental Economics and Management*, Vol. 29, No. 2, 1995, pp. 162 - 168.

③ Brock, W. and Taylor, M. S., “The Green Solow model”, *Journal of Economic Growth*, Vol. 15, No. 2, 2010, pp. 127 - 153.

④ Andreoni, J. and Levinson, A., “The Simple Analytics of the Environmental Kuznets Curve”, *Journal of Public Economics*, Vol. 80, No. 2, 2001, pp. 269 - 286.

⑤ Jones, L. E. and Manuelli, R. E. “Endogenous Policy Choice: The Case of Pollution and Growth”, *Review of Economic Dynamics*, Vol. 4, No. 2, 2001, pp. 369 - 405.

⑥ Eriksson, C. and Persson, J., “Economic Growth, Inequality, Democratization, and the Environment”, *Environmental and Resource Economics*, Vol. 25, No. 1, 2003, pp. 1 - 16. López, R. “The Environment as a Factor of Production: The Effects of Economic Growth and Trade Liberalization”, *Journal of Environmental Economics and Management*, Vol. 27, No. 2, 1994, pp. 163 - 184. 除此之外，消费者需求结构、国际贸易结构的变化也可能是 EKC 产生的微观机制。例如，随着收入的提高，人们对低污染产品（如服务）的需求比对传统工业品的需求更快增加（McConnell, 1997）。

言，消费者对消费品和环境质量有偏好，在收入一定时，通过选择两者的最优组合，实现效用最大化。收入较低时，污染排放少，消费品的边际效用较大，人们倾向于多消费以最大化效用；收入提高后，排放增加导致污染加重，环境质量的边际效用上升，同时，边际效用递减使消费品的边际效用下降，导致人们愿意减少消费以增加对环境的投资①。由此，伴随收入提高，消费者对环境质量需求和消费行为的系统性变化，奠定了 EKC 的微观基础。换句话说，如果消费者收入与其环境质量需求间存在“U 型”关系，那么，随着人们收入的提高，环境质量需求的系统性变化可能成为环境污染与经济增长“倒 U 型”关系形成的主导性微观机制。

与私人物品不同，环境质量属于公共物品，其需求的估计存在两个难题：其一，环境质量无市场交易，改善环境质量的支付意愿（willingness to pay）不能从市场上直接观测；其二，即便价格可观测，也不能反映边际支付意愿，原因是环境质量通常是定额配给的（rationed），在短期内，消费者无法改变环境质量，即环境质量不是消费者效用最大化选择的结果②。为得到人们对环境品的偏好（或对环境改善估价），经济学家通常采用陈述偏好法（Stated Preference Method）和显示偏好法（Revealed Preference Method）。其中，意愿调查价值评估法（CVM）是典型的陈述偏好法，也是应用最广泛的环境价值评估方法之一。CVM 基于假设情景，采用问卷调查，直接询问受访者对于环境质量改善的支付意愿，或者接受某种程度环境污染的受偿意愿（willingness to accept），得到人们对环境质量的偏好。

在实证层面，获得人们改善环境质量的支付意愿，意愿调查价值

---

① 王敏、黄滢：《中国的环境污染与经济增长》，《经济学（季刊）》2015 年第 2 期。

② Ebert, U., “Environmental Goods and the Distribution of Income”, *Environmental and Resource Economics*, Vol. 25, No. 4, 2003, pp. 435－459. Lai, C. Y. I. and Yang, C. C., “On Environmental Quality: ‘Normal’ versus ‘Luxury’ Good”, *The Journal of Social Sciences and Philosophy*, Vol. 23, No. 1, 2010, pp. 1－14. Martini, C. and Tiezzi, S., “Is the Environment a Luxury? An Empirical Investigation Using Revealed Preferences and Household Production”, *Resource and Energy Economics*, Vol. 37, 2014, pp. 147－167.

评估法是最常用的手段之一。Ready等（2002）① 基于 CVM，研究了拉脱维亚地表水质量改善的支付意愿，发现受访者的平均支付意愿仅占家庭收入的0.7%；Hökby 和 Söderqvist（2003）② 采用类似的方法，调查发现，瑞典居民降低波罗的海富营养化（连续支付十年）的月平均支付意愿为294 瑞典克朗③，占人均税后收入的2.6%。基于CVM，对中国居民改善环境质量支付意愿的研究，既涉及水污染的改善④，也包含空气污染的改善⑤。譬如，Sun 等（2016）⑥ 采用意愿调查价值评估法，研究了中国城市居民对降低空气污染的支付意愿，发现近90%的受访者愿意为降低空气污染付费，平均每人每年的支付意愿是382.6 元。Wang 等（2013）⑦ 通过问卷调查，获得了云南省华坪县居民对改善河流水质的支付意愿，一个家庭（连续五年）每

① Ready, R. C., Malzubris, J., Senkane, S., "The Relationship between Environmental Values and Income in a Transition Economy: Surface Water Quality in Latvia", *Environment and Development Economics*, Vol. 7, No. 1, 2002, pp. 147 – 156.

② Hökby, S. and Söderqvist, T., "Elasticities of Demand and Willingness to Pay for Environmental Services in Sweden", *Environmental and Resource Economics*, Vol. 26, No. 3, 2003, pp. 361 – 383.

③ 2002 年11 月，1 瑞典克朗约等于0.11 美元。

④ Wang, H., He, J., Kim, Y., Kamata, T., "Willingness – to – Pay for Water Quality Improvements in Chinese Rivers: An Empirical Test on the Ordering Effects of Multiple – Bounded Discrete Choices", *Journal of Environmental Management*, Vol. 131, 2013, pp. 256 – 269. Wang, H., Shi, Y., Kim, Y., Kamata, T., "Valuing Water Quality Improvement in China: A Case Study of Lake Puzhehei in Yunnan Province", *Ecological Economics*, Vol. 94, 2013, pp. 56 – 65. Wang, H., Shi, Y., Kim, Y., Kamata, T., "Economic Value of Water Quality Improvement by One Grade Level in Erhai Lake: A Willingness – to – Pay Survey and a Benefit – Transfer Study", *Frontiers of Economics in China*, Vol. 10, No. 1, 2015, pp. 168 – 199.

⑤ Hammitt, J., Zhou, Y., "The Economic Value of Air – Pollution – Related Health Risks in China: A Contingent Valuation Study", *Environmental and Resource Economics*, Vol. 33, No. 3, 2006, pp. 399 – 423. Sun, C., Yuan, X., Xu, M., "The Public Perceptions and Willingness to Pay: from the Perspective of the Smog Crisis in China", *Journal of Cleaner Production*, Vol. 112, 2016, pp. 1635 – 1644.

⑥ Sun, C., Yuan, X., Xu, M., "The Public Perceptions and Willingness to Pay: from the Perspective of the Smog Crisis in China", *Journal of Cleaner Production*, Vol. 112, 2016, pp. 1635 – 1644.

⑦ Wang, H., He, J., Kim, Y., Kamata, T., "Willingness – to – Pay for Water Quality Improvements in Chinese Rivers: An Empirical Test on the Ordering Effects of Multiple – Bounded Discrete Choices", *Journal of Environmental Management*, Vol. 131, 2013, pp. 256 – 269.

月支付意愿为 74 元，占家庭收入的 5%。采用问卷调查，CVM 可直接获取人们对环境质量支付意愿，进而推断环境质量需求，具有便捷性、实施性强的特点。然而，方法论上的不足使其备受争议。其一，CVM 是基于假定情景询问支付意愿，这种假定不是客观事实，甚至不能变为事实，导致出现假设偏差（hypothetical bias）；通常，受访者陈述的支付意愿存在向上偏倚[①]；其二，理论上，支付意愿和受偿意愿应当相等[②]，但调查数据显示两者之间存在极大的差距[③]；其三，存在范围效应（scope effect）和嵌入效应（embedding effect），即调查得到的对不同数量的、同质环境品，或具有包含关系的环境品的支付意愿之间存在数量矛盾，致使 CVM 得到的支付意愿不能反映受访者一贯的真实偏好[④]。以至于，Hausman（2012）甚至认为采用 CVM 获得的环境品价值毫无意义。

显示偏好法通过考察已发生的真实市场行为，推测人们对环境质量等公共物品的偏好，相比于陈述偏好，更为可靠。譬如，Martini 和 Tiezzi（2014）[⑤] 基于显示偏好法和家庭生产函数，对意大利居民改善空气质量边际支付意愿的估计结果表明，多数家庭每月的边际支付意愿在 3 欧元左右，绝大多数都低于 10 欧元。尽管显示偏好法具有方法论优势，但囿于与环境质量相关的市场交易数据不易获得，针对发展中国家的研究并不多见。陈永伟、陈立中（2012）采用中国青岛 2008 年商品

---

① Hausman, J., "Contingent Valuation: From Dubious to Hopeless", *Journal of Economic Perspectives*, Vol. 26, No. 4, 2012, pp. 43 – 56. Kristrom, B. and Riera, P., "Is the Income Elasticity of Environmental Improvements Less Than One?", *Environmental and Resource Economics*, Vol. 7, No. 1, 1996, pp. 45 – 55.

② Hökby, S. and Söderqvist, T., "Elasticities of Demand and Willingness to Pay for Environmental Services in Sweden", *Environmental and Resource Economics*, Vol. 26, No. 3, 2003, pp. 361 – 383.

③ Horowitz, J. K. and McConnell, K. E., "Willingness to Accept, Willingness to Pay and the Income Effect", *Journal of Economic Behavior & Organization*, Vol. 51, No. 4, 2003, pp. 537 – 545.

④ Hausman, J., "Contingent Valuation: From Dubious to Hopeless", *Journal of Economic Perspectives*, Vol. 26, No. 4, 2012, pp. 43 – 56.

⑤ Martini, C. and Tiezzi, S., "Is the Environment a Luxury? An Empirical Investigation Using Revealed Preferences and Household Production", *Resource and Energy Economics*, Vol. 37, 2014, pp. 147 – 167.

房交易数据，估计了购房者对空气质量改善的支付意愿；空气污染降低一个指数，消费者愿意为商品房多支付 99.785 元/平方米，相当于同期商品房均价的 1.74%。新近，Ito 和 Zhang（2020）① 收集了中国城市空气净化器零售交易数据，采用显示偏好法估算了中国城市居民对改善空气质量的支付意愿。结果发现，去除 1μg/m^3 的 PM_{10}，边际支付意愿为 1.52 美元；作者声称该研究是首次采用显示偏好法针对发展中国家清洁空气支付意愿的研究。可见，基于显示偏好法对中国环境质量需求或支付意愿的研究处于起步阶段。

进一步地，当环境质量需求以某种方式量化后，经济学家还关注环境质量需求或环境质量支付意愿的收入弹性。② 通常，当收入低时，人们对食品、衣着等基本消费品的边际效用大，收入提高后，对环境质量的偏好才更为强烈。经济学直觉上，环境质量需求的收入弹性大于 1，属奢侈品（luxury good）③。然而，已有基于 CVM 的实证研究，支付意愿的收入弹性均在 0 和 1 之间④。例如，Wang 等（2015）⑤ 调查了中国

① Ito, K. and Zhang, S., "Willingness to Pay for Clean Air: Evidence from Air Purifier Markets in China", *Journal of Political Economy*, Vol. 128, No. 5, 2020, pp. 1627 - 1672.

② 如果将环境质量作为个体效用最大化决策的外生变量，环境质量需求将难以估计，此时，Kristrom 和 Riera（1996）认为环境改善支付意愿的收入弹性更有实际意义。当然，如果消费者能够对其生存的环境质量产生影响，且环境质量需求的代理变量可得（如环境信访），则可以实现对环境质量需求收入弹性的估计。

③ Kristrom, B. and Riera, P., "Is the Income Elasticity of Environmental Improvements Less Than One?", *Environmental and Resource Economics*, Vol. 7, No. 1, 1996, pp. 45 - 55. Pearce, D. and Palmer, C., "Public and Private Spending for Environmental Protection: A Cross - Country Policy Analysis", *Fiscal Studies*, Vol. 22, No. 4, 2001, pp. 403 - 456.

④ Hökby, S. and Söderqvist, T., "Elasticities of Demand and Willingness to Pay for Environmental Services in Sweden", *Environmental and Resource Economics*, Vol. 26, No. 3, 2003, pp. 361 - 383. Ready, R. C., Malzubris, J., Senkane, S., "The Relationship between Environmental Values and Income in a Transition Economy: Surface Water Quality in Latvia", *Environment and Development Economics*, Vol. 7, No. 1, 2002, pp. 147 - 156. Wang, H., Shi, Y., Kim, Y., Kamata, T., "Valuing Water Quality Improvement in China: A Case Study of Lake Puzhehei in Yunnan Province", *Ecological Economics*, Vol. 94, 2013, pp. 56 - 65. Wang, H., Shi, Y., Kim, Y., Kamata, T., "Economic Value of Water Quality Improvement by One Grade Level in Erhai Lake: A Willingness - to - Pay Survey and a Benefit - Transfer Study", *Frontiers of Economics in China*, Vol. 10, No. 1, 2015, pp. 168 - 199.

⑤ Wang, H., Shi, Y., Kim, Y., Kamata, T., "Economic Value of Water Quality Improvement by One Grade Level in Erhai Lake: A Willingness - to - Pay Survey and a Benefit - Transfer Study", *Frontiers of Economics in China*, Vol. 10, No. 1, 2015, pp. 168 - 199.

云南大理洱海湖水质改善支付意愿，居民对水质提高一级的支付意愿为（连续5年）27元/月，收入弹性仅为0.28。据此，环境质量属必需品，而非奢侈品。然而，采用显示偏好法，Martini和Tiezzi（2014）[①]发现意大利居民改善空气质量支付意愿的收入弹性为1.164，明显大于基于CVM的收入弹性，为环境品的奢侈品属性提供了直接证据[②]。正如Flores和Carson（1997）[③]指出的，影响支付意愿的因素众多，即便是奢侈品（需求的收入弹性大于1），其支付意愿的收入弹性也可能小于1，甚至为负。因此，判断环境质量是不是奢侈品，更直接和可靠的方式是估计环境质量需求的收入弹性。进一步地，对收入弹性的讨论，可用于分析环境规制的受益负担（benefit incidence），即环境政策对不同收入群体福利影响的非对称特征。如果环境质量是奢侈品，环境改善更能提高富人福利；若是必需品，则能更多改善穷人福利[④]。在收入的地区和城乡差异大、环境污染问题突出的中国，分析污染治理措施的分配效应对制定体现经济效率的环境政策具有现实意义，而至今还鲜见此类研究。

概括起来，对环境质量需求的研究存在以下不足：第一，对环境污染与经济增长关系的研究集中于宏观层面，而对EKC形成的微观机理研究不足，难以揭示EKC形成的微观机理；第二，由于环境质量无价格，且消费者不能自主决定环境质量，大多研究采用意愿调查法获取环境改善支付意愿，该方法存在诸多缺陷；而基于真实市场行为的显示偏

---

① Martini, C. and Tiezzi, S.,"Is the Environment a Luxury? An Empirical Investigation Using Revealed Preferences and Household Production", *Resource and Energy Economics*, Vol. 37, 2014, pp. 147 – 167.

② 尽管此研究估计的收入弹性大于1，但原文作者认为收入弹性接近于1，据此认为环境质量不是奢侈品，且环境政策带来的福利改善并不会向穷人或富人倾斜。

③ Flores, N. E., Carson, R. T., "The Relationship between the Income Elasticities of Demand and Willingness to Pay", *Journal of Environmental Economics and Management*, Vol. 33, No. 3, 1997, pp. 287 – 295.

④ Ebert, U., "Environmental Goods and the Distribution of Income", *Environmental and Resource Economics*, Vol. 25, No. 4, 2003, pp. 435 – 459. Hökby, S. and Söderqvist, T., "Elasticities of Demand and Willingness to Pay for Environmental Services in Sweden", *Environmental and Resource Economics*, Vol. 26, No. 3, 2003, pp. 361 – 383.

好法，结论更可靠，其应用却凤毛麟角；第三，基于 CVM 的研究，将环境质量归为必需品，与经济直觉不符，缺少环境质量作为奢侈品的直接证据；第四，作为发展中国家，中国经济高增长与环境污染问题并举，且城乡间、区域间不平衡，环境政策的经济效率和环境公平性问题愈发重要，对环境质量需求的实证研究亟待深化。

第三节　理论模型与研究命题

在中国，显示偏好法可至少基于两类污染应对行为：其一，消费者私人购买污染防护品，如口罩、绿植、空气净化器、桶装水等。基于污染防护品购买行为，对环境质量需求的相关研究，可通过家庭生产模型或随机效用模型实现①。然而，这些方法的应用依赖于防护品市场交易数据可得性及数据结构。由于数据不易满足要求，该类研究受到限制。

其二，通过环境信访表达环境质量改善意愿，显示对环境质量的需求。自 1990 年中国颁布《环境保护信访管理办法》以来，环境信访已形成制度，具备广泛群众基础，成为公众表达环境质量诉求的重要方式。由于信访人要付出包括邮寄、交通、食宿等费用以及误工等机会成本②。理性居民的信访行为是在利弊权衡后，对环境质量需求的一种真实表达。因此，本书尝试用环境信访表达人们对环境质量的需求，并细分为来信、上访两种形式，来考察中国环境质量需求的异质性和决定因素。

假定一个追求个体效用最大化的代表性消费者，从市场上购买并消

① Ebert, U., "Revealed Preference and Household Production", *Journal of Environmental Economics and Management*, Vol. 53, No. 2, 2007, pp. 276 – 289. Ito, K. and Zhang, S., "Willingness to Pay for Clean Air: Evidence from Air Purifier Markets in China", *Journal of Political Economy*, Vol. 128, No. 5, 2020, pp. 1627 – 1672. Martini, C. and Tiezzi, S., "Is the Environment a Luxury? An Empirical Investigation Using Revealed Preferences and Household Production", *Resource and Energy Economics*, Vol. 37, 2014, pp. 147 – 167.

② 陈丰：《经济学视野下的信访制度成本研究》，《经济体制改革》2010 年第 6 期。

费产生正效用的私人物品 $\boldsymbol{x}_1$，价格为 $\boldsymbol{p}_1$，$\boldsymbol{x}_1$ 和 $\boldsymbol{p}_1$ 均为 m 维向量；同时，由于环境污染的公害（public bad）属性，其“消费”带来负效用（disutility），个体“消费”污染的量为 x_2，价格为 p_2。沿用已有研究一贯做法，将私人消费品作为一个组合，并仅考虑单一环境污染的情形①。个体通过消费私人物品获得效用的同时，环境污染作为私人消费的副产品，会降低个体效用，理性的消费者将在消费品 $\boldsymbol{x}_1$ 和受污染应对措施影响的污染水平 $\boldsymbol{x}_2$ 之间权衡取舍，效用函数为 $\boldsymbol{U}(\boldsymbol{x}_1, x_2)$。参照同类研究②，效用函数满足如下的凹凸性假定：$U'_1(\boldsymbol{x}_1, x_2) > 0$，$U'_2(\boldsymbol{x}_1, x_2) \leqslant 0$，且 $U''_{11}(\boldsymbol{x}_1, x_2) < 0$，$U''_{22}(\boldsymbol{x}_1, x_2) \geqslant 0$。其中，消费者对私人品有正向的需求，而对环境污染的“需求”表现为因环境污染来信或上访等抗争，目的是在一定程度上避免污染带来的效用减少。个体收入为 I，消费者效用最大化的目标函数和约束条件为：

$$\max_{x_1,\ x_2} \mathrm{U}\{\boldsymbol{x}_1,\ x_2\}$$

$$s.t. \quad \boldsymbol{p}_1 \times \boldsymbol{x}_1 + p_2 \times x_2 = I \qquad (2-1)$$

求解上述效用最大化问题，可得到马歇尔需求函数③，其中，对环境污染公害的负向需求为 $x_2 : x_2 = D_{x_2}(\boldsymbol{p}_1, p_2, I)$。需要指出的是，对环境污染的负向需求，亦即对环境质量的正向需求。因此，用环境信访数量表达的对环境污染的抗争，实际上可以理解为对环境质量正向需求的意愿表达。

第一，价格效应。与私人品价格相比，环境污染的价格并不明确，是价格效应估计的一个难点。从个体效用最大化约束条件可知，污染的价格与量的乘积（即污染的总损失）将减少个体用于消费品的支出。当用环境信访度量环境质量需求时，直观上，污染的“价格”可用信

---

① Roca, J.,“Do Individual Preferences Explain the Environmental Kuznets Curve?”, *Ecological Economics*, Vol. 45, No. 1, 2003, pp. 3 – 10.

② McConnell, K. E.,“Income and the Demand for Environmental Quality”, *Environment and Development Economics*, Vol. 2, No. 4, 1997, pp. 383 – 399.

③ Hökby, S. and Söderqvist, T.,“Elasticities of Demand and Willingness to Pay for Environmental Services in Sweden”, *Environmental and Resource Economics*, Vol. 26, No. 3, 2003, pp. 361 – 383.

访成本表达。然而，此方案面临的一个难题是，信访过程中发生的邮寄、交通、住宿等实际费用近似为一个常量，不能用来估计价格效应。更为重要的是，除了信访，个体还会采取戴口罩、安装空气净化器、购买桶装水、进行医疗保健等措施，降低污染对个体效用的损害；在不少情形下，个体可能优先采取污染防护措施，仅用信访成本反映污染的价格可能存在明显偏差。

进一步地，在竞争性的污染防护品市场（口罩、空气净化器等），污染防护品价格不因个体需求量的变化而变化，采用某一种防护品的市场价格，亦难以估计价格效应。鉴于此，本书用污染物排放密度作为污染价格的代理变量，逻辑是：污染排放密度越大，对于个体而言，越可能采取成本较高的污染应对措施，包括私人污染防护行为和环境信访行为等。譬如，当空气污染较轻时，人们倾向于购买口罩，随着污染加重，空气净化器越来越受到青睐①；如果空气污染持续加重，人们倾向于在购买商品房时将空气污染考虑其中②，也可能通过上访等更为激进的方式向环保部门反映问题。也就是说，污染越严重，污染应对措施越可能升级，本质上是单位污染应对措施成本的提高，对个体而言即污染“价格”的上升。在收入一定时，以环境信访量表达的环境质量需求的污染“价格”弹性（ε_{p_2}）和交叉价格弹性（ε_{p_1}）分别为：

$$\varepsilon_{p_2}=\frac{\partial\ (\ln x_2)}{\partial\ (\ln p_2)}=\frac{p_2}{x_2}\frac{\partial x_2}{\partial p_2} \tag{2-2}$$

$$\varepsilon_{p_1}=\frac{\partial\ (\ln x_2)}{\partial\ (\ln \boldsymbol{p}_1)}=\frac{\boldsymbol{p}_1}{x_2}\frac{\partial x_2}{\partial \boldsymbol{p}_1}=\frac{\boldsymbol{p}_1}{x_2}\frac{\partial \boldsymbol{x}_1}{\partial \boldsymbol{p}_1}\frac{\partial x_2}{\partial \boldsymbol{x}_1} \tag{2-3}$$

随着以污染密度表达的污染“价格”p_2的提高，污染的健康风险和损失增加，将促使个体采取环境信访等行为来应对污染，环境质量的需求量增加，有 $\partial x_2/\partial p_2>0$ 。因此，与私人消费品 $\boldsymbol{x}_1$ 的价格弹性方向

① 根据 Ito 和 Zhang（2020），在 2006—2012 年间的中国 82 座城市中，消费者购买空气净化器的平均价格为 390.02 美元/台，约合人民币 2418 元/台。

② 陈永伟、陈立中（2012）对青岛市 2008 年商品房购买者改善空气质量支付意愿的研究表明，空气污染指数每降低 1 个单位，消费者愿意为每平方米住房多支付 99.785 元。若每套商品房按 $100m^2$ 计算，空气污染防护价格达 9978.5 元。

相反，环境信访量的“价格”弹性为正，即 $\varepsilon_{p_2} > 0$。以此类推，对于环境信访量的交叉价格弹性，当 $\boldsymbol{p}_1$ 提高后，私人品 $\boldsymbol{x}_1$ 消费量减少，首先有 $\partial \boldsymbol{x}_1 / \partial \boldsymbol{p}_1 < 0$；当 x_1 消费量减少后，其边际效用增加，消费者倾向于减少环境信访等污染应对行为，以最大化效用，有 $\partial x_2 / \partial \boldsymbol{x}_1 > 0$，因此交叉价格弹性 $\varepsilon_{p_1} < 0$。于是提出：

假说一：其他条件不变时，随着污染密度的上升，以环境信访度量的环境质量需求随之增加，环境质量需求的“价格”弹性 $\varepsilon_{p_2} > 0$；私人消费品价格提高，消费量减少使其边际效用提高，消费者倾向于减少环境信访等污染应对措施，交叉价格弹性 $\varepsilon_{p_1} < 0$。

第二，收入效应。环境质量需求的收入弹性（ε_I）的表达式为：

$$\varepsilon_I = \frac{\partial\ (\ln x_2)}{\partial\ (\ln I)} = \frac{I}{x_2}\frac{\partial x_2}{\partial I} \tag{2-4}$$

根据收入弹性大小，可以将环境质量定义为低档品（$\varepsilon_I < 0$）或正常品（$\varepsilon_I > 0$），正常品可进一步划分为必需品（$0 < \varepsilon_I < 1$）或奢侈品（$\varepsilon_I > 1$）①。基于意愿调查法，得出的环境改善支付意愿收入弹性通常小于1②。一个重要的原因在于，支付意愿的收入弹性与环境质量需求的收入弹性并不等价③。在中国，公众应对污染的行为反映出环境质量具有奢侈品的属性。譬如，2014 年河北省空气污染最为严重，

① Hökby, S. and Söderqvist, T., “Elasticities of Demand and Willingness to Pay for Environmental Services in Sweden”, *Environmental and Resource Economics*, Vol. 26, No. 3, 2003, pp. 361-383. Lai, C. Y. I. and Yang, C. C., “On Environmental Quality: ‘Normal’ versus ‘Luxury’ Good”, *The Journal of Social Sciences and Philosophy*, Vol. 23, No. 1, 2010, pp. 1-14. Varian, H. R., *Microeconomics Analysis* (*Third Edition*), New York: W. W. Norton & Company, 1992.

② Hökby, S. and Söderqvist, T., “Elasticities of Demand and Willingness to Pay for Environmental Services in Sweden”, *Environmental and Resource Economics*, Vol. 26, No. 3, 2003, pp. 361-383. Ready, R. C., Malzubris, J., Senkane, S., “The Relationship between Environmental Values and Income in a Transition Economy: Surface Water Quality in Latvia”, *Environment and Development Economics*, Vol. 7, No. 1, 2002, pp. 147-156. Wang, H., Shi, Y., Kim, Y., Kamata, T., “Economic Value of Water Quality Improvement by One Grade Level in Erhai Lake: A Willingness-to-Pay Survey and a Benefit-Transfer Study”, *Frontiers of Economics in China*, Vol. 10, No. 1, 2015, pp. 168-199.

③ Flores, N. E., Carson, R. T., “The Relationship between the Income Elasticities of Demand and Willingness to Pay”, *Journal of Environmental Economics and Management*, Vol. 33, No. 3, 1997, pp. 287-295.

但从人均口罩消费额来看，北京、上海等高收入地区领跑全国①；2013年，通过电话、网络环境投诉数，北京、上海分别为22.8次/万人和22.4次/万人（全国平均为8.2次/万人），与两地的高收入特征吻合（北京、上海人均收入分别为4.1万元/人和4.2万元/人，全国平均为1.8万元/人）②。基于典型化事实，结合环境质量作为奢侈品的传统假定③，本书尝试用环境信访直接估计环境质量需求的收入弹性，于是提出：

假说二：在中国，环境质量是一种奢侈品，即环境质量需求的收入弹性 $\varepsilon_I>1$，高收入者收入增加的边际环境质量需求大于低收入者。

对假说二的检验，在评估环境政策与环境质量需求匹配度时具有重要价值。若环境质量属奢侈品，其需求的收入弹性大于1，即随收入提高，环境质量需求以更快速度增加。那么，以低收入地区环境治理绩效为基准，高收入地区的污染治理滞后于当地居民环境质量需求，其环境政策有进一步提升的空间。反之，若环境质量属必需品，与低收入地区相比，高收入地区污染治理绩效则优于当地居民的期望。若收入弹性等于1，说明不同收入地区环境治理绩效与当地居民诉求的匹配度相当。

第三，收入弹性的结构变化。进一步地，人们的环境偏好可能随收入提高发生系统性变化，使收入弹性发生结构突变。其内在机制可能是，高收入者对健康和环境污染风险相关知识的增加与意识的提高④。收入提高后，个体表达环境质量诉求的机会成本提高，是导致收入弹性结构变化的另一渠道。再者，对于特定污染类型，个体可采取的防护措

① 阿里研究院：《阿里销售平台健康消费报告》，http：//i.aliresearch.com/img/20151210/20151210230257.pdf。

② 《中国环境统计年鉴2014》和《中国统计年鉴2014》。

③ Kristrom，B. and Riera，P.，"Is the Income Elasticity of Environmental Improvements Less Than One?"，*Environmental and Resource Economics*，Vol. 7，No. 1，1996，pp. 45－55.

④ McConnell，K. E.，"Income and the Demand for Environmental Quality"，*Environment and Development Economics*，Vol. 2，No. 4，1997，pp. 383－399. Zheng，S. and Kahn，M. E.，"Understanding China's Urban Pollution Dynamics"，*Journal of Economic Literature*，Vol. 51，No. 3，2013，pp. 731－772.

施越多，高收入者越可能通过个人防护措施对信访产生一定程度替代，导致环境质量需求的收入弹性有所下降。对于污染密度，当污染加重时，个体污染防护品支出（或预期支出）增加，相当于实际收入的减少，可能间接导致环境质量需求的收入弹性发生结构变化。此时，单一的收入弹性难以捕捉这些变化①。于是提出：

假说三：当收入水平或污染密度持续提高，跨过特定阈值后，由于环境偏好、机会成本或污染防护措施多寡的差异，环境质量需求的收入弹性出现系统性结构变化。

第四节　计量模型、变量与描述统计

（一）经验模型

根据理论模型，环境质量需求是收入、消费品价格、污染防护品价格的函数。采用环境信访（来信和来访）数据作为环境质量需求的代理变量，在构建中国省级面板数据做实证分析时，还考虑引入两类控制变量。其一，人口地理分布特征变量。长期以来，中国城乡二元结构使城乡居民在经济社会特征以及污染应对行为方面存在差异，引入城镇化率作为人口水平（horizontal）分布变量，以控制这种差异；参考城市地理学的划分②，人口的垂直（vertical）分布特征也可能通过人口聚集度、环境信访“搭便车”等渠道影响人们对环境质量的需求，本书用人口密度加以控制。其二，政府环境规制和环境信访政策变量。考虑到环境质量公共品属性，政府对环境质量的供给受环境规制强度影响，因此本书选取人均污染物去除量作为政府环境规制的代理变量，包括人均

---

① Ready, R. C., Malzubris, J., Senkane, S., “The Relationship between Environmental Values and Income in a Transition Economy: Surface Water Quality in Latvia”, *Environment and Development Economics*, Vol. 7, No. 1, 2002, pp. 147 – 156.

② Fan, C. C., “The Vertical and Horizontal Expansions of China's City System”, *Urban Geography*, Vol. 20, No. 6, 1999, pp. 493 – 515.

二氧化硫去除量、烟尘去除量和化学需氧量（COD）去除量；采用环境信访作为环境质量需求代理变量，还受到环境信访政策完备性、渠道畅通性，特别是，政府对环境信访受理态度和受理能力的影响，因此有必要引入政策虚拟变量以控制环境信访制度变迁。以人均来信或人均来访总数为因变量时，本书的实证模型如下①：

$$ytotal_{it} = \beta_1 income_{it} + \beta_2 pricec_{it} + \beta_3 pricep_{it} + \beta_4 urban_{it} + \beta_5 density_{it} + \beta_6 ridso2_{it} + \beta_7 ridsoot_{it} + \beta_8 ridcod_{it} + \beta_9 dummy1 + \beta_{10} dummy2 + a_i + \varepsilon_{it} \quad (2-5)$$

其中，*ytotal* 为人均环境来信总量或人均环境来访总量；*income* 是居民人均收入水平，为考察农村居民、城镇居民环境质量需求弹性的差异，细分为农村居民人均收入（*incomev*）和城镇居民人均收入（*incomeu*）②；*pricec*、*pricep* 分别为消费品价格、污染防护品价格；*urban*、*density* 分别为城镇化率、人口密度；*ridso2*、*ridsoot*、*ridcod* 分别为人均二氧化硫、烟尘、化学需氧量去除量；*dummy* 为环境信访制度虚拟变量，可以是多个③；β 为待估参数，a 为个体虚拟变量，ε 为随机误差项；下标 i 和 t 分别为省份、年份编号。

为对比不同污染类型下，环境质量需求的差异，更好地实现变量间匹配，本书进一步细分为因水污染来信、因大气污染来信、因水污染来访、因大气污染来访四类。在以人均水污染来信（或来访）、人均大气污染来信（或来访）为因变量时，式（2－5）分别改写为：

① 根据《中国环境年鉴》，样本期内（1992—2010 年），环境来信、来访的当年办结比例分别达 94.0% 和 89.2%，即绝大部分环境信访案件均在当年办结，即环境信访受上一年度影响很小，鉴于此，本书未采用动态面板数据模型。

② 出于共线性考虑，农村居民人均收入和城镇居民人均收入不同时出现在实证模型中。

③ 在实证模型中，基于两方面考虑未加入年份虚拟变量。一方面，本书研究的对象是居民个体的环境质量需求，与产业领域的宏观调控相比，个体环境信访行为受到来自宏观政策的一致性冲击小，而主要由个体所处的微观决策环境决定；另一方面，考虑到环境信访制度完备性对个体环境信访行为有直接影响，本书通过引入两个政策虚拟变量，以控制信访政策的宏观冲击。

$$ywater_{it} = \beta_1 income_{it} + \beta_2 pricec_{it} + \beta_3 pricep_{it} + \beta_4 urban_{it} + \beta_5 density_{it} + \beta_6 ridcod_{it} + \beta_7 dummy1 + \beta_8 dummy2 + a_i + \varepsilon_{it} \quad (2-6)$$

$$ygas_{it} = \beta_1 income_{it} + \beta_2 pricec_{it} + \beta_3 pricep_{it} + \beta_4 urban_{it} + \beta_5 density_{it} + \beta_6 ridso2_{it} + \beta_7 ridsoot_{it} + \beta_8 dummy1 + \beta_9 dummy2 + a_i + \varepsilon_{it} \quad (2-7)$$

式（2-6）和式（2-7）中，*ywater* 为人均因水污染来信或来访量，*ygas* 为人均因大气污染来信或来访量，*income* 为人均收入水平，其他符号同式（2-5）。

为分析收入和价格水平持续提高引起的环境质量需求收入弹性的结构变化，传统做法是按照价格或收入进行分组检验，或者交互项连乘检验①。按照价格或收入对样本分组，缺点在于分组标准的随意性，难以准确找到发生结构变化的临界值；交互项连乘检验在处理交互项中只有一个连续变量的情形时较为适用，若两个交互项均为连续变量，其估计系数往往无确切的经济含义②；交互项连乘的另一个缺点是不适用于同一变量之间的交互，此时相当于加入一个平方项，只能捕捉斜率符号的逆转，难以刻画单调函数、斜率变化的情形。近年来，非线性计量经济模型的发展为解决这一问题提供了新思路。“门槛回归”模型通过内生地寻找临界值，避免了分组标准的随意性，同时，也适用于分组变量与观测变量是同一变量的情形。以单一门槛回归为例，其基本思想是，当因变量之外的某一变量（可以为自变量）$g_{it} \leq \tau$ 和 $g_{it} > \tau$ 时，自变量对因变量的影响出现显著的结构变化。其中，g_{it} 为门槛变量，τ 为门槛值。本书采用 Hansen（1999）③ 发展的面板门槛回归模型，在以人均来信或来访总数为因变量、g_{it} 为门

---

① 李平、许家云：《国际智力回流的技术扩散效应研究——基于中国地区差异及门槛回归的实证分析》，《经济学（季刊）》2011 年第 3 期。

② Williams, R., *Interaction Effects between Continuous Variables (Optional)*, University of Notre Dame, 2015.

③ Hansen, B. E., “Threshold Effects in Non-Dynamic Panels: Estimation, Testing, and Inference”, *Journal of Econometrics*, Vol. 93, No. 2, 1999, pp. 345-368.

槛变量、收入水平为受门槛变量影响的观测变量情形下，模型表述为：

$$ytotal_{it} = \beta_{11} income_{it} \times I(g_{it} \leqslant \tau) + \beta_{12} income_{it} \times I(g_{it} > \tau) + X\beta + a_i + \varepsilon_{it} \tag{2-8}$$

其中，$I(\cdot)$ 为示性函数，β_{11} 和 β_{12} 分别为当 $g_{it} \leqslant \tau$ 、$g_{it} > \tau$ 时，收入水平对人均来信或来访总量的影响系数，X 为式（2－5）中除收入水平外的其他自变量。模型（2－8）的残差平方和是 τ 的函数，根据 Chan（1993）① 的研究，当 τ 越接近真实的门槛值时，残差平方和越小。因此，可以通过最小化模型（2－8）的残差平方和，以获得门槛值 τ 的估计值 $\hat{\tau}$，继而估计出其他参数。门槛效应的存在性，则有赖于对系数 β_{11} 和 β_{12} 的检验：$H_0: \beta_{11} = \beta_{12}$；若原假设不能被拒绝，则说明门槛效应不显著，即不存在显著的结构变化。对 H_0 的检验统计量为：

$$F = \frac{S_0 - S(\hat{\tau})}{\hat{\sigma}^2}, \quad \hat{\sigma}^2 = \frac{S(\hat{\tau})}{n(T-1)} \tag{2-9}$$

其中，S_0 是在原假设下的残差平方和，$S(\hat{\tau})$ 为在门槛值 $\hat{\tau}$ 下的残差平方和。由于原假设 H_0 成立时，门槛值 τ 无法识别，因此 F 统计量的分布是非标准的。因此，本书采用 Hansen（1999）② 的 Bootstrap 自抽样法获得其渐近分布，并构造其 p 值。以上是针对单一门槛的情形，双重门槛、三重门槛的思想和检验类似，本书不再赘述。将模型（2－8）扩展，双重门槛模型表述为：

$$ytotal_{it} = \beta_{11} income_{it} \times I(g_{it} \leqslant \tau_1) + \beta_{12} income_{it} \times I(\tau_1 < g_{it} \leqslant \tau_2) + \beta_{13} income_{it} \times I(g_{it} > \tau_2) + X\beta + a_i + \varepsilon_{it} \tag{2-10}$$

---

① Chan, K. S., "Consistency and Limiting Distribution of the Least Squares Estimator of a Threshold Autoregressive Model", *The Annals of Statistics*, Vol. 21, No. 1, 1993, pp. 520－533.

② Hansen, B. E., "Threshold Effects in Non－Dynamic Panels: Estimation, Testing, and Inference", *Journal of Econometrics*, Vol. 93, No. 2, 1999, pp. 345－368.

（二）变量数据

本书采用 1992—2010 年 30 个省（市、自治区）[①] 构成的面板数据，分析变量之间的弹性。除虚拟变量外，取变量的自然对数。变量说明和数据来源如下：

（1）人均环境来信、来访（*ytotal*、*ywater*、*ygas*）。作为环境质量需求的代理变量，环境信访包括来信、来访两种形式，按照污染类型，可进一步划分为因水污染来信（或来访）、因大气污染来信（或来访）[②]。《中国环境年鉴》中，省级环境来信数据可延伸到 1992 年，而 2011 年以来，环境来信数据不能进一步划分，且环保部于 2010 年 12 月颁布了《环保举报热线工作管理办法》，环保热线的普及是对传统来信的替代，本书仅采用 1992 年至 2010 年环境来信的数据；《中国环境年鉴》中因环境污染来访仅涵盖 1996—2010 年。具体指标为每百万人环境来信数、每百万人环境来访批次，进而，每百万人因水污染（或大气污染）来信（或来访）数；常住人口来自《新中国六十年统计资料汇编》、《中国统计年鉴》、各省统计年鉴。

（2）人均收入（*income*）。为反映中国农村居民、城镇居民环境质量需求收入弹性的差异，人均收入由农民人均纯收入（*incomev*）、城镇居民人均可支配收入（*incomeu*）两个指标构成。由于不同年份收入不可比，本书采用消费者价格指数（1992 年为基期）对名义收入做平减处理，数据来自《中国统计年鉴》。

（3）消费品价格（*pricec*）。作为一揽子商品和服务平均价格增长率指标，消费者价格指数（CPI）反映居民消费品平均价格涨幅，囊括食品、烟酒、衣着、家庭设备用品及服务、医疗保健及个人用品、交通

① 未包括西藏（数据不完整）、香港、澳门、台湾。考虑到重庆自 1997 年直辖，为保持数据连贯性，样本中未包含重庆、四川 1992 年至 1996 年的数据。

② 在环境信访的总来信（或总来访）中，包括了因水污染、大气污染、固体废物污染、噪声污染、发明专利和其他事项来信（或来访）六个子项。本书仅考虑水污染、大气污染两类主要类型。由于环境来信（或来访）包含的子项目较多，将其按照水污染、大气污染划分而进一步考察，比仅采用来信（或来访）总量更有针对性。

和通信、娱乐教育文化用品及服务、居住八大类；考虑到，污染防护品（口罩、空气净化器、桶装水等）仅占中国居民消费品的极小比重，将CPI作为（产生直接效用的）消费品价格的代理变量是合适的。由于消费品价格市场化后，中国不同地区间价格水平存在差异，为确保同一年份不同地区价格指数的可比性，将基期延伸至消费品价格放开之前。隐含的假定是，在消费品实施政府定价时，各地区价格水平基本相同。1984年，中国消费品价格开始全面放开①，本书计算了以1984年价格为基期（1984年价格为1）的1992—2010年消费品价格指数，数据来自《中国统计年鉴》。

（4）污染防护品价格（*pricep*）。污染防护品包括由污染引致的口罩、绿植、空气净化器、桶装水、由污染导致的医疗卫生服务、商品房中体现空气质量价值的部分等。由于污染防护品价格数据不可得，本书用污染物排放密度，即每平方千米工业废气排放量（*gas*）、工业废水排放量（*water*）作为代理变量。由于污染防护品是价格各异的多种物品，随着污染密度增加，人们愿意购买的污染防护品价格呈上升趋势。譬如，当空气污染较轻时，人们倾向于购买口罩，随着污染加重，空气净化器越来越受到青睐②，如果空气污染持续加重，人们将更多在购买商品房时将空气污染考虑其中③。不难看出，污染越严重，污染防护品内部结构随之变化，等价于防护品同质情形下价格的提高，用污染密度作为污染防护品价格有其合理性。工业废水、废气排放量来自《中国环境年鉴》，行政区面积来自《中国统计年鉴》。

（5）城市化率（*urban*）和人口密度（*density*）。城市化率是全区常住人口中常住人口的比重，人口密度是常住人口与土地面积比值，分别

① 张卓元：《论中国的价格改革》，《安徽大学学报》1992年第2期。

② 根据Ito和Zhang（2020）的数据，2006—2012年中国82座城市，消费者购买空气净化器的平均价格为390.02美元/台，按照1美元=6.2元人民币的汇率计算，约合人民币2418元/台。

③ 例如，陈永伟、陈立中（2012）对青岛市2008年商品房购买者改善空气质量支付意愿的研究表明，空气污染每降低一个指数，消费者愿意为每平方米住房多支付99.785元，相当于同期商品住房平均价格的1.74%。若每套商品房按100平方米计算，消费者空气污染防护（降低一个指数）价格为9978.5元。

反映人口的水平和垂直分布。

（6）人均污染去除量（*ridso2*、*ridsoot*、*ridcod*）。作为反映政府环境规制强度的指标，污染物去除量包括工业二氧化硫、工业烟尘、工业COD去除量，并以常住人口作为权重。污染物去除量来自《中国环境年鉴》。

（7）环境信访政策（*dummy1*、*dummy2*）。在样本期内，影响居民环境信访行为的信访政策主要有三个：1990年12月原国家环保局颁布的《环境保护信访管理办法》、1997年4月原国家环保局颁布的《环境信访办法》和2006年6月原国家环保总局颁布的《环境信访办法》。与1990年相比，1997年《环境信访办法》新加入了指定专人负责、设立专门机构、明确办结期限，突出环境信访是信访人依法享有的权利等条款；2006年《环境信访办法》明确环境信访实施环保行政首长负责制、工作责任制，将工作绩效纳入年度考核体系。因此，通过引入以下两个虚拟变量，捕捉环境信访制度变迁效应：

$$dummy1 = \begin{cases} 1, & if\ year \leqslant 1996 \\ 0, & otherwise \end{cases} \tag{2-11}$$

$$dummy2 = \begin{cases} 1, & if\ year \geqslant 2006 \\ 0, & otherwise \end{cases} \tag{2-12}$$

（三）描述统计

表2-1是相关变量的描述统计量。可以看出，各地区环境来信比环境来访表现出更大差异，环境来信的变异系数达1.53，而环境来访的变异系数为0.78；污染排放密度区域差异性很大，标准差是其均值的两倍以上；相对而言，消费者价格指数、城市化率样本间差异较小。

表2-1　变量的描述统计

变量和单位	符号	均值	标准差	最小值	最大值	观测数
环境来信（封/百万人）	*letter*	351.01	538.20	1.23	5625.78	560
因水污染来信（封/百万人）	*lewater*	35.35	50.96	0.22	394.46	560

续表

变量和单位	符号	均值	标准差	最小值	最大值	观测数
因大气污染来信（封/百万人）	*legas*	124.63	177.85	0.29	1276.04	560
环境来访（批次/百万人）	*visitor*	50.58	39.44	0.12	265.76	448
因水污染来访（批次/百万人）	*viwater*	8.56	6.27	0.07	38.84	448
因大气污染来访（批次/百万人）	*vigas*	19.69	16.59	0.02	132.60	448
农村居民纯收入（元/人）	*incomev*	1541.94	865.52	481.80	5744.99	560
城镇居民可支配收入（元/人）	*incomeu*	4172.34	2095.88	1495.00	13085.57	560
工业废水排放密度（吨/平方千米）	*water*	9630.11	23768.72	47.81	220000.00	560
工业废气排放密度（万标立方米/平方千米）	*gas*	951.93	2198.94	4.59	20452.62	560
消费者价格指数（1984 年为 1）	*cpi*	3.97	0.81	1.84	6.24	560
城镇化率（%）	*urban*	41.38	16.36	5.31	89.27	560
人口密度（人/平方千米）	*density*	369.26	423.30	6.39	3631.39	560
高中及以上学历人口比重（%）	*education*	17.74	8.78	2.67	53.61	560
律师数量比重（个/10 万人）	*legal*	10.58	13.24	1.39	116.91	560
人均工业 SO_2 去除量（千克/人）	*ridso2*	8.06	10.93	0.01	83.78	560
人均工业烟尘去除量（千克/人）	*ridsoot*	152.54	197.00	0.01	3509.70	560
人均工业 COD 去除量（千克/人）	*ridcod*	6.28	7.02	0.00	94.01	560
环境信访政策 1	*dummy*1	0.26	0.44	0.00	1.00	570
环境信访政策 2	*dummy*2	0.26	0.44	0.00	1.00	570

注：取对数之前的原始值。

图 2－1 到图 2－6 以环境来信为例，展示了主要自变量（收入、消费品价格、污染防护品价格）与因变量（因水污染、大气污染来信）关系的散点图。可以看出，随着收入的提高，环境质量需求呈明显的上升趋势（图 2－1 和图 2－2），与理论假设相符；消费品价格（用 CPI 表达）的提高，直观上，会提高人们环境质量需求（图 2－3 和图 2－4），与理论预期不符；用污染密度表达的污染防护品价格的提高，则会提高人们环境质量需求（图 2－5 和图 2－6），与理论假设一致。不难发现，散点图在直观展示变量关系上具有优势，但由于未控制相关重要变量，可能有偏差，更为严谨的变量关系仍有赖于计量模型的实证检验。

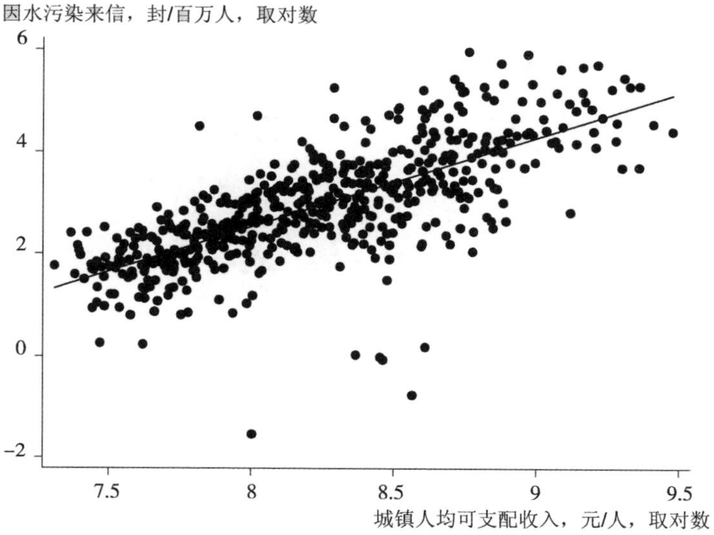

图 2－1　水污染来信与城镇居民收入散点图

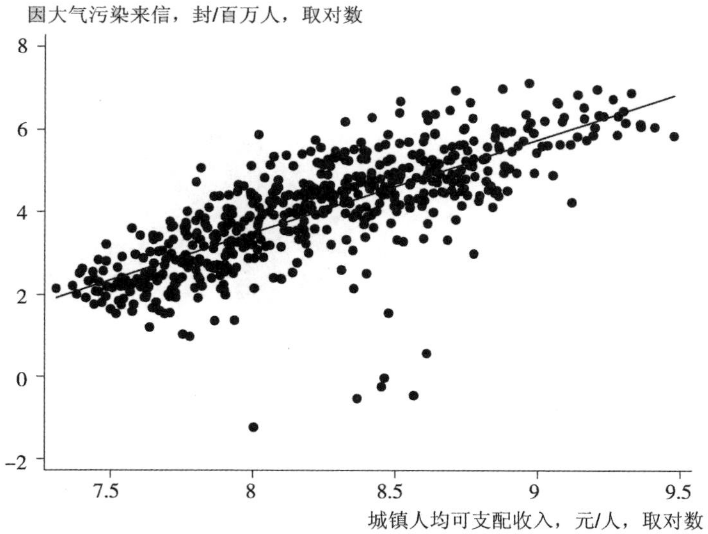

图 2－2　大气污染来信与城镇居民收入散点图

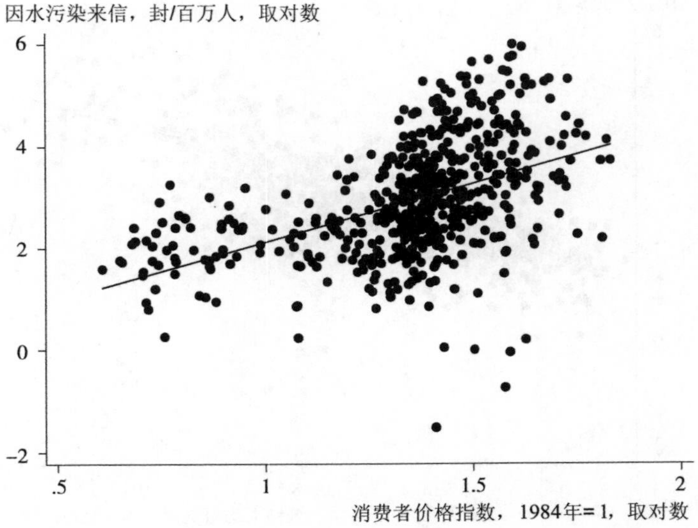

图 2－3 水污染来信与 CPI 散点图

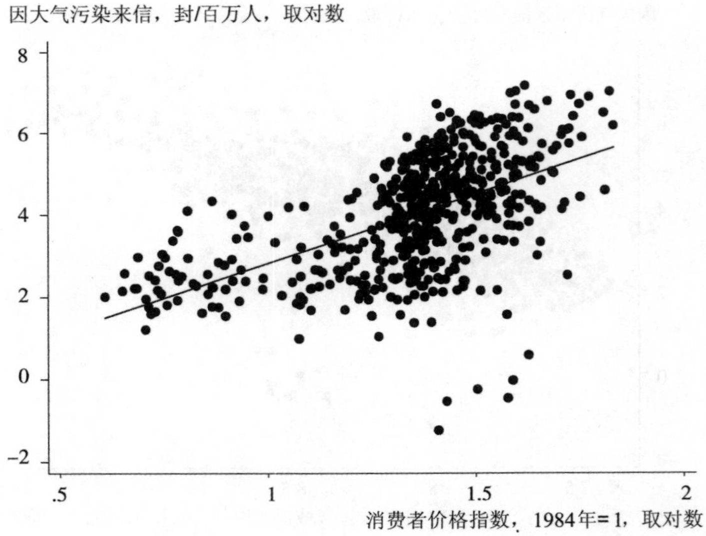

图 2－4 大气污染来信与 CPI 散点图

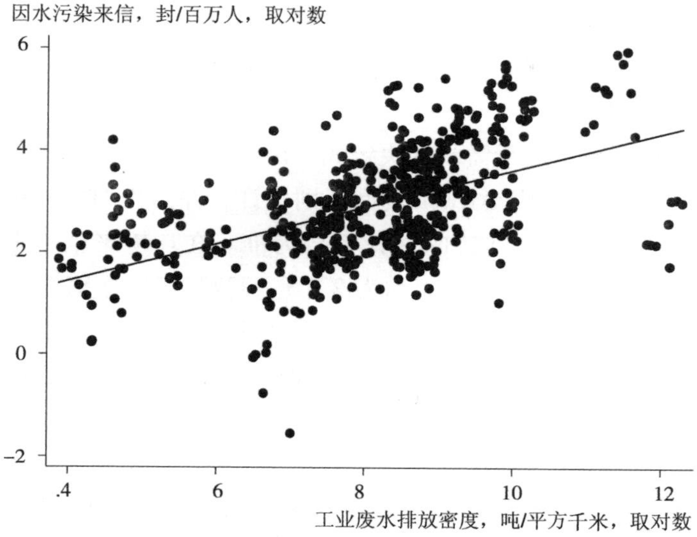

图 2－5　水污染来信与废水排放密度散点图

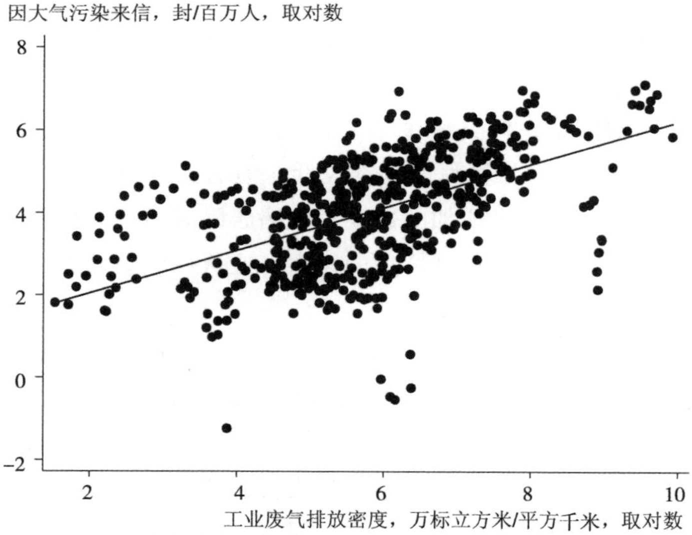

图 2－6　大气污染来信与废气排放密度散点图

第五节　经验结果分析

首先估计环境质量需求的决定式，出于稳健性考虑，采用固定效应（FE）和随机效应（RE）模型分别估计，并给出 Hausman 检验结果，以 Hausman 检验支持的估计系数为准。在环境来信、来访情形下，估计结果分别见表 2－2 和表 2－3。调整的 R^2 分别介于 0.53—0.70 和 0.16—0.24 之间，FE 和 RE 的估计结果基本一致；在不同因变量情形下，各变量估计系数的符号和显著性具有较好一致性。

（一）“价格”效应

如表 2－2 所示，废水排放密度提高 1%，因水污染来信提高 0.324%—0.593%；废气排放密度提高 1%，因大气污染来信提高 0.306%—0.524%。随着污染密度增加，消费者面临健康损失，劳动生产率可能因此下降，防护品的支出可能增加；为避免或消减污染损害，当污染预期损害大于信访的成本时，消费者选择通过信访的方式表达环境质量改善的意愿。

在来信情形下，污染密度引发的人们对改善环境质量意愿的表达，其弹性小于 1。尽管写信成本较低，但居民通过来信方式表达环境诉求，仍滞后于污染增加的速度。中国居民对污染的抗争或对改善环境质量的诉求滞后于污染增加的速度，这从一个新的角度解释了中国环境污染持续严重的事实。

表 2－3 中，随着污染密度增加，个体通过上访表达的对水环境质量诉求，并没有显著地增加，对大气环境质量诉求的增加并不稳健。由于环境上访的成本较高，上访者还要承担额外的政治风险，可能抵消上访带来的预期环境质量改善收益，使污染密度增加对上访的影响不敏感。与来信对比发现，环境质量诉求的表达渠道十分重要。成本相对较低的表达途径，有助于居民充分地表达对环境污染的关切，显示其对改善环境质量的真实意愿。

考察交叉价格弹性，消费品价格也会对环境质量需求产生显著影响。表 2－2 和表 2－3 中，*cpi* 的估计系数均显著为负，即其他条件不变时，消费品价格的提高，使人们环境质量需求量下降。基本的逻辑是，收入一定时，消费品价格提高后，同样的支出购买的消费品数量减少，其边际效用提高，消费者会减少在污染应对方面的支出（包括信访的量），以最大化效用。具体而言，当 CPI 提高 1%，因水污染来信降低 0.856%—1.161%，因大气污染来信降低 1.247%—1.405%；因水污染来访降低幅度高达 5.862%—5.990%，因大气污染来访也降低 6.071%—6.522%。对环境来访的影响明显较大，这种反差与污染密度估计系数的情形具有逻辑一致性：当消费品价格提高后，人们会将更多的资源用于消费，相对于写信，因污染上访要付出较多的交通成本和时间机会成本，因此，更多消费者会选择放弃走访，以节省费用（包括因上访的误工损失），购买消费品。至此，假说一得到证实。

表 2－2　　环境质量需求决定因素估计结果（来信）

变量	因水污染来信				因大气污染来信			
	(1) FE	(2) RE	(3) FE	(4) RE	(5) FE	(6) RE	(7) FE	(8) RE
incomev	1.370**	1.397***			1.864***	1.536***		
	(2.63)	(4.44)			(3.31)	(4.12)		
incomeu			1.634***	1.886***			2.486***	2.261***
			(4.35)	(7.84)			(5.78)	(7.29)
water	0.324	0.452**	0.425*	0.593***				
	(1.33)	(2.44)	(1.78)	(3.37)				
gas					0.524***	0.362***	0.347*	0.306**
					(3.26)	(3.15)	(1.99)	(2.11)
cpi	-1.161***	-0.576**	-1.022***	-0.856***	-1.405***	-1.077***	-1.228***	-1.247***
	(-3.41)	(-2.34)	(-3.45)	(-3.10)	(-4.31)	(-4.13)	(-4.57)	(-4.58)
urban	-0.207	-0.481**	-0.305	-0.461**	-0.253	-0.202	-0.338	-0.191
	(-0.65)	(-2.01)	(-0.93)	(-1.97)	(-0.99)	(-0.78)	(-1.10)	(-0.67)
density	-0.302*	-0.450**	-0.405**	-0.524***	-0.513	-0.424***	-0.370	-0.282**
	(-1.85)	(-2.37)	(-2.31)	(-2.84)	(-1.59)	(-3.06)	(-1.25)	(-2.07)

续表

变量	因水污染来信				因大气污染来信			
	(1) FE	(2) RE	(3) FE	(4) RE	(5) FE	(6) RE	(7) FE	(8) RE
education	0.769 ***	0.082	0.449	0.156	0.839 ***	0.517 ***	0.484 ***	0.486 ***
	(2.96)	(0.43)	(1.64)	(0.82)	(4.14)	(3.29)	(2.87)	(3.45)
legal	0.381 *	0.207	0.243	0.135	0.403 **	0.369 ***	0.162	0.240 **
	(1.97)	(1.48)	(1.51)	(1.26)	(2.07)	(2.61)	(1.01)	(2.30)
ridso2					-0.127 *	0.001	-0.191 **	-0.125 **
					(-1.78)	(0.04)	(-2.69)	(-2.34)
ridsoot					-0.021	-0.039 ***	-0.016	-0.016
					(-1.50)	(-2.63)	(-1.27)	(-1.30)
ridcod	0.019	0.030	-0.028	-0.034				
	(0.47)	(0.68)	(-0.54)	(-0.78)				
dummy1	-0.392 ***	-0.636 ***	-0.417 ***	-0.487 ***	-0.660 ***	-0.816 ***	-0.615 ***	-0.636 ***
	(-3.32)	(-4.90)	(-3.96)	(-4.58)	(-5.62)	(-6.96)	(-5.97)	(-6.35)
dummy2	-0.154	0.023	-0.304	-0.335 **	-0.594 **	-0.428 **	-0.760 ***	-0.747 ***
	(-0.81)	(0.16)	(-1.51)	(-2.04)	(-2.74)	(-2.27)	(-3.83)	(-4.19)
常数项	-8.425 **	-6.391 ***	-10.816 ***	-12.183 ***	-9.451 **	-6.377 ***	-14.553 ***	-13.695 ***
	(-2.20)	(-4.18)	(-3.19)	(-8.22)	(-2.23)	(-3.33)	(-3.70)	(-6.37)
样本数	560	560	560	560	560	560	560	560
调整的 R^2	0.553	0.536	0.578	0.580	0.663	0.662	0.699	0.703
Hausman 检验	58.75 *** [0.0000]		15.84 [0.1043]		26.69 *** [0.0018]		15.18 [0.1746]	

说明：FE 为固定效应模型，RE 为随机效应模型；圆括号内为 t 值，均包含个体效应；Hausman 检验列出统计值，中括号内为 p 值，在原假设被拒绝时，FE 优于 RE；*、**、*** 分别代表 10%、5% 和 1% 的显著性水平。下表同。

（二）收入效应

在来信、来访情形下（表 2-2 和表 2-3），对于农村和城镇居民，环境质量需求的收入弹性十分显著（农村居民来访情形除外），且均大于 1，甚至大于 2。譬如，来信情形下，农村居民收入提高 1%，对水环境质量需求提高 1.370%，对大气环境质量需求提高 1.864%；城镇居民对大气和水环境质量需求的收入弹性分别为

1.886 和 2.261。据此，在中国，环境质量属于奢侈品，假说二得到证实。就笔者所知，本书是首次采用显示偏好法证明中国的环境质量属奢侈品的经验研究。

通过收入弹性的多维度对比，有几个有趣的发现。第一，来信对应的收入弹性总是超过来访的收入弹性。例如，城镇居民因大气污染来信的收入弹性为 2.261，来访的收入弹性则为 1.463；又如，农村居民因水污染来信收入弹性为 1.370，来访收入弹性则为 0.969。第二，相对于农村居民，城镇居民对环境质量需求的收入弹性较大；相对于水环境质量，城乡居民对大气环境质量的需求弹性更大。譬如，因大气污染来信、来访情形下，城镇居民收入弹性（2.261、1.463）均大于农村居民的情形（1.864、0.119）；在因大气污染来信情形下，城镇、乡村居民收入弹性分别为 2.261 和 1.864，分别大于因水污染情形下的弹性（1.886、1.370）。收入提高后，城乡居民对环境质量需求的系统性差异，反映出中国治污减排需求的差异性：随着收入的提高，城镇居民改善环境质量的意愿更为强烈，与改善水环境相比，城乡居民改善大气环境的需求更为突出。

不难发现，居民对环境质量的需求，不仅取决于污染的客观程度，还取决于人们的收入水平。污染增加对居民环境意愿表达的不敏感（弹性小于1），与收入提高对环境质量需求的高度敏感（弹性大于1）形成了鲜明对比。可见，中国居民对环境质量意愿的表达，是收入主导型，而非污染主导型。

基于大于 1 的收入弹性，分析治污绩效与需求匹配度：富裕的城镇地区，环境质量改善绩效明显滞后于当地公众对环境质量的需求。换句话说，在中国，以低收入地区污染治理绩效与环境诉求匹配度为基准，高收入地区环境治理力度有进一步加码的空间。需要指出的是，对富裕地区，这种较低的匹配度还可能与跨界污染有关。譬如，由于灰霾污染的跨区域性，近年来北京和河北围绕灰霾治理的争论，反映出治霾成本和收益结构的空间不对等。特别是，低收入地区购买环境质量奢侈品的意愿不足、能力有限；高收入地区对环境质量需求高，但其环境质量的根本改善有赖于低收入地区的协同减排。通过合理的政策设计，使高收入地区的环境绩效与当地居民需求相匹配，环境治理的经济效率和环境公平性才有可能兼而得之。

表 2－3　　环境质量需求决定因素估计结果（来访）

变量	因水污染来访				因大气污染来访			
	(1) FE	(2) RE	(3) FE	(4) RE	(5) FE	(6) RE	(7) FE	(8) RE
incomev	0.969	0.748*			0.119	0.534		
	(1.01)	(1.85)			(0.12)	(1.33)		
incomeu			1.238***	1.163***			1.463**	1.220***
			(2.76)	(3.88)			(2.62)	(3.03)
water	0.086	0.225	0.141	0.318				
	(0.28)	(0.90)	(0.47)	(1.32)				
gas					0.861**	0.206	0.629*	0.183
					(2.57)	(1.00)	(1.72)	(0.80)
cpi	-5.990***	-3.642***	-5.862***	-4.083***	-6.071***	-4.077***	-6.522***	-4.533***
	(-3.68)	(-3.78)	(-4.68)	(-4.05)	(-4.15)	(-4.02)	(-5.04)	(-4.12)
urban	-0.563	-0.748**	-0.811	-0.815**	-0.653	-0.365	-0.991	-0.535
	(-1.05)	(-1.97)	(-1.61)	(-2.19)	(-1.07)	(-0.66)	(-1.69)	(-0.95)
density	-0.241	-0.386	-0.287	-0.442*	-0.906*	-0.379**	-0.759	-0.345*
	(-0.84)	(-1.51)	(-0.98)	(-1.75)	(-1.80)	(-2.02)	(-1.58)	(-1.72)
education	0.804**	0.316	0.465	0.239	0.958**	0.669*	0.490	0.590
	(2.16)	(0.80)	(1.06)	(0.58)	(2.07)	(1.81)	(1.01)	(1.43)
legal	0.437	0.277	0.305	0.247	0.803	0.508	0.425	0.451
	(0.75)	(0.88)	(0.62)	(0.92)	(1.30)	(1.61)	(0.85)	(1.59)
ridso2					-0.143	0.010	-0.173	-0.071
					(-0.80)	(0.13)	(-0.92)	(-0.74)
ridsoot					-0.046**	-0.064***	-0.045***	-0.050***
					(-2.74)	(-4.18)	(-2.80)	(-3.45)
ridcod	0.064	0.066	0.029	0.016				
	(0.58)	(0.76)	(0.25)	(0.18)				
*dummy*1	-0.037	-0.228	-0.008	-0.086	-0.040	-0.161	0.080	0.027
	(-0.22)	(-1.45)	(-0.05)	(-0.57)	(-0.20)	(-0.97)	(0.43)	(0.16)

续表

变量	因水污染来访				因大气污染来访			
	(1) FE	(2) RE	(3) FE	(4) RE	(5) FE	(6) RE	(7) FE	(8) RE
*dummy*2	-0.193	-0.243	-0.272	-0.427**	-0.403*	-0.428**	-0.563**	-0.623***
	(-0.80)	(-1.15)	(-1.20)	(-2.08)	(-1.82)	(-2.13)	(-2.61)	(-3.30)
常数项	2.762	3.117	1.386	-0.280	8.754	4.138	2.136	-0.434
	(0.55)	(1.08)	(0.35)	(-0.11)	(1.37)	(1.48)	(0.40)	(-0.16)
样本数	448	448	448	448	448	448	448	448
调整的 R^2	0.164	0.162	0.179	0.188	0.218	0.209	0.240	0.244
Hausman 检验	45.31***		40.01***		34.82***		54.35***	
	[0.0000]		[0.0000]		[0.0003]		[0.0000]	

（三）收入弹性的结构变化

收入弹性结构变化的检验和估计结果见表2－4和表2－5。多数情形下，收入弹性发生了显著的结构变化①。

具体而言，在水污染情形下，大多存在门槛效应；特别是，在以来信为因变量时，水污染密度（*water*）作为居民收入（*incomev* 或 *incomeu*）门槛变量，存在双重门槛效应。譬如，当城镇居民人均收入超过4909元（$e^{8.499}$）时，因水污染来信的收入弹性由1.622提高为1.670；当废水排放密度分别跨过1170吨/平方千米（$e^{7.065}$）、3678吨/平方千米（$e^{8.210}$）时，城镇居民因水污染来信的收入弹性由1.811提高为1.883，继而到1.928。可见，当收入水平、污染密度跨过特定门槛后，都会使人均因水污染来信的收入弹性发生结构变化。在大气污染情形下，收入弹性也具有一定的结构变化特征，但不如水污染情形普遍。尽管如此，假说三仍得到验证。

① 另外，还检验了污染密度对环境质量需求影响的结构变化。结果表明，在来信情形下，仅水污染密度存在结构变化；在来访情形下，水污染、大气污染密度均存在结构变化。估计结果可向作者索取。

从结构变化的幅度看，收入弹性的结构变化较为温和。随着收入的提高，改善环境质量的意愿表达以更快速度增加（弹性大于1），但增加速度的变化并不剧烈。因此，现阶段，中国居民改善环境质量需求的增加，主要基于收入增加背景下的需求持续提升，而非源于收入达到一定水平后，人们环境偏好发生的类似EKC“拐点”的系统性突变。

考察结构变化的方向，在水污染情形下，当跨过门槛值后，收入弹性大多有所增加。该趋势表明，高收入者表达改善环境质量意愿时，较高机会成本并不是收入弹性结构变化的主导诱因。在大气污染情形下，收入弹性呈递减趋势或保持不变，与水污染情形形成反差。当环境遭受污染时，相比穷人，富人有更多的资源和措施来应对环境的退化①。对于空气污染，高收入者拥有更多物质条件消除或弥补因空气污染受到的损害，比如使用空气净化器，购买在城市上风向的住房，经常进行医疗保健等②，这些行为可能导致人们对大气环境质量需求的收入弹性有所降低。对比水污染和大气污染的情形，高收入者应对大气污染的防护措施可能多于应对水污染的措施。因此，当其他因素不变时，随着收入的进一步提高，人们对改善水环境质量的意愿更为迫切。

表2-4　收入弹性的门槛存在性检验和估计结果（来信）

因变量	因水污染来信				因大气污染来信			
门槛变量 g_{it}	*incomev*	*incomeu*	*water*	*water*	*incomev*	*incomeu*	*gas*	*gas*
观测变量 x	*incomev*	*incomeu*	*incomev*	*incomeu*	*incomev*	*incomeu*	*incomev*	*incomeu*
单一门槛	9.71*	16.52***	10.85*	17.86**	5.48	6.80**	5.33	5.12
	[0.053]	[0.007]	[0.073]	[0.027]	[0.103]	[0.037]	[0.170]	[0.220]
双重门槛	2.88	6.26	8.46**	8.93**	0.83	1.89	1.98	4.13
	[0.213]	[0.113]	[0.037]	[0.027]	[0.453]	[0.597]	[0.473]	[0.237]

① Roca, J., "Do Individual Preferences Explain the Environmental Kuznets Curve?", *Ecological Economics*, Vol. 45, No. 1, 2003, pp. 3-10.

② 杨继东、章逸然：《空气污染的定价：基于幸福感数据的分析》，《世界经济》2014年第12期。

续表

因变量	因水污染来信				因大气污染来信			
门槛变量 g_{it}	*incomev*	*incomeu*	*water*	*water*	*incomev*	*incomeu*	*gas*	*gas*
观测变量 x	*incomev*	*incomeu*	*incomev*	*incomeu*	*incomev*	*incomeu*	*incomev*	*incomeu*
三重门槛	0.16	0.16	1.66	1.32	1.73	2.43	1.59	1.55
	[0.747]	[0.757]	[0.470]	[0.533]	[0.427]	[0.507]	[0.423]	[0.497]
门槛估计值 $\hat{\tau}_1$	6.824	8.499	7.019	7.065		8.310		
95% 置信区间	[6.711, 7.644]	[8.480, 8.629]	[7.002, 7.388]	[7.002, 7.266]		[7.751, 8.684]		
门槛估计值 $\hat{\tau}_2$			8.210	8.210				
95% 置信区间			[7.841, 8.610]	[8.064, 8.372]				
观测变量系数（区制1）	1.615**	1.622***	1.295**	1.811***		2.475***		
	(2.66)	(8.03)	(2.45)	(6.29)		(5.50)		
观测变量系数（区制2）			1.380**	1.883***				
			(2.65)	(6.01)				
观测变量系数（区制3）	1.569**	1.670***	1.447***	1.928***		2.443***		
	(2.68)	(8.13)	(2.78)	(6.21)		(5.70)		

说明：门槛存在性检验列出 F 值，系数下方的中括号内为 bootstrap 自抽样计算的 p 值；区制 1、区制 2、区制 3 按照门槛变量数值从小到大排序；观测变量系数估计仅列出 Hausman 检验支持的 FE 或 RE，包含相关控制变量。

表 2－5　　收入弹性的门槛存在性检验和估计结果（来访）

因变量	因水污染来访				因大气污染来访			
门槛变量 g_{it}	*incomev*	*incomeu*	*water*	*water*	*incomev*	*incomeu*	*gas*	*gas*
观测变量 x	*incomev*	*incomeu*	*incomev*	*incomeu*	*incomev*	*incomeu*	*incomev*	*incomeu*
单一门槛	17.45***	7.19*	7.21**	6.84**	5.68	3.78	12.2*	9.62*
	[0.000]	[0.067]	[0.050]	[0.047]	[0.147]	[0.277]	[0.060]	[0.093]
双重门槛	6.26*	6.75*	4.48	4.17	4.98*	3.68	10.78**	13.60**
	[0.077]	[0.060]	[0.173]	[0.207]	[0.087]	[0.137]	[0.020]	[0.013]
三重门槛	1.04	1.54	1.93	1.22	2.14	3.07	5.02	5.22
	[0.507]	[0.380]	[0.393]	[0.520]	[0.337]	[0.173]	[0.133]	[0.133]

续表

因变量	因水污染来访				因大气污染来访			
门槛变量 g_{it}	*incomev*	*incomeu*	*water*	*water*	*incomev*	*incomeu*	*gas*	*gas*
观测变量 x	*incomev*	*incomeu*	*incomev*	*incomeu*	*incomev*	*incomeu*	*incomev*	*incomeu*
门槛估计值 $\hat{\tau}_1$	7.041	8.174	7.414	7.414	7.468		5.941	5.535
95% 置信区间	[6.919, 7.759]	[7.869, 8.825]	[6.848, 9.250]	[6.848, 9.250]	[6.852, 7.590]		[5.170, 7.477]	[5.170, 7.477]
门槛估计值 $\hat{\tau}_2$	7.467	8.495			7.759		7.273	6.912
95% 置信区间	[7.424, 7.518]	[8.367, 8.618]			[6.852, 7.875]		[5.170, 7.477]	[4.556, 7.447]
观测变量系数（区制 1）	0.140	0.423	0.974	0.964**	0.138		0.128	1.091**
	(0.16)	(0.67)	(1.01)	(2.07)	(0.17)		(0.15)	(2.53)
观测变量系数（区制 2）	0.191	0.466			0.183		0.042	1.025**
	(0.22)	(0.77)			(0.22)		(0.05)	(2.43)
观测变量系数（区制 3）	0.280	0.516	1.069	1.042**	0.138		−0.036	0.954**
	(0.32)	(0.84)	(1.11)	(2.25)	(0.16)		(−0.04)	(2.23)

说明：门槛存在性检验列出 F 值，系数下方的中括号内为 bootstrap 自抽样计算的 p 值；区制 1、区制 2、区制 3 按照门槛变量数值从小到大排序；观测变量系数估计仅列出 Hausman 检验支持的 FE 或 RE，包含相关控制变量。

由表 2－2 和表 2－3 的回归结果可见：

第一，城镇化率对环境信访的影响为负，即农村人口的市民化对减少环境信访有一定作用，但显著性不稳定；究其原因，一方面，城市人口集中，比农村地区更易出现环境信访"搭便车"现象；另一方面，城镇居民收入高①，可以采取更多的污染防护措施。

第二，人口密度对环境信访的影响为负，即随着人口集中度的提升，环境信访有减少趋势。人口密度提高 1%，人均因水污染来信可降低 0.302%—0.524%。一个可能的解释是，人口密度提高后，受环境污染影响的人群增加，更多的人可能选择环境信访"搭便车"。

第三，受教育水平、法治意识对环境信访有一定的正向效应。譬

① 2013 年，中国农村居民人均纯收入为 8896 元，城镇居民人均可支配收入为 26955 元。

如，在大气污染来信情形下，高中以上学历人口比重的弹性为0.486—0.839，律师比重的弹性系数为0.240—0.403。居民的知识水平越高，越倾向于通过环境信访表达环境质量诉求，这可能源于人们对环境污染带来的健康风险的重视；随着居民法治观念的增强，更可能将环境质量视为政府应当提供的公共品，从而采取环境信访等环境维权行动。

第四，环境规制的3个指标中，*ridso2* 和 *ridsoot* 系数为负，在统计上较显著；*ridcod* 的系数大多为正，但不显著。例如，人均 SO_2 去除量提高1%，可以降低0.125%—0.127%的因大气污染来信；人均烟尘去除量提高1%，仅降低0.045%—0.046%的因大气污染来访。较小的弹性系数表明，更严格的、以污染物减排量为目标的环境规制对降低环境信访的作用较为微弱。

第五，表2－2中，*dummy*1的系数显著为负，即1997年之前，环境信访被抑制，表明1997年颁布的《环境信访办法》对保障信访人依法信访的权利，改善政府环境信访服务起到了推动作用。*dummy*2的系数也显著为负，依据2006年《环境信访办法》，实行环境信访责任制、将环境信访纳入官员年度考核等措施，调动了政府官员的积极性，对降低环境信访具有一定作用。

第六节　结论与政策含义

基于环境信访数据，本书构建了居民环境质量需求理论框架，采用1992—2010年省级数据，定量分析了环境质量需求的价格效应和收入效应，以及收入效应的结构变化。本书采用显示偏好法，比传统的意愿调查法具有优势。研究发现，第一，污染密度越大，环境质量需求表达越多，但其弹性小于1。在中国，居民因污染对改善环境质量的诉求，滞后于污染增加的速度。第二，环境质量需求的收入弹性大于1，甚至超过2，中国环境质量的奢侈品属性首次得到证实。这意味着，相对于不发达省区，富裕地区的治污绩效滞后于当地民众的环境质量需求，其环境政策有进一步加码的空间。第三，随收入提高、污染增加，收入弹性仅发生了温和的结构变化。其结构变化受不同污染类型下，个人防护措施多寡的影响，随收入提高，居民环境偏好的变化并不剧烈。

在中国，对环境质量的需求，不仅取决于客观的污染程度，还取决于人们的收入水平。收入水平提高，对环境质量改善的需求强烈。为实现治污的经济效率，同时兼顾环境公平，在制定环境政策时，必须统筹考虑地区间、不同群体间环境质量需求的差异，从纵向分权、横向合作等角度优化环境政策。为此，本书建议如下：

第一，完善环境政策范式，赋予富裕地区更大的环境政策自主权。中国主要的环境政策由中央统一制定，呈现出自上而下的传递模式。由于省区间收入水平差异大，奢侈品属性使环境质量需求差异进一步放大。一个可行的思路是，在中央政府基准环境政策基础上，赋予省级政府更大的环境政策自主权，特别是北京、上海、天津、江苏、浙江等高收入地区，居民环境质量需求激增，具备环境政策自我加码的动力。同时，要广开言路，使居民能够多元化、便捷化、低成本地表达环境诉求，为地方政府环境政策加码提供自下而上的动力。

第二，环境质量需求差异化为建立跨界污染治理补偿机制提供了依据。近年来，$PM_{2.5}$等跨地区污染日益突出。如果中央层面加码环境政策，超出不发达地区自身的环境质量需求，其强制实施将产生重大福利损失①。因此，为改善区域环境质量，使富裕地区环境质量与居民诉求相匹配，一个体现经济效率、兼顾环境公平的办法是，建立横向的治污补偿机制，高环境质量需求地区对低环境质量需求地区进行专项补偿，以推动实现欠发达地区开展大于自身需求的治污行动。

第三，环境政策设计应当向高收入群体适当倾斜。与传统替代品相比，绿色环保产品通常需要更多的初始投资，成为低收入者绿色低碳行动的一大障碍。对于优质的环境质量，富裕地区和富人有更大的

① Ulph, A., "Harmonization and Optimal Environmental Policy in a Federal System with Asymmetric Information", *Journal of Environmental Economics and Management*, Vol. 39, No. 2, 2000, pp. 224 – 241.

"购买"意愿和"购买"能力。通过针对性的环境政策设计，综合运用信息（能效标识等）、经济刺激（阶梯电价、垃圾按排计量等）等手段，将高收入群体迫切的环境质量需求、较强的支付能力转化为绿色低碳行动，对于中国经济的绿色转型具有重要意义。

需要指出的是，因为没有直接的数据，本书用污染密度代理污染价格，并不是理想的指标；基于环境信访数据，不能估计改善环境质量的边际支付意愿。进一步的研究，有赖于数据的不断丰富，特别是更多微观数据的支持。尽管如此，本书基于公众环境质量需求的独特视角，通过较为严谨和深入的分析，揭示出中国环境质量的奢侈品属性，并对完善中国治污政策提出了新思考，达到了研究的主要目的。

第三章 环境监管分权的历史演进与污染治理效果评估

环境管理权在多层级政府间的合理配置是构建现代环境治理体系的基石。本书聚焦中国多层级地方政府，基于环保系统人员数据，定量测算了省、市、县环境分权度及其动态变化，具体到行政、监察、监测三个领域，弥补了省以下环境分权定量研究的空白；而后利用1992—2015年面板数据的多种工具变量回归，评估了多层级环境分权对工业污染治理的影响，并基于环境分权的成本收益框架将实证结果与地方环保体制变革结合起来。研究发现，中国环境管理向县分权和向中央集权并存，省、市级的管理力量被相对削弱，呈现“重两端、轻中间”特点；属地体制下，环境权力下放至县加剧了工业污染，存在“过度分权”问题；扩大市级环境管理权有助于工业污染减排，意味着将环境权力上收，能够扭转分权成本超过收益的低效率制度困境。环境分权的治污效果因环保行政、监察、监测职能而异，在不同区域、不同污染物间表现出异质性；其政策启示是，在环境管理集权化改革中，应考虑管理职能差异，探索与区域特征、环境介质和污染物类型相契合的灵活性的制度安排。

第一节 引言

在多层级政府框架下，实现环境保护权力的优化配置，取决于成本和收益的权衡取舍。将环境权力下放到基层政府，有助于更好地利用地方信息优势①、实现地方性环境公共品的最优供给②、促进政策差异化和创新③及其与地方事务的协同④等；同时，基层的环境治理面临“重经济、轻环保”⑤、因经济竞争而放松环保⑥、污染治理跨界外溢导致“搭便车”等治理难题。最优的环境管理体制是一个因经济增长阶段、生态文明战略定位、污染态势与特征等因素而异的动态调整的过程。当某种权力的重新配置带来的成本大于其收益时，这种改革就不具有经济可行性；反之，某种制度安排带来的成本增加并超过其收益后，那么这种制度就迫切需要变革。中国地域辽阔，在五级的权威型政府体制下，如何优化配置环境管理权、实现环境管理体制的经济效率，并与中国生态文明建设的总体战略相契合，是一个重要且迫切需要回答的理论和现实问题。

为回答上述问题，学者们针对环境分权及其效果开展研究。借鉴财政分权测量及其经济绩效评价思路，多数环境分权的研究关注的是

① Adler, J. H., "Jurisdictional Mismatch in Environmental Federalism", *New York University Environmental Law Journal*, Vol. 14, No. 1, 2005, pp. 130 – 178. Oates, W. E., "An Essay on Fiscal Federalism", *Journal of Economic Literature*, Vol. 37, No. 3, 1999, pp. 1120 – 1149.

② Tiebout, C. M., "A Pure Theory of Local Expenditures", *The Journal of Political Economy*, Vol. 64, No. 5, 1956, pp. 416 – 424.

③ Gordon, R. H., "An Optimal Taxation Approach to Fiscal Federalism", *The Quarterly Journal of Economics*, Vol. 98, No. 4, 1983, pp. 567 – 586. Oates, W. E., "An Essay on Fiscal Federalism", *Journal of Economic Literature*, Vol. 37, No. 3, 1999, pp. 1120 – 1149.

④ Sjöberg, E., "An Empirical Study of Federal Law Versus Local Environmental Enforcement", *Journal of Environmental Economics and Management*, Vol. 76, 2016, pp. 14 – 31.

⑤ Li, X., Liu, C., Weng, X., Zhou, L. – A., "Target Setting in Tournaments: Theory and Evidence from China", *The Economic Journal*, Vol. 129, No. 623, 2019, pp. 2888 – 2915.

⑥ Brueckner, J. K., "Strategic Interaction among Governments: An Overview of Empirical Studies", *International Regional Science Review*, Vol. 26, No. 2, 2003, pp. 175 – 188. Konisky, D. M., "Regulatory Competition and Environmental Enforcement: Is There a Race to the Bottom?", *American Journal of Political Science*, Vol. 51, No. 4, 2007, pp. 853 – 872. Ulph, A., "Harmonization and Optimal Environmental Policy in a Federal System with Asymmetric Information", *Journal of Environmental Economics and Management*, Vol. 39, No. 2, 2000, pp. 224 – 241.

中央和地方的环境权力划分，及其产生的污染治理效果①。该类研究大多发现，相对于全国平均水平，各省区环境管理权的扩张导致污染状况加剧②；也有研究发现省环境分权有助于污染减排和经济的绿色转型③。上述研究为理解环境权力在中央和地方间的合理配置提供了有价值的洞见，但也存在较大的完善和拓展空间：第一，现有研究仅关注中央和地方的环境分权，未进一步深入讨论多层级地方政府间的分权，而中国地方政府层级较多，省以下环境分权的讨论亦十分重要；第二，分权测量方法上，中央和地方的分权面临同一个参照标准④，本质上表达的是各地环境权力的相对大小，而非真正意义上的分权，环境分权的测算方法有待改进；第三，由于缺少对省、市、县级环境分权效果的评估，已有研究对中国环境管理体制改革实践，特别是对省以下环保机构垂直改革试点工作的回应性有待加强。

本书聚焦中国省以下环境分权，基于环保系统人员数据，采用新的分权衡量方法，首次评估了1992—2015年省、市、县三级政府的环境分权度，填补了省以下环境分权研究的空白。本书从成本收益分析的视角，归纳了分权的优势和潜在的挑战，提出了环境分权的理论框架；将环境分权与环保机构改革结合起来，梳理了省以下环保机构

---

① Hong, T., Yu, N., Mao, Z., "Does Environment Centralization Prevent Local Governments from Racing to the Bottom? Evidence from China", *Journal of Cleaner Production*, Vol. 231, 2019, pp. 649 – 659. 李强：《河长制视域下环境分权的减排效应研究》，《产业经济研究》2018年第3期。陆远权、张德钢：《环境分权、市场分割与碳排放》，《中国人口·资源与环境》2016年第6期。祁毓、卢洪友、徐彦坤：《中国环境分权体制改革研究：制度变迁、数量测算与效应评估》，《中国工业经济》2014年第1期。邹璇、雷璨、胡春：《环境分权与区域绿色发展》，《中国人口·资源与环境》2019年第6期。

② 张华、丰超、刘贯春：《中国式环境联邦主义：环境分权对碳排放的影响研究》，《财经研究》2017年第9期。朱小会、陆远权：《地方政府环境偏好与中国环境分权管理体制的环保效应》，《技术经济》2018年第7期。

③ 李强：《河长制视域下环境分权的减排效应研究》，《产业经济研究》2018年第3期。邹璇、雷璨、胡春：《环境分权与区域绿色发展》，《中国人口·资源与环境》2019年第6期。

④ 陈硕、高琳：《央地关系：财政分权度量及作用机制再评估》，《管理世界》2012年第6期。

改革的阶段，考察了环保行政、监察和监测的分权及其演变。而后，针对中国工业污染物排放，对省、市、县三级环境分权的污染治理效果进行评估，尝试将理论分析、实证结论与改革实践相结合。结果发现，1992—2002 年省以下环保机构总体上呈向县级分权趋势，该趋势在 2003 年以后开始放缓，中国环境管理体制表现为向县分权和向中央集权并存的特征；县级环境分权总体上加剧了工业污染，市级环境分权总体上有助于工业污染治理，环境治理效果在不同环境管理领域、不同污染物类型、不同区域间均表现出异质性。本书的发现为探索统筹区域特征、因环境职责而异、与环境介质和污染物类型相契合的灵活的环境管理体制提供了依据。

本章其余部分安排如下：第二节从理论上讨论了分权的优势和不足，继而对环境分权的研究做了评述；第三节归纳出地方环保机构改革的阶段，利用环保人员数据，定量测算了省、市和县级的环境分权度；第四节构建了面板数据模型，评估了环境分权对工业污染排放的影响；第五节是结论和政策含义。

第二节 分权理论与文献评述

（一）环境分权理论

环境保护责任在不同政府层级间的划分，是环境保护的基础性制度安排，该问题重要且复杂，对于地域辽阔、域内社会经济差异大的国家尤甚。一方面，环境保护的对象多元，包括水、气、固废、土壤等多种介质，每种介质又包括属性不同的多种污染物；另一方面，在多层级政府框架下，譬如中国的五级政府，中央与地方、地方各级政府间的环保责任划分更显出复杂性。从成本收益角度看，分权的制度安排既有收益，也有成本，纵向的体制改革取决于成本与收益的权衡。换句话说，只有收益超过成本，改革才具有经济可行性。

理论上，环境分权的收益或优势至少包括：第一，相对于上级政府，下级政府负责辖区的环境事务具备信息优势[①]。通常，地方政府比中央政府更了解当地居民偏好、污染源、治理成本等地方性信息；分权体制下决策主体与信息源间的空间距离较小，信息传递更为便捷，分权的环境决策有助于迅速、准确地获取决策信息，提高决策质量。第二，环境分权有助于"做对"环境公共物品或服务的价格，实现地方性公共物品或服务的最优供给。从财政对等（fiscal equivalence）的角度看，享受公共服务者应当承担公共品供给的成本[②]；为了实现有效率的供给，当生产和消费均局限于某级政府辖区之内时，环境公共品的管理应尽可能赋予低层级的政府[③]；当环境公共品具有规模不经济（diseconomy of scale）特征时，地方提供能够节省供给成本[④]。第三，环境分权有助于政策差异化和地方政策创新。当环境损害成本呈现较大的地区间差异时，相对于中央政府制定的"一刀切"环境规制，政策差异化可增进经济福利[⑤]；同时，分权的环境决策通过赋予地方政府更大自主性、调动地方积极性，鼓励环境政策试验和创新[⑥]。第四，分权的环境决策能更好实现与地方事务的协同，更容易得到同级部门的配合。比如，与地方城市规划、能源发展规划等事

---

① Adler, J. H., "Jurisdictional Mismatch in Environmental Federalism", *New York University Environmental Law Journal*, Vol. 14, No. 1, 2005, pp. 130 – 178. Oates, W. E., "An Essay on Fiscal Federalism", *Journal of Economic Literature*, Vol. 37, No. 3, 1999, pp. 1120 – 1149.

② Olson, M., "The Principle of 'Fiscal Equivalence': The Division of Responsibilities Among Different Levels of Government", *The American Economic Review*, Vol. 59, No. 2, 1969, pp. 479 – 487.

③ Tiebout, C. M., "A Pure Theory of Local Expenditures", *The Journal of Political Economy*, Vol. 64, No. 5, 1956, pp. 416 – 424.

④ Olson, M., "The Principle of 'Fiscal Equivalence': The Division of Responsibilities Among Different Levels of Government", *The American Economic Review*, Vol. 59, No. 2, 1969, pp. 479 – 487.

⑤ Ulph, A., "Harmonization and Optimal Environmental Policy in a Federal System with Asymmetric Information", *Journal of Environmental Economics and Management*, Vol. 39, No. 2, 2000, pp. 224 – 241.

⑥ Gordon, R. H., "An Optimal Taxation Approach to Fiscal Federalism", *The Quarterly Journal of Economics*, Vol. 98, No. 4, 1983, pp. 567 – 586. Oates, W. E., "An Essay on Fiscal Federalism", *Journal of Economic Literature*, Vol. 37, No. 3, 1999, pp. 1120 – 1149.

务的协同①，决策执行更容易得到隶属于同一地方政府的“兄弟”部门的支持。

与此同时，环境分权也存在潜在成本或挑战，包括可能导致地方政府间的不合作和协调不足，立法和规制缺少跨地区一体性导致的污染泄漏，特别是不利于包括气候变化在内的国际环境公共品的供给，来自地方经济利益的压力可能对政策执行造成扭曲等②。其中，环境分权的一大挑战是，在多级政府、多目标委托代理框架下，由于增长和环保表现出的冲突性，地方政府为增长而忽视环境保护。具体表现为，经济增长目标自上而下层层加码③，环境保护压力自上而下传递出现层层递减④，导致越往基层越“重经济、轻环保”的扭曲越严重。环境分权的另一挑战是辖区间出现的策略互动行为，可能导致地方政府无效率的弱环境规制：一是污染的跨区域损害导致分权化决策下的“以邻为壑”，污染治理收益的跨界外溢性导致分权化决策下的“搭便车”；二是为保持工业竞争力、争夺流动性资源（资本和劳动），辖区间将放松环境管制作为竞争手段而出现“竞次”（Race to the Bottom）⑤。

由于地方政府长期的增长取向和跨行政区污染日益突出，“属地化”环境分权体制的成本很可能呈上升趋势。从地方策略互动角度

---

① Sjöberg, E., “An Empirical Study of Federal Law Versus Local Environmental Enforcement”, *Journal of Environmental Economics and Management*, Vol. 76, 2016, pp. 14 – 31.

② Balme, R. and Qi, Y., “Multi – Level Governance and the Environment: Intergovernmental Relations and Innovation in Environmental Policy”, *Environmental Policy and Governance*, Vol. 24, No. 3, 2014, pp. 147 – 232.

③ Li, X., Liu, C., Weng, X., Zhou, L. – A., “Target Setting in Tournaments: Theory and Evidence from China”, *The Economic Journal*, Vol. 129, No. 623, 2019, pp. 2888 – 2915.

④ 参见2016—2018年中央对31个省级行政区环保督察情况的反馈意见。

⑤ Brueckner, J. K., “Strategic Interaction among Governments: An Overview of Empirical Studies”, *International Regional Science Review*, Vol. 26, No. 2, 2003, pp. 175 – 188. Konisky, D. M., “Regulatory Competition and Environmental Enforcement: Is There a Race to the Bottom?”, *American Journal of Political Science*, Vol. 51, No. 4, 2007, pp. 853 – 872. Ulph, A., “Harmonization and Optimal Environmental Policy in a Federal System with Asymmetric Information”, *Journal of Environmental Economics and Management*, Vol. 39, No. 2, 2000, pp. 224 – 241.

看，污染跨界外溢和治污“搭便车”可能是中国地方政府环境监管不力的首要因素①。因此，通过调整“属地化”环境分权体制，探索实行环境责任上收的体制集权，成为有效应对污染跨界外溢性、有效制衡地方政府经济发展冲动的重要制度选项。通过将环境治理责任上收到上级政府，将污染（包括排污者和受害者）的空间范围在行政层级上实现内部化，能够消除“以邻为壑”激励②。集权化有利于通过立法和政策的一体化（比如，区域性排污许可交易），实现环境公共品供给的均等化③，从而解决污染治理的跨域“搭便车”问题，实现环境治理的区域协同④。同时，环境集权化改革可以将增长与环保在地方政府内的权衡关系，调整为不同层级政府间的制衡关系，有助于从制度上硬化地方经济发展的环境约束，解决多层级、多任务委托代理关系下“重增长、轻环保”的顽疾。

一言以蔽之，环境分权理论为环境体制改革提供了理论依据，具体的环境事务由哪一级政府负责，取决于该制度安排的收益与成本的权衡。由于收益和成本均具有丰富的内涵，上述权衡不能在理论上给出一致的答案，因此，环境责任在不同层级间的优化配置有赖于经验研究的支持。

（二）环境分权研究评述

在中国的经济分权中，财政分权被认为是核心内容。对中国财政分权的衡量，多采用支出、收入和财政自由度三个角度，绝大多数文

---

① 马本、郑新业、张莉：《经济竞争、受益外溢与地方政府环境监管失灵——基于地级市高阶空间计量模型的效应评估》，《世界经济文汇》2018 年第 6 期。

② Ring, I., “Ecological Public Functions and Fiscal Equalisation at the Local Level in Germany”, *Ecological Economics*, Vol. 42, No. 3, 2002, pp. 415 – 427.

③ Balme, R. and Qi, Y., “Multi – Level Governance and the Environment: Intergovernmental Relations and Innovation in Environmental Policy”, *Environmental Policy and Governance*, Vol. 24, No. 3, 2014, pp. 147 – 232.

④ 需要指出的是，环境集权并不意味着上级政府，特别是中央政府负责包括政策执行在内的所有环境事务。环境集权的极端情况是中央政府垄断了环境立法、议题设定、资金筹措、公共支出、一体化规制、地方政府再分配等环境相关事务，而地方政府负责执行中央政府制定的政策（Balme and Qi, 2014）。

献衡量的是中央和地方的分权关系①。实证研究表明，财政分权对中国的经济增长起到了推动作用②。由于环境管理是政府公共职能的组成部分，研究者把环境分权看作财政分权的一个分支③。类似于财政分权，环境分权可理解为各级政府在环境管理事务上的权力下放，即地方政府在环境管理事务上拥有更大的自主性和决策权。随着污染问题日益突出，从多层级政府间环境权力配置角度，对中国环境管理体制及其污染治理效果的研究越来越受到研究者的关注。

针对环境分权的研究，集中在环境分权的测算和污染治理效果两个方面。中国的环境治理体系具有显著的权威主义特征，即重大的环境决策由中央政府负责，政策落实则依靠地方政府的监管④。从这个意义上看，政策制定呈现出中央集权，而政策实施倾向于地方分权。然而，政策制定和实施不易准确量化，该视角在环境分权测算中鲜有应用。从财政分权测算中得到启示，理论上环境分权亦可基于环保财政收支来测算。但在现实中，囿于两方面的特殊性，限制了该方法的应用。一是在收入端，环保相关税收（如环境保护税）数额很少⑤，且在使用上并未与环保支出挂钩，因此环保税收的多寡难以用来衡量地方的环境分权度；二是在支出端，直到 2007 年在财政支出科目中

① 陈硕、高琳：《央地关系：财政分权度量及作用机制再评估》，《管理世界》2012 年第 6 期。

② 陈硕：《分税制改革、地方财政自主权与公共品供给》，《经济学（季刊）》2010 年第 4 期。张晏、龚六堂：《分税制改革、财政分权与中国经济增长》，《经济学（季刊）》2005 年第 4 期。钱颖一：《现代经济学与中国经济改革》，中国人民大学出版社 2003 年版。

③ 李伯涛、马海涛、龙军：《环境联邦主义理论述评》，《财贸经济》2009 年第 10 期。

④ Balme, R. and Qi, Y., "Multi – Level Governance and the Environment: Intergovernmental Relations and Innovation in Environmental Policy", *Environmental Policy and Governance*, Vol. 24, No. 3, 2014, pp. 147 – 232. Kostka, G. and Mol, A. P. J., "Implementation and Participation in China's Local Environmental Politics: Challenges and Innovations", *Journal of Environmental Policy & Planning*, Vol. 15, No. 1, 2013, pp. 3 – 16. Liu, L., Zhang, B., Bi, J., "Reforming China's Multi – Level Environmental Governance: Lessons from the 11th Five – Year Plan", *Environmental Science & Policy*, Vol. 21, 2012, pp. 106 – 111. Zhong, L. J. and Mol, A. P. J., "Participatory Environmental Governance in China: Public Hearings on Urban Water Tariff Setting", *Journal of Environmental Management*, Vol. 88, No. 4, 2008, pp. 899 – 913.

⑤ 据财政部数据，2018 年全国环境保护税收入仅为 151 亿元。

才首次单列了“环境保护”，2011 年调整为“节能环保”，由于支出范围的变化和省以下支出数据公开不足，就笔者所知，还没有用环保支出衡量环境分权的实证研究。在这种情形下，甚至有学者用财政分权近似地代替环境分权，通过财政分权来探究地方政府的环保行为及其内在逻辑①。在跨国研究中，环境保护职能是通过在不同层级政府间的合理配置来实现环境基本公共服务的供给，因此政府层级越多就意味着越分权，有研究采用各国政府行政层级数来衡量环境分权度；但由于各国政府层级相对稳定，该方法很难捕捉分权的时序变化②。

为了刻画空间和时间两个维度的变化，环保系统人员数为定量测算中国地方环境分权度提供了宝贵机会。一方面环境机构编制和人员数是其执行政府职能的载体，环境管理人员在不同层级政府间的划分是环境管理的核心；另一方面，环保部门人员在不同层级政府间的分布，与财政支出、环保管理职能调整、体制改革等密切相关，这种管理分权更符合环境分权的本质③。结合中国环境事权划分，祁毓等（2014）采用环保系统总人数测算了 1992—2010 年中央和地方的环境分权度，而后细分为环保行政、监察和监测，进一步测算了各省三个领域的分权度。随后，对中国环境分权效果的实证研究，多采用这种方法来衡量各省的环境分权程度④。然而，这种衡量方法存在不足。一是衡量方法缺陷。在评价各省分权度时，其分母均为全国平均情

① 张克中、王娟、崔小勇：《财政分权与环境污染：碳排放的视角》，《中国工业经济》2011 年第 10 期。

② 盛巧燕、周勤：《环境分权、政府层级与治理绩效》，《南京社会科学》2017 年第 4 期。

③ 祁毓、卢洪友、徐彦坤：《中国环境分权体制改革研究：制度变迁、数量测算与效应评估》，《中国工业经济》2014 年第 1 期。

④ Hong, T., Yu, N., Mao, Z., “Does Environment Centralization Prevent Local Governments from Racing to the Bottom? Evidence from China”, *Journal of Cleaner Production*, Vol. 231, 2019, pp. 649 - 659. 李强：《河长制视域下环境分权的减排效应研究》，《产业经济研究》2018 年第 3 期。陆远权、张德钢：《环境分权、市场分割与碳排放》，《中国人口·资源与环境》2016 年第 6 期。张华、丰超、刘贯春：《中国式环境联邦主义：环境分权对碳排放的影响研究》，《财经研究》2017 年第 9 期。邹璇、雷璨、胡春：《环境分权与区域绿色发展》，《中国人口·资源与环境》2019 年第 6 期。

况，衡量结果本质上是各省环保人数的差异，这与中央和地方财政支出分权指标面临同样困境①。二是适用范围有限。该方法仅适用于中央和地方分权度测算，不能用于省以下的情形，由于中国地方政府层级较多，省、市、县等环境分权度测算及其效果亦具有价值。

环境分权的效果是学者关注的核心问题，其结论是分权通常不利于污染治理②。通过对 78 个国家的研究发现，政府层级越多，环境质量越差③；基于中国企业数据发现，中央直接监管能够显著降低工业企业 COD 排放量④，从侧面说明环境监管的地方分权不利于污染治理。基于省级环境分权度测算，多数研究亦发现环境分权不利于污染防治，导致污染物排放量增加。效果评估的污染物涵盖工业废水、废气、COD、SO_2、碳排放、生活污水等，进一步考察行政、监察、监测分权，得出的结论基本一致⑤。由于采用的数据不同、方法差异等因素，也有部分学者发现环境分权具有污染治理效果，表现为环境分权没有加剧中国的雾霾污染⑥，对工业废气、工业废水具有显著的减排效应⑦，对中国区域绿色发展具有促进作用，且行政、监测分权效

① 陈硕、高琳：《央地关系：财政分权度量及作用机制再评估》，《管理世界》2012 年第 6 期。

② Kostka, G. and Nahm, J., "Central - Local Relations: Recentralization and Environmental Governance in China", *The China Quarterly*, Vol. 231, 2017, pp. 567 - 582.

③ 盛巧燕、周勤：《环境分权、政府层级与治理绩效》，《南京社会科学》2017 年第 4 期。

④ Zhang, B., Chen, X., Guo, H., "Does Central Supervision Enhance Local Environmental Enforcement? Quasi - Experimental Evidence from China", *Journal of Public Economics*, Vol. 164, 2018, pp. 70 - 90.

⑤ Hong, T., Yu, N., Mao, Z., "Does Environment Centralization Prevent Local Governments from Racing to the Bottom? Evidence from China", *Journal of Cleaner Production*, Vol. 231, 2019, pp. 649 - 659. 潘海英、陆敏：《环境分权对水环境治理效果的影响——财政分权视角下的动态面板检验》，《水利经济》2019 年第 3 期。祁毓、卢洪友、徐彦坤：《中国环境分权体制改革研究：制度变迁、数量测算与效应评估》，《中国工业经济》2014 年第 1 期。张华、丰超、刘贯春：《中国式环境联邦主义：环境分权对碳排放的影响研究》，《财经研究》2017 年第 9 期。朱小会、陆远权：《地方政府环境偏好与中国环境分权管理体制的环保效应》，《技术经济》2018 年第 7 期。

⑥ 白俊红、聂亮：《环境分权是否真的加剧了雾霾污染?》，《中国人口·资源与环境》2017 年第 12 期。

⑦ 李强：《河长制视域下环境分权的减排效应研究》，《产业经济研究》2018 年第 3 期。

果类似，而监察分权则阻碍地方绿色发展①。

不难看出，基于省级的环境分权测算，其污染治理效果的评估并未得出一致结论。即便是地方（即省及以下）环境分权不利于污染改善，那么进一步的问题是，这种负面影响是由于省级、市级还是县级的分权导致的，不同层级分权对污染治理绩效影响的大小和方向如何，现有研究尚未对该问题做出系统回答。聚焦省以下环境分权度的测量和效果评价，一方面，刻画省、市、县多级分权情况及其演变趋势，在数据使用、测算方法等方面深化已有研究对环境分权的测度；另一方面，亦能够进一步拓展分权治理效果的讨论，更为具体地讨论多层级的地方分权对不同污染物治理带来的影响，对省以下环保机构垂直改革提供镜鉴。

第三节　中国多级政府的环境分权与定量测算

（一）中国地方环保机构的改革演变

自 1988 年以来，在国务院行政机构改革中确立了根据职能核定内设机构和人员编制的思路，即“三定”方案；换句话说，人员数量由机构职能决定，是机构履职的核心。环保机构改革对应于政府环保职能的调整，最终反映为环保系数人数的多寡及其在不同层级政府间的配置。从这个意义上看，环保机构改革与环境分权密切相关，特别是用环保人员测算环境分权时尤甚。因此，本书以省及其以下为重点，结合官方披露的资料②和相关文献③，对改革开放以来地方环保机构改革演变的逻辑进行梳理，将省以下环保机构发展历程划分为四个阶段。

萌芽阶段（1979—1988 年）：省以下环保机构开始建立。1979

① 邹璇、雷璨、胡春：《环境分权与区域绿色发展》，《中国人口·资源与环境》2019 年第 6 期。

② 本节数据取自生态环境部编纂的《中国环境年鉴》。

③ 吕忠梅、吴一冉：《中国环境法治七十年：从历史走向未来》，《中国法律评论》2019 年第 5 期。

年，《中华人民共和国环境保护法（试行）》的发布，拉开了中国省以下环保机构发展的序幕。其中，第二十七条规定，市、自治州、县、自治县人民政府根据需要设立环境保护机构。1982 年，国家组建城乡建设环境保护部，内设环境保护局，加强对环境保护的领导和管理。然而，许多地方政府把原来直属政府管辖、独立行使管理权的环境保护局并入城乡建设部门，导致地方环保机构出现降格、减员的现象，管理力量普遍削弱。1984 年，国务院成立省、市、县环境保护委员会，省以下受到削弱的环境管理机构陆续得到恢复和加强。截至 1984 年，全国各省级、地市级行政区均建立了环保机构，近一半的县建立了管理机构，甚至有些地方在乡镇和街道也设立了环境管理员。从事环境管理的各类人员已达到 4 万多人，与 1980 年相比有了成倍的增长，1985—1988 年环保机构继续壮大。

快速成长阶段（1989—2002 年）：地方环保机构迅速发展。1989 年《环境保护法》的颁布，以法律形式明确了县级及以上地方人民政府环保机构的设置。1990 年，国务院要求地方各级人民政府加强对环保工作的统一领导，各地省以下环保机构改革试点开始活跃。1991 年，马鞍山监理员试点通过国家环境保护局的验收。1992 年，中央推动地方各级环保部门进行公务员制度试点。1995 年，选择淄博市试点“下级环保局长任免调动需征求上级组织部门意见”的管理模式。同年，大连、合肥等城市在市辖区开展环保派出机构试点；山东、江苏等省的部分县在所辖乡镇设置环保所，作为县环保局的派出机构。截至 1995 年，有近 2/3 的县设置了专门的环保机构。1998 年，国家环境保护局升格为国家环境保护总局，为正部级直属部门，地方环保机构实行以地方政府为主的双重领导。1999 年，地方政府机构改革要求加强地方环保执法监督力量。到 2002 年底，全国市、县环保机构改革基本完成。全国省级行政区，除西藏外，均设置了正厅级环保机构，97% 的地级环保机构和 80% 的县级环保机构独立设置。

巩固强化阶段（2003—2015 年）：地方环保机构平稳发展。该阶段的主旋律是地方环保机构能力建设和标准化建设，以稳步提高环保机构的人员数量和质量。特别是，加强省、市、县环保部门的执法监管能力。2006 年，遵循东、中、西部地区不同的原则，国家环境保护总局颁布了环境监察标准化建设标准，对省以下环境监察机构进行分级，在人员规模、学历、培训率等方面提出明确要求。比如，根据地级市二级合格的标准，大专以上环保人员占比超过 90%，执法人员培训率超过 30%，持证率超过 95%。2007 年、2011 年和 2014 年三次对标准进行修订，进一步规范地方环保机构建设，提高人员质量。在此过程中，2008 年组建了环境保护部，成为国务院组成部门，地方环保局在政府行政序列中的位置得到进一步提升。

改革调整阶段（2016 年至今）：纵向和横向机构改革并进。2016 年中办、国办印发了省以下环保机构监测监察执法垂直改革试点工作的指导意见，标志着省以下环保机构集权化改革的启动。改革的主要内容是：将环保监测和监察（这里指的是针对地方政府环境执法情况的检查）上收到省级，县级不再保留环保局，作为市环保局的派出分局，市环保局实行以省环保厅为主的“双重领导”，市环保局统一领导本辖区的环保执法力量等。按改革进度安排，到 2020 年省以下环保机构按照新体制高效运行。2018 年，党和国家机构改革方案决定组建生态环境部，将国家发展改革委、国土资源部、水利部、农业部等相关职责划入，各地方生态环境局亦逐步将同级相关部门的职能并入。上述改革分别从纵向和横向两个维度，对地方生态环境部门的职能、机构、人员产生影响，地方环保机构进入改革调整阶段。

总体上看，中国省以下环保机构从无到有、逐步建立，在属地化原则下，地方环保机构的权力不断增加，倾向于一种分权的环境管理体系。但是，随着地方政府发展经济的目标愈发迫切，加上地区间的经济竞争和污染治理的跨界外溢性，导致隶属于地方政府的地方环保局在环境治理上的激励不足，为了强化环境监管，近年来地方环保体制开始呈现集权的趋势。

（二）测算方法与数据

中国的环境管理包括环境政策制定、环境监测、环境监察、环境信息服务、环境科研、环境教育、环境应急等内容①。从人员划分上看，包括环保行政、监测、监察、科研、宣教、信息、应急等；其中，环保行政、监测、监察是三项主要职能，分别承担环保规划和政策制定、环境质量和污染源监测、环保执法检查。本书认为用环保系统人员测算分权度有多重优势：一是政府核定的人员数是其职能的直观反映，人员数量是机构履职的核心；二是系统内的环保人员在不同层级间的配置，可比性更强，据此得到的管理分权情况更符合分权的实质；三是相对于环保财政支出，人员数量在数据上口径更为统一、公开性较高，具有更强的操作性。因此，本书用环保系统总人数测算环境分权，而后还针对环保行政、监测、监察，测算核心子系统的分权度。考虑到乡镇未建立专门的环保机构，其环保人员少，且多为兼职，将其与县级合并。针对省、地市、区县（含乡镇）三级地方政府，构建指标定量测算多层级、多职能环境分权度（见表3－1）。

本书的分权测量指标是在省级的测算，考察的是各省环保系统人员中，在省级、市级和县级的分布情况；它的一个显著优势是解决了传统地方分权测算中，各省分母相同的问题。该分权测度实质上是不同层级环保人员数占该省环保人员总数的份额，分母因省份和年度而异。数据取自历年《中国环境年鉴》。根据数据可得性，尽可能向前追溯至1992年，自2016年起环保人员数未披露，因此测算的年份为1992—2015年。由于重庆1997年直辖，1992—1996年重庆数据包含在四川，为保持可比性，1992—1996年重庆、四川的分权数据按缺失处理；四个直辖市仅有省级、区县两级数据，地级按零处理。

---

① 白俊红、聂亮：《环境分权是否真的加剧了雾霾污染?》，《中国人口·资源与环境》2017年第12期。

表 3-1　　环境分权指标及其含义

指标和类型	公式	变量含义
环境分权 (ED)	$ED01_{it}=\frac{LEPP_{it}}{LEPP_{it}+CEPP_{it}+TEPP_{it}}$ $ED02_{it}=\frac{CEPP_{it}}{LEPP_{it}+CEPP_{it}+TEPP_{it}}$ $ED03_{it}=\frac{TEPP_{it}}{LEPP_{it}+CEPP_{it}+TEPP_{it}}$	$LEPP_{it}$、$LEAP_{it}$、$LEMP_{it}$、$LESP_{it}$分别表示第 i 省第 t 年的省级环保系统人数、环保行政人数、环保监察人数和环保监测人数。 $CEPP_{it}$、$CEAP_{it}$、$CEMP_{it}$、$CESP_{it}$分别表示第 i 省第 t 年的市级环保系统人数、环保行政人数、环保监察人数和环保监测人数。 $TEPP_{it}$、$TEAP_{it}$、$TEMP_{it}$、$TESP_{it}$分别表示第 i 省第 t 年的县级（含乡镇级）环保系统人数、环保行政人数、环保监察人数和环保监测人数。 01、02、03 分别表示省级、市级、县级。
环境行政分权 (EAD)	$EAD01_{it}=\frac{LEAP_{it}}{LEAP_{it}+CEAP_{it}+TEAP_{it}}$ $EAD02_{it}=\frac{CEAP_{it}}{LEAP_{it}+CEAP_{it}+TEAP_{it}}$ $EAD03_{it}=\frac{TEAP_{it}}{LEAP_{it}+CEAP_{it}+TEAP_{it}}$	
环境监察分权 (EMD)	$EMD01_{it}=\frac{LEMP_{it}}{LEMP_{it}+CEMP_{it}+TEMP_{it}}$ $EMD02_{it}=\frac{CEMP_{it}}{LEMP_{it}+CEMP_{it}+TEMP_{it}}$ $EMD03_{it}=\frac{TEMP_{it}}{LEMP_{it}+CEMP_{it}+TEMP_{it}}$	
环境监测分权 (ESD)	$ESD01_{it}=\frac{LESP_{it}}{LESP_{it}+CESP_{it}+TESP_{it}}$ $ESD02_{it}=\frac{CESP_{it}}{LESP_{it}+CESP_{it}+TESP_{it}}$ $ESD03_{it}=\frac{TESP_{it}}{LESP_{it}+CESP_{it}+TESP_{it}}$	

（三）多级环境分权度测算结果

基于上述方法计算 1992—2015 年 31 省的环境分权度，包括省、地市和区县（含乡镇）三个行政层级，总体、行政、监察、监测四组分权指标。为直观反映环境分权的动态变化趋势，对各省环境分权度取均值，结果如图 3-1 所示。从三个层级的对比上看，省、市和县的分权平均值分别为0.13、0.25 和0.59。可以看出，中国环境管理的重心是在区县级，它集中了省以下环保人员的近60%。从总体趋势看，1992—2015年间，省以下环境管理呈现向区县分权的趋势，与此对应，市级和省级的环境管理权被相对地削弱了。特别是1992—2002年，区县环保机构和管理权扩张迅速，但从2003年开始，省、市、县的环境分权维持一个相对稳定的态势。具体而言，省、市环境分权度分别从1992年的0.18和0.31下降到2015年的0.11和0.22；县环境分权度从1992年的0.47上升到2015年的0.61。该趋势与中国地方环保机构改革的逻辑是一致的，1989—2002年中国地方环保机构经历了快速扩张期，市、县纷纷建立专门的环保机构，已覆盖了80%以上的区县；2002年底，县环保机构改革基本完成，区县环境分权在2003年之后进入相对稳定期。

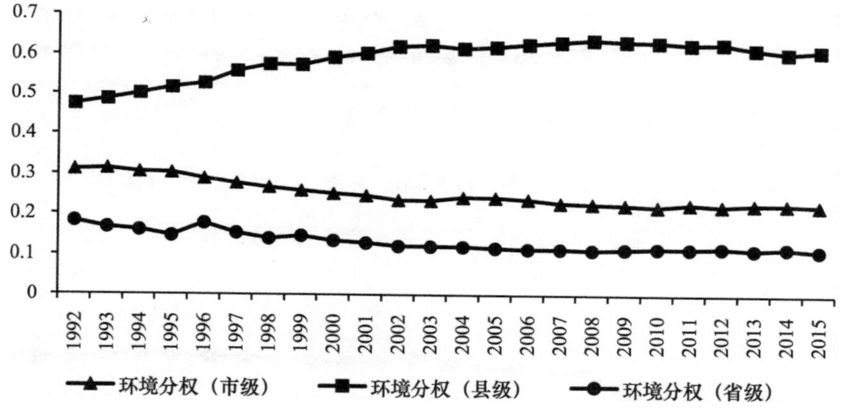

图3-1 1992—2015年地方环境分权

进一步地，考察省以下环保人员与中央环保人员增长的差异。由于1998年中央层面环保机构人员数首次公开，本书计算了1998—2015年五级政府的环保人员增长率，中央、省、市、县、乡依次为85%、67%、65%、106%和472%①。从人员配置上看，中国环境管理同时呈现“向下分权”和“向上集权”的特征。如果考虑中央和

① 2015年中国五级政府环保人员数自上而下依次为0.3万、1.6万、5.0万、14.7万和1.7万人。

地方的环境分权，虽然中央环保力量在加强，但总体上滞后于地方，从而表现出向地方分权的特征。当然，如果与省、市等中间层级相比，中央的环保力量增长较快，使得环境管理体制呈现出“重两头、轻中间”的总体特征。

环保行政、监测和监察三个职能领域的分权如图 3－2 到图 3－4

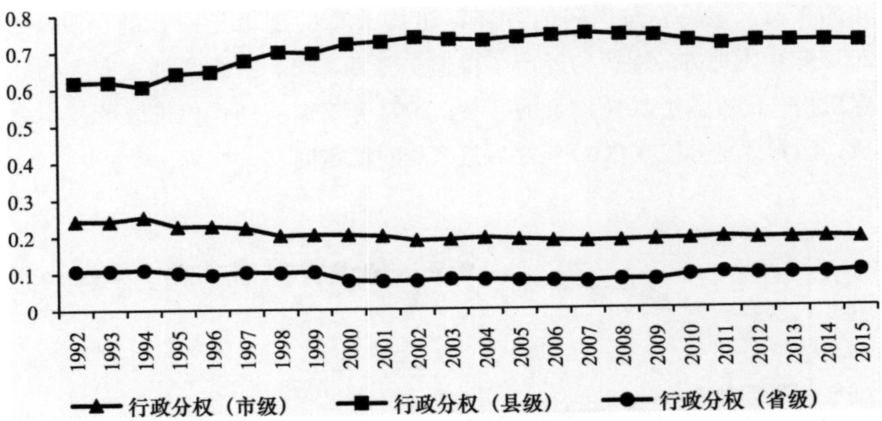

图 3－2　1992—2015 年地方环境行政分权

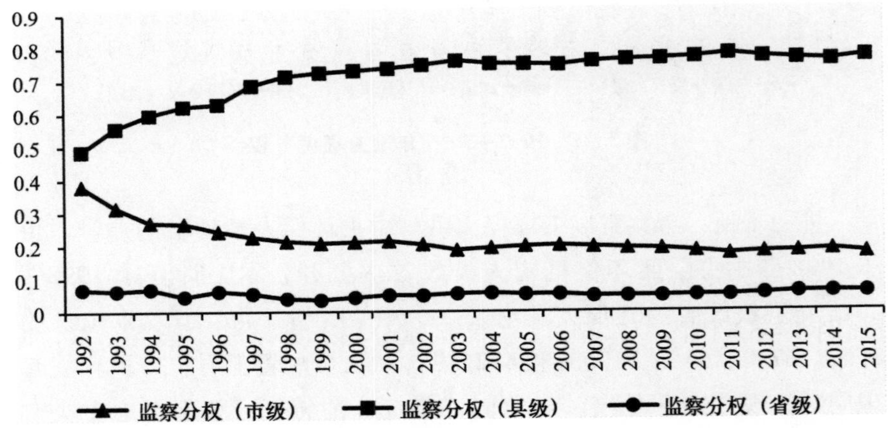

图 3－3　1992—2015 年地方环境监察分权

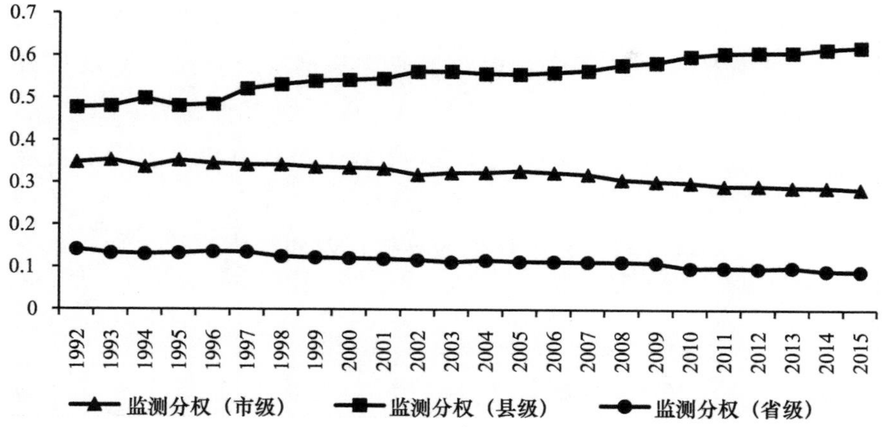

图 3-4 1992—2015 年地方环境监测分权

所示。子领域的分权与总体趋势一致，但也呈现出一些特点。一是1992—2002 年间，县级的监察分权趋势明显，从 0.49 增长为 0.75，这意味着中国的环境执法力量迅速下移。并且，这种下移伴随市级监察人员比例下降（从 0.38 降为 0.20），换句话说，执法力量经历了从市级向县级的下移。二是 2003—2015 年，县级监测有进一步分权趋势，但从分权程度上看，行政和监察的县级分权更为彻底；换句话说，相对于行政和监察，市级的环境监测权力较大，样本期分权度达 0.31。三是省级在行政、监察、监测上的分权度分别为 0.08、0.05 和 0.11，市级对应的数值为 0.20、0.22 和 0.31，这表明，中国地方的环境权力是下放的，且层级越高，环保人员越少，不同职能领域具有一定差异性，随着环保机构改革的深入，呈现出较为明显的动态变化趋势。

中国经济的区域特征明显，环境分权在东、中、西部[①]的差异如图 3-5 到图 3-7 所示。三大区域分权态势与总体基本一致，但也有一些区域特征：一是东部的三级分权更为稳定，且省级与市级

① 东部包括京、津、沪、冀、辽、苏、浙、闵、粤、鲁、琼 11 省市，中部包括晋、吉、黑、皖、赣、豫、湘、鄂 8 省，西部包括桂、蒙、川、渝、贵、云、陕、甘、青、宁、藏、新 12 省区市。

分权度差异较小，即与地级相比，省级在环境管理中发挥了较大作用；二是中部的省级环境管理权下放更为彻底，县级的分权度最高；伴随着权力向县级下放，市级的分权度经历明显的下降过程；三是西部县级的分权在1992—1994年低于市级分权度，而后县级人员增加较快，但总体上西部县级分权度低于中部和东部。总体而言，在地方环境分权上，中部更为分权，西部最为集权，而东部介于两者之间。

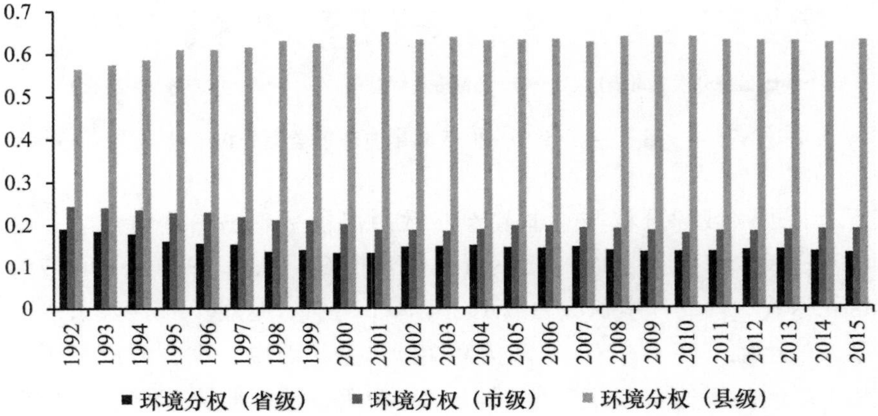

图3－5　1992—2015年地方环境分权（东部）

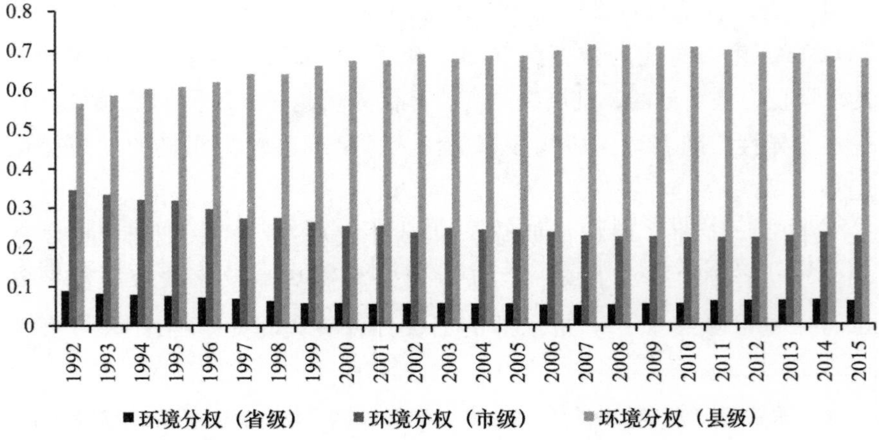

图3－6　1992—2015年地方环境分权（中部）

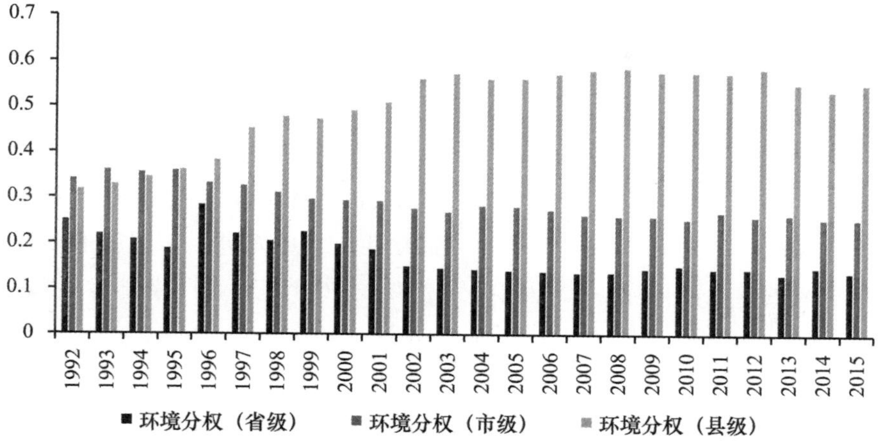

图 3－7　1992—2015 年地方环境分权（西部）

第四节　中国地方环境分权的污染治理效应评估

（一）模型设定与估计方法

为评估多层级环境分权对污染治理的影响，笔者搜集了 1992—2015 年中国省级面板数据，构建实证分析模型，探究多层级、多职能环境分权下的减排效果。考虑到当年的污染排放是当年社会经济活动、环境管理和治理措施共同作用的结果，本书没有考虑引入污染排放滞后期的动态模型。由于工业是主要污染源，将人均工业污染排放量作为因变量，关键解释变量是环境分权度。为了缓解内生性问题，尽可能多地引入重要的控制变量：用财政分权指标控制财政体制对污染的影响①，用经济发展水平、开放程度、产业结构、法治意识、技术水平、城镇化率、受教育水平等变量控制对污染有重要影响的社会经济特征，构建的面板数据模型如下：

① He，Q.，"Fiscal Decentralization and Environmental Pollution：Evidence from Chinese Panel Data"，*China Economic Review*，Vol. 36，2015，pp. 86－100.

$$POL_{it} = \beta_0 + \beta_1 ED_{it} + \beta_2 FD_{it} + \beta_3 GDP_{it} + \beta_4 open_{it} + \beta_5 str_{it} + \beta_6 legal_{it} + \beta_7 tech_{it} + \beta_8 urban_{it} + \beta_9 edu_{it} + \mu_i + \lambda_t + \varepsilon_{it} \quad (3-1)$$

其中，i 为省份，t 为年份，引入省份固定效应 μ_i，以控制地理区位、辖区面积等省区固有特征；引入年度固定效应 λ_t，以控制中央环保政策、宏观经济波动等的一致性冲击，从而进一步缓解遗漏变量带来的内生性问题，ε_{it} 为随机误差项。*POL* 为工业污染排放指数，在实证分析时可具体为工业废水、COD、工业废气、SO_2、烟尘、粉尘六种人均排放量指标。*ED* 和 *FD* 分别表示环境分权度和财政分权度，其中环境分权指标包括省、市、县三级分权度，还可以具体为行政、监察和监测三种职能领域的分权。

在估计方法上，由于个体固定效应与随机误差项相关，基于 Hausman 检验采用固定效应而非随机效应估计上述模型（3－1），LR 检验支持在模型中包含年度固定效应。考虑到地方政府可能因污染严重而调整分权度，因而产生反向因果的内生性问题，在基准回归中，采用分权滞后一期作为工具变量进行估计。其逻辑在于当期的污染不会对历史上的分权安排产生影响，换句话说，当期误差项对前一期分权不产生直接影响，从而缓解反向因果带来的估计偏误。除此之外，还采用了多种稳健性检验策略：环境分权滞后二期、滞后三期工具变量法；去掉 4 个直辖市的子样本回归；控制变量滞后一期回归；省市县三级行政区比例作为环境分权的外部工具变量等。

（二）数据描述

工业污染排放指标纳入了工业废水排放量（*water*）、废气排放量（*gas*）、SO_2 排放量（SO_2）、粉尘排放量（*dust*）、烟尘排放量（*smoke*）、COD 排放量（*COD*）六个指标，用常住人口做了平均；为得到一个加总的污染指标，将上述六指标按照离散度通过熵权法加总，得到环境污染指数（*POL*）。环境分权指标的计算参见上文；财政分权（*FD*）用财政自主度表达，即用各省财政支出与财政收入之比表达。社会经济指标包括：人均 GDP（*GDP*）、进出口总额占 GDP 比重（*open*）、第二产业总值占 GDP 的比重（*str*）、每万人律师数（*legal*）、R&D 占 GDP 比重（*tech*）、非农业人口占总人口比重（*urban*）和高中及以上学历人口数占总人口比重（*edu*）。除此之外，还引入人均 GDP 的平方项，以捕捉可能存在的“倒 U 型”环境库兹涅茨曲线①。

从《中国统计年鉴》《中国环境统计年鉴》《中国城市统计年鉴》和《中国检察年鉴》获取 1992—2015 年省级数据，所有货币量均基于 CPI 折算为 2015 年为基期的可比价。其中，西藏由于缺失较多数据，未包含在内。除了环境分权和比重变量外，其他变量均取了自然对数。各变量的描述性统计，如表 3－2 所示。

表 3－2 **变量描述性统计**

变量	变量说明	观测数	均值	标准差	最小值	最大值
POL	ln 污染指数	720	2.443	0.620	－1.607	4.346
water	ln 人均工业废水排放，吨/人	720	2.705	0.509	1.179	4.609
gas	ln 人均工业废气排放，千标立方米/人	720	2.926	0.854	0.728	5.553
SO_2	ln 人均工业 SO_2 排放，千克/人	720	2.524	0.628	0.0167	4.105
dust	ln 人均工业粉尘排放，千克/人	720	1.543	0.781	－1.325	3.230
smoke	ln 人均工业烟尘排放，千克/人	720	1.729	0.719	－1.101	3.793
COD	ln 人均工业 COD 排放，千克/人	720	1.268	0.750	－1.522	3.451
*ED*01	省级环境分权	715	0.127	0.109	0.0141	0.519
*ED*02	市级环境分权	624	0.284	0.0799	0.0941	0.555
*ED*03	县级环境分权	715	0.604	0.112	0.211	0.829
*EAD*01	省级行政分权	715	0.0879	0.0769	0.00575	0.444
*EAD*02	市级行政分权	624	0.224	0.0711	0.0719	0.539
*EAD*03	县级行政分权	715	0.717	0.0994	0.226	0.893
*EMD*01	省级监察分权	669	0.0518	0.0821	0.00109	0.681

① Brajer, V., Mead, R. W., Xiao, F., “Searching for an Environmental Kuznets Curve in China's Air Pollution”, *China Economic Review*, Vol. 22, No. 3, 2011, pp. 383－397. He, J. and Wang, H., “Economic Structure, Development Policy and Environmental Quality: An Empirical Analysis of Environmental Kuznets Curves with Chinese Municipal Data”, *Ecological Economics*, Vol. 76, 2012, pp. 49－59.

续表

变量	变量说明	观测数	均值	标准差	最小值	最大值
*EMD*02	市级监察分权	622	0.238	0.127	0.0732	0.894
*EMD*03	县级监察分权	707	0.742	0.145	0.0118	0.967
*ESD*01	省级监测分权	704	0.103	0.0904	0.00361	0.487
*ESD*02	市级监测分权	624	0.360	0.116	0.0889	0.716
*ESD*03	县级监测分权	714	0.585	0.158	0.0991	0.964
FD	地方财政自主，%	720	57.2	21.9	14.8	195.3
GDP	ln 人均 GDP，元/人	720	9.680	0.836	7.877	11.58
GDPsq	(ln 人均 GDP)^2	720	94.41	16.29	62.04	134.1
open	进出口额与 GDP 之比，%	720	29.65	37.99	2.101	220.3
str	第二产业占 GDP 比重，%	720	45.16	7.808	19.74	60.79
legal	每万人律师拥有量，$^0/_{0000}$	710	1.287	1.580	0.0725	11.80
tech	R&D 占 GDP 比重，%	720	1.065	1.121	0.0345	8.866
urban	非农人口占总人口比重，%	720	43.59	16.98	5.300	89.60
edu	高中及以上学历人口比重，%	720	19.13	10.28	0.500	62.40

（三）结果分析与讨论

1. 环境分权检验

表 3－3 为省、市、县三级环境分权对环境污染指数的回归结果，其中，（1）、（2）、（3）未包含年度固定效应，（4）、（5）、（6）包含双向固定效应。两种模型设定下，估计结果保持较好的一致性。具体而言，省级环境分权对污染排放指数均有负向影响，但这种关系并不显著。市级环境分权能够降低污染指数，县级环境分权则显著地提高了工业污染排放。以双向固定效应模型为准①，其他条件不变时，市环境分权每增加一单位，污染排放水平将降低 2.09%，该结果在

① LR 检验表明年度效应具有联合显著性，Hausman 检验结果支持固定效应模型。

10%的显著性水平上显著①；县环境分权每增加一单位，污染排放水平将增加2.42%，在1%的显著性水平上显著。

表3-3　　　　环境分权与污染指数的回归结果

变量	(1)	(2)	(3)	(4)	(5)	(6)
	POL	POL	POL	POL	POL	POL
*ED*01	-1.390			-1.674		
	(1.874)			(1.844)		
*ED*02		-1.833			-2.097*	
		(1.298)			(1.207)	
*ED*03			2.033**			2.423***
			(0.893)			(0.861)
FD	0.157	0.172	0.207	0.170	0.141	0.185
	(0.172)	(0.224)	(0.148)	(0.308)	(0.406)	(0.284)
GDP	0.816	0.189	-0.454	1.523	0.584	0.528
	(0.963)	(1.227)	(1.110)	(1.630)	(1.728)	(1.503)
GDPsq	-0.031	-0.009	0.031	-0.075	-0.062	-0.024
	(0.051)	(0.066)	(0.057)	(0.075)	(0.086)	(0.070)
open	0.003	0.005	0.003	0.005*	0.009*	0.005**
	(0.002)	(0.004)	(0.002)	(0.003)	(0.005)	(0.002)
str	0.014	0.014	0.013	0.023**	0.023**	0.021**
	(0.009)	(0.010)	(0.009)	(0.011)	(0.012)	(0.011)
legal	-0.024***	0.004	-0.025***	-0.022***	-0.002	-0.022***
	(0.005)	(0.007)	(0.006)	(0.005)	(0.007)	(0.005)
tech	-0.101	-0.266**	-0.111*	-0.109	-0.262*	-0.116
	(0.063)	(0.103)	(0.060)	(0.097)	(0.138)	(0.082)
urban	0.018	0.016	0.022**	0.015	0.014	0.020**
	(0.012)	(0.015)	(0.010)	(0.012)	(0.014)	(0.010)

① 尽管基准回归中市级分权仅在10%水平上显著，但结合后文异质性分析和稳健性检验，市级分权的显著性是稳健的。

续表

变量	(1)	(2)	(3)	(4)	(5)	(6)
	POL	POL	POL	POL	POL	POL
edu	-0.019**	-0.007	-0.021**	-0.024**	-0.016	-0.023**
	(0.008)	(0.007)	(0.008)	(0.011)	(0.011)	(0.011)
省份固定效应	YES	YES	YES	YES	YES	YES
年度固定效应	NO	NO	NO	YES	YES	YES
观测数	681	594	681	681	594	681
R^2	0.443	0.246	0.455	0.508	0.353	0.526
省份数	30	26	30	30	26	30

注：使用分权度滞后一期的工具变量法估计，没有报告常数项；Cragg - Donald Wald F 统计量为 194.5—1051，均在 10% 的显著性水平上拒绝存在弱工具变量的原假设；***、**、*分别表示在 1%、5%、10% 的显著性水平上显著；回归系数下方是其稳健的标准误。

根据环境分权理论，将环境权力下放到基层地方政府，有助于发挥地方的信息优势，决策与执行的空间距离缩短，有利于地方创新和部门协同等，环境管理层级越高，这些优势可能会减弱；另一方面，环境分权的成本则包括基层地方政府“重视经济、忽视环保”的倾向更为突出，由于激烈的经济竞争而放松环境管理，且可能由于污染的跨界外部性而导致治理不足等。从污染治理角度看，将环境权力下放到县级，其减排的负效应总体上大于正效应，换句话说，分权的成本很可能大于收益。进一步地，如果将环境权力赋予地市级政府，总体上将呈现出污染物减排的净效应；也就是说，随着管理层级上移，虽然信息优势等得到一定削弱，但“重经济、轻环保”、污染治理跨行政区外溢等问题得到更大程度的缓解，从而表现出对污染减排有利的局面。当然，进一步将环境权力上收到省级，减排效应变得不显著。由于中国省域辽阔，由省级负责环境管理可能难以有效应对省域内的差异性，可能面临信息等有效治理难题，导致治理效率的较大损失①。不难看出，环境权力在地方政府间的优化配置，需要进行综合

① 周雪光：《中国国家治理的制度逻辑：一个组织学研究》，生活·读书·新知三联书店 2017 年版。薄贵利：《集权分权与国家兴衰》，经济科学出版社 2001 年版。

性的成本与收益的权衡。

由于不同污染物的跨界属性不同，环境管理也包括多个不同领域，这些差异性都会对最优的分权结构产生影响。换句话说，在环保行政、监察、监测等领域，不同污染物的最优分权结构很可能是不同的，有待于进一步深入地检验。

针对控制变量，财政分权（FD）增加污染，但效果不显著，可能的原因是地方的财政自主度对污染治理发挥作用，省以下环境分权可能是重要渠道之一；亦没有发现“倒 U 型”EKC 的证据；地方开放程度、二产占比越高，污染越严重，开放可能加速了高污染行业发展。地方法制状况、技术水平和受教育水平与污染指数显著负相关。地方法制状况越好，可以提升环境政策的执行力度；技术水平越高，会加速节能减排技术的应用；人均受教育水平的提升，意味着当地居民环保意识较强，有助于污染减排。

2. 子领域环境分权检验

将环境管理按职能细分，其中环境行政事务主要涉及政策和规划制定、环境手续审批等；环境监察主要是环境执法、环境监督等；环境监测主要针对污染物数据的测量。对应地，将环境分权细分为行政、监察和监测分权，考察不同类型环境分权的污染效应。回归结果如表 3-4 所示。

表 3-4　三项环境分权与污染指数的回归结果

变量	(1)	(2)	(3)	(4)	(5)	(6)	(7)	(8)	(9)
	POL	POL	POL	POL	POL	POL	POL	POL	POL
*EAD*01	-0.994								
	(1.249)								
*EAD*02		-1.972***							
		(0.718)							
*EAD*03			1.484*						
			(0.770)						

续表

变量	(1)	(2)	(3)	(4)	(5)	(6)	(7)	(8)	(9)
	POL	POL	POL	POL	POL	POL	POL	POL	POL
*EMD*01				0.883					
				(1.083)					
*EMD*02					-1.250***				
					(0.443)				
*EMD*03						0.423			
						(0.509)			
*ESD*01							-1.077		
							(2.107)		
*ESD*02								-2.513***	
								(0.575)	
*ESD*03									2.305***
									(0.703)
控制变量	YES	YES	YES	YES	YES	YES	YES	YES	YES
省份固定效应	YES	YES	YES	YES	YES	YES	YES	YES	YES
年度固定效应	YES	YES	YES	YES	YES	YES	YES	YES	YES
观测数	681	594	681	635	592	673	674	594	679
R^2	0.504	0.352	0.505	0.460	0.355	0.454	0.508	0.383	0.518
省份数	30	26	30	30	26	30	30	26	30

注：使用分权度滞后一期的工具变量法估计；Cragg - Donald Wald F 统计量为 51.47—125.8，均在 10% 的显著性水平上拒绝存在弱工具变量的原假设；***、**、* 分别表示在 1%、5%、10% 的显著性水平上显著；回归系数下方是其稳健的标准误。

结果显示，行政、监测分权对污染的影响与环境分权情形一致。市级行政、监测分权对污染产生负影响，县级行政、监测分权对污染产生正影响。由此可见，将环境审批权和监测权上移至地级市，能够带来污染减排的净效果，也即这种体制调整的收益是大于成本的。可能的解释是，审批权的上移更能够阻止坏项目①；在自上而下的污染排放总量考核制度下，监测权上移能够在一定程度上缓解“考生判卷”的制度失灵，有助于县级等基层政府强化环境管理。

监察分权的效果与上述结论有所不同。市级监察分权有助于污染改善，但县级监察分权的增污效果不明显。由于环境监察针对的是当地的污染企业，与行政和监测相比，可能对地方信息的依赖性更强，环境执法更有赖于地方其他“兄弟”部门的协助，因此其分权的优势可能比行政、监测更大，导致县级监察分权的增污效果不显著。监察与行政、监测表现出的差异性，意味着在环境管理体制改革中，不同环境事权可能适用于不同的管理体制和分权结构；相对于行政和监测，以污染源执法为核心的环保监察力量的“下沉”可能具有合理性。

3. 不同污染物异质性检验

考虑到不同污染物属性差异，采用双向固定的面板数据模型，进一步估计环境分权对六种工业污染物减排的影响，估计结果如表3－5所示。

表3－5　不同环境分权与六种污染物的回归结果

变量	(1)	(2)	(3)	(4)	(5)	(6)
	water	COD	gas	SO_2	smoke	dust
ED01	－0.228	－2.027	－1.191	－1.588	－0.051	－0.877
	(0.451)	(3.057)	(0.841)	(1.187)	(0.547)	(1.559)
ED02	0.106	－1.686	0.113	－0.989	－2.275**	－2.297**
	(0.664)	(1.092)	(0.479)	(0.745)	(1.110)	(0.981)
ED03	0.225	2.081*	0.259	0.839	1.053	2.549***
	(0.426)	(1.169)	(0.438)	(0.583)	(0.706)	(0.847)
观测数	594－681	594－681	594－681	594－681	594－681	594－681
R^2	0.25－0.45	0.34－0.48	0.93－0.94	0.55－0.59	0.39－0.54	0.52－0.62
EAD01	0.089	－0.423	－1.480*	－4.944	0.787	－0.721
	(0.546)	(1.843)	(0.802)	(3.539)	(0.669)	(0.873)

① 尹振东：《垂直管理与属地管理：行政管理体制的选择》，《经济研究》2011年第4期。

续表

变量	(1) water	(2) COD	(3) gas	(4) SO_2	(5) smoke	(6) dust
*EAD*02	0.050	-2.512**	-0.180	-1.089**	-1.012	-1.825**
	(0.485)	(1.216)	(0.326)	(0.527)	(0.645)	(0.731)
*EAD*03	0.077	1.527	0.612	0.901*	0.272	1.300**
	(0.361)	(1.066)	(0.434)	(0.521)	(0.488)	(0.583)
观测数	619-710	619-710	619-710	619-710	619-710	619-710
R^2	0.25-0.45	0.35-0.48	0.93-0.95	0.38-0.59	0.38-0.53	0.52-0.60
*EMD*01	0.425	-0.456	-0.218	-0.172	1.175	0.629
	(0.394)	(1.776)	(0.544)	(0.869)	(0.719)	(0.958)
*EMD*02	0.162	-0.836	-0.293	-0.460	-0.98***	-1.523***
	(0.366)	(0.546)	(0.210)	(0.309)	(0.374)	(0.375)
*EMD*03	-0.333	0.406	-0.015	0.148	0.151	0.842*
	(0.328)	(0.574)	(0.202)	(0.374)	(0.520)	(0.456)
观测数	592-673	592-673	592-673	592-673	592-673	592-673
R^2	0.25-0.39	0.33-0.45	0.92-0.94	0.54-0.55	0.41-0.49	0.53-0.62
*ESD*01	-0.194	-2.142	-0.597	-1.385	-1.625	0.792
	(1.084)	(1.376)	(0.647)	(0.936)	(1.124)	(2.285)
*ESD*02	-0.696	-2.242**	-0.516*	-0.947	-2.23***	-2.202***
	(0.460)	(0.909)	(0.270)	(0.654)	(0.641)	(0.605)
*ESD*03	0.587	1.995**	0.715***	1.077*	1.810***	1.436*
	(0.420)	(0.862)	(0.234)	(0.628)	(0.617)	(0.765)
观测数	594-679	594-679	594-679	594-679	594-679	594-679
R^2	0.24-0.45	0.35-0.49	0.93-0.94	0.55-0.59	0.43-0.55	0.53-0.61
控制变量	YES	YES	YES	YES	YES	YES
省份固定效应	YES	YES	YES	YES	YES	YES
年度固定效应	YES	YES	YES	YES	YES	YES

注：由于每种污染物和环境分权包含三个回归，样本观测数和 R^2 报告对应的三个回归的区间；使用分权度滞后一期的工具变量法估计；Cragg - Donald Wald F 统计量为 51.4—509.3，均在 10% 的显著性水平上拒绝存在弱工具变量的原假设；***、**、* 分别表示在 1%、5%、10% 的显著性水平上显著，回归系数下方是其稳健的标准误。

分析环境分权对不同污染物的减排效应，本书发现：第一，县级环境分权对部分污染物具有增排效果，未表现出减排效应。县级环境分权对工业 COD、粉尘具有显著的增排效应；县级行政分权会显著增加工业 SO_2、粉尘排放；县级监测分权会显著增加工业 COD、废气、SO_2、烟尘、粉尘排放；而县级监察分权仅提高工业烟尘排放。第二，市级环境分权对部分污染物有显著减排效应，未表现出增排效果。市级环境分权能促进工业粉尘、烟尘减排；市级行政分权能促进工业 COD、SO_2、粉尘减排；市级监察分权对工业烟尘、粉尘有减排效果；市级监测分权有助于工业 COD、废气、烟尘和粉尘的减排。该结论进一步验证了市级分权总体上有助于污染减排的判断。第三，省级环境分权对污染物的影响总体上不显著，子领域分权中，省级行政分权对工业废气具有显著减排效果。

用箭头转换表 3－5 中显著的系数，得到表 3－6。结合以上的发现，环境分权对六种污染物的影响表现出明显差异；其中，环境分权对工业废气、废水的影响总体上不显著，这可能与它们并不是环境管理的核心指标有关；COD、SO_2、烟粉尘等均是废水或废气中的具体污染物，废气和废水的污染损害大小，除了排放量之外，还取决于其

表 3－6　不同环境分权对六种污染物的影响

分权类型	层级	water	COD	gas	SO_2	smoke	dust
环境分权	省						
	市					↓	↓
	县		↑				↑
环境行政分权	省			↓			
	市		↓		↓		↓
	县				↑		↑
环境监察分权	省						
	市					↓	↓
	县						↑
环境监测分权	省						
	市		↓	↓		↓	↓
	县		↑	↑	↑	↑	↑

注：箭头向上表示显著的正影响，箭头向下表示显著的负影响。

中污染物的种类和浓度。这种差异性意味着，环境管理权在省以下机构进行配置时，除了考虑不同管理职能外，还要考虑不同污染物的特有属性，特别是污染物的跨界影响大小，最优的管理方案不应针对不同的环境介质和污染物治理“一刀切”。

4. 分时段分区域异质性检验

结合中国省以下环保机构变迁的阶段性，将时间跨度分为1992—2002年和2003—2015年，考察不同时期环境分权污染治理效果的异质性。两时间段分别用虚拟变量*Period*1和*Period*2表示，与环境分权交互后引入模型（3－1）中，估计结果见表3－7。

总体而言，两个时段的县级分权加剧了工业污染，市级分权有显著的减排效应，与基准情形保持一致。而1992—2002年间，省级分权有助于工业减排；该阶段县级环保机构相当一部分还未建立，国家环保机构还相对薄弱，相对而言，省级环保机构在地方治污协调中发挥了较大的作用。由于省级政府能够更大限度地将跨市县污染内部化，有助于协调市县的经济竞争，贯彻落实中央环保决策的传递链条较短，这些因素的综合作用可能是省级分权对工业污染治理起到促进作用的重要原因。2003—2015年，省级分权的减排效应消失，且市级分权减排效应、县级分权的增排效应均变小。可能的解释是2006年以后引入的具有“一票否决”性质的减排目标责任制，“十一五”期间，自上而下层层分解COD、SO_2年减排率目标，“十二五”期间又纳入了氨氮、氮氧化物①。这种对地方政府绩效的“一票否决”式考核，更有助于将上级的减排压力传递到地方，省、市环境分权对地方治污的直接协调作用有所减弱，县级分权的促增效应亦有所减弱。但这种强力协调并不能从根本上扭转县级分权对污染治理的不利影响，这意味着打破传统环保体制的桎梏、推动地方环境集权化改革成为重要选项②。

---

① Kostka, G., “Command without Control: The Case of China's Environmental Target System”, *Regulation & Governance*, Vol. 10, No. 1, 2016, pp. 58－74.

② 马本、郑新业、张莉：《经济竞争、受益外溢与地方政府环境监管失灵——基于地级市高阶空间计量模型的效应评估》，《世界经济文汇》2018年第6期。

表 3－7　　　　环境分权对污染指数的回归结果（分时段）

变量	(1)	(2)	(3)
	POL	POL	POL
*ED*01 × *Period*1	−1.437**		
	(0.695)		
*ED*01 × *Period*2	0.189		
	(0.890)		
*ED*02 × *Period*1		−2.192***	
		(0.645)	
*ED*02 × *Period*2		−1.715**	
		(0.709)	
*ED*03 × *Period*1			2.875***
			(0.415)
*ED*03 × *Period*2			1.390***
			(0.494)
控制变量	YES	YES	YES
省份固定效应	YES	YES	YES
年度固定效应	YES	YES	YES
观测数	681	594	681
R^2	0.520	0.355	0.537
省份数	30	26	30

注：使用分权度滞后一期的工具变量法估计；Cragg－Donald Wald F 统计量为 26.12—189.8，均在 10% 的显著性水平上拒绝存在弱工具变量的原假设；***、**、* 分别表示在 1%、5%、10% 的显著性水平上显著，回归系数下方是其稳健的标准误。

考虑到东、中、西部在资源禀赋、经济状况和环境分权上的差异，可能导致环境分权的污染治理激励发生变化，最后检验不同区域环境分权的污染治理效果。排除西藏后，将 30 个省按区位分组，用虚拟变量 *East*、*Cent* 和 *West* 表示，并将其与环境分权的交互项加入回归方程（3－1）中，估计结果见表 3－8。

表 3－8 环境分权对污染指数的回归结果（分区域）

变量	(1) POL	(2) POL	(3) POL
ED01 × East	2.930**		
	(1.427)		
ED01 × Cent	-3.288		
	(2.443)		
ED01 × West	-2.572***		
	(0.854)		
ED02 × East		-2.116**	
		(0.993)	
ED02 × Cent		-3.100***	
		(0.864)	
ED02 × West		-1.840**	
		(0.731)	
ED03 × East			1.902***
			(0.657)
ED03 × Cent			2.279***
			(0.677)
ED03 × West			2.710***
			(0.588)
控制变量	YES	YES	YES
省份固定效应	YES	YES	YES
年度固定效应	YES	YES	YES
观测数	681	594	681
R^2	0.519	0.356	0.527
省份数	30	26	30

注：使用分权度滞后一期的工具变量法估计；Cragg－Donald Wald F 统计量为 41.88—122.6，均在 10% 的显著性水平上拒绝存在弱工具变量的原假设；***、**、* 分别表示在 1%、5%、10% 的显著性水平上显著，回归系数下方是其稳健的标准误。

分析三个区域环境分权对污染的影响，本书发现：第一，县级和市级分权对污染的影响与基本情形一致。其中，县级环境分权均加剧了污染排放，西部影响最大（2.71），东部影响最小（1.90）；市级环境分权均抑制了污染排放，中部的抑制效应最大（-3.10）。第二，省级的环境分权影响出现重大差异，西部省级分权抑制污染排放，东部则加剧污染，中部效应不明显。省级分权效应的区域差异可能是导致基准情形不显著的原因。从有助于污染治理的角度，应推动西部环境管理从县级向省市特别是向省级集权，而东部需要省级向市级放权。由于东部经济发达、环保意识较强，市县政府面临的发展和环保的冲突性较弱，可能具备将省级环境管理权适度下放的社会基础。因此，环境管理权在省及以下机构进行配置时，应统筹考虑东、中、西部经济发展、环保意识等因素差异导致的最优环境管理体制的差异。

5. 稳健性检验

通过以下策略进一步检验基准结果的稳健性：①分权滞后两期或三期的工具变量法。政府因污染程度可能对环境分权进行调整，当年决策的实施需要一定的周期，使用分权滞后两期、三期作为工具变量，实质上是允许当年决策有一年或两年的实施滞后，从而更大限度地解决可能存在的内生性。②将行政区个数比例作为环境分权的工具变量。考虑到污染排放并不是市、县等行政区划分的决定因素，但是行政区与环境管理机构在数量上密切相关，从而影响环保系统人员分布，所以省、市、县级行政区个数比例可作为分权度的工具变量。参照表3－1的方法，基于省、地和县的个数[①]计算三级行政区比例。③控制变量滞后一期回归。考虑到基准模型中控制变量也可能存在反向因果的内生性，将控制变量替换为其滞后一期，重新进行估计。④去掉直辖市的子样本。由于直辖市在政治、地理形态上的特殊性，删除直辖市后的子样本进行稳健性检验。

以污染指数为因变量，环境分权为核心解释变量的稳健性检验结果见表3－9。结果发现，三组工具变量估计的市级环境分权对污染的负效应、县级环境分权对污染的正效应得到加强，其系数的绝对值明显增加，市级分权变得十分显著。在后两种稳健性检验中，市级环境分权的减排效应十分显著。因此，基于基准回归得出的县级，特别是市级环境分权的污染治理效应是稳健的。

① 数据来自1992—2015年《中国民政统计年鉴》，其中，地级行政区仅考虑地级市，县级行政区未考虑市辖区。

表 3－9　环境分权对污染影响的稳健性检验

变量	(1)	(2)	(3)	(4)	(5)	(6)	(7)	(8)	(9)	(10)	(11)	(12)	(13)	(14)	(15)
	工具变量(滞后两期)			工具变量(滞后三期)			工具变量(行政区个数比例)			控制变量滞后一期			去掉直辖市子样本		
ED01	-3.121			-6.347 **			-13.273			-1.414 **			-2.258 ***		
	(2.883)			(2.917)			(12.237)			(0.674)			(0.844)		
ED02		-3.579 **			-5.204 **			-9.503 ***			-2.090 ***			-2.097 ***	
		(1.568)			(2.067)			(3.537)			(0.641)			(0.641)	
ED03			3.425 ***			5.623 ***			3.344 ***			2.690 ***			3.650 ***
			(1.193)			(1.858)			(1.014)			(0.402)			(0.444)
控制变量	YES	YES	YES	YES	YES	YES	YES	YES	YES	YES	YES	YES	YES	YES	YES
省份固定效应	YES	YES	YES	YES	YES	YES	YES	YES	YES	YES	YES	YES	YES	YES	YES
年度固定效应	YES	YES	YES	YES	YES	YES	YES	YES	YES	YES	YES	YES	YES	YES	YES
观测数	652	569	652	623	544	623	619	619	619	680	593	680	594	594	594
R^2	0.477	0.296	0.490	0.364	0.199	0.377	0.434	0.132	0.425	0.535	0.386	0.559	0.360	0.353	0.413
省份数	30	26	30	30	26	30	26	26	26	30	26	30	26	26	26

注：因变量均为污染指数，Cragg-Donald Wald F 统计量为 19．59—437．6，均在 10% 显著性水平上拒绝存在弱工具变量的原假设；***、**、*分别表示在 1%、5%、10% 的显著性水平上显著；回归系数下方是其稳健的标准误。

表 3－10　子领域环境分权对污染影响的稳健性检验

变量	(1)	(2)	(3)	(4)	(5)	(6)	(7)	(8)	(9)	(10)	(11)	(12)	(13)	(14)	(15)
	工具变量（滞后两期）			工具变量（滞后三期）			工具变量（行政区个数比例）			控制变量滞后一期			去掉直辖市子样本		
EAD01	-2.244			-4.979			9.185			-0.816			0.021		
	(1.924)			(3.685)			(6.439)			(0.679)			(0.666)		
EAD02		-3.196***			-5.604***			-9.766**			-1.960***			-1.972***	
		(1.095)			(2.134)			(4.715)			(0.502)			(0.510)	
EAD03			2.503**			4.474**			4.336**			1.362***			1.055***
			(1.125)			(1.940)			(1.815)			(0.379)			(0.375)
观测数	652	569	652	623	544	623	619	619	619	680	593	680	594	594	594
R^2	0.472	0.293	0.447	0.368	0.144	0.300	0.225	0.611	0.380	0.531	0.383	0.531	0.351	0.352	0.349
省份数	30	26	30	30	26	30	26	26	26	30	26	30	26	26	26
EMD01	0.765			1.247			42.18			0.946			-3.448		
	(1.609)			(2.601)			(57.94)			(0.710)			(2.362)		
EMD02		-1.945***			-2.966***			-4.682**			-1.235***			-1.250***	
		(0.652)			(1.046)			(2.137)			(0.297)			(0.299)	
EMD03			0.770			1.267			2.508***			0.540**			1.142***
			(0.723)			(0.996)			(0.918)			(0.265)			(0.289)
观测数	606	567	644	577	542	615	578	617	616	634	591	672	553	592	591
R^2	0.437	0.318	0.423	0.413	0.252	0.380	0.607	0.188	0.229	0.501	0.387	0.486	0.316	0.355	0.356
省份数	30	26	30	30	26	30	26	26	26	30	26	30	26	26	26
ESD01	-4.465			-6.636			101.5			-0.610			-1.854		
	(5.050)			(11.442)			(318.9)			(1.406)			(2.232)		

续表

变量	(1)	(2)	(3)	(4)	(5)	(6)	(7)	(8)	(9)	(10)	(11)	(12)	(13)	(14)	(15)
	工具变量（滞后两期）			工具变量（滞后三期）			工具变量（行政区个数比例）			控制变量滞后一期			去掉直辖市子样本		
ESD02		-3.191***			-3.956***			-40.65			-2.334***			-2.513***	
		(0.812)			(1.137)			(73.09)			(0.353)			(0.364)	
ESD03			3.065***			3.731***			8.451**			2.132***			2.494***
			(0.801)			(1.158)			(3.890)			(0.404)			(0.408)
观测数	644	569	650	614	544	621	613	619	618	674	593	678	587	594	592
R^2	0.446	0.341	0.483	0.357	0.286	0.435	0.413	0.22	0.463	0.536	0.406	0.542	0.347	0.383	0.372
省份数	30	26	30	30	26	30	26	26	26	30	26	30	26	26	26
控制变量	YES	YES	YES	YES	YES	YES	YES	YES	YES	YES	YES	YES	YES	YES	YES
省份固定效应	YES	YES	YES	YES	YES	YES	YES	YES	YES	YES	YES	YES	YES	YES	YES
年度固定效应	YES	YES	YES	YES	YES	YES	YES	YES	YES	YES	YES	YES	YES	YES	YES

注：因变量为污染指数，Cragg-Donald Wald F 统计量为 18.54—171.9，均在 10% 显著性水平上拒绝存在弱工具变量的原假设；***、**、* 分别表示在 1%、5%、10% 的显著性水平上显著；回归系数下方是其稳健的标准误。

以污染指数为因变量，将环境分权细分为行政、监察和监测，结果见表3－10。在五种稳健性检验下，县级行政、监测分权均对污染有显著的促增效应，其显著性进一步提高；县级监察分权虽有显著的情形，但显著性不稳健；市级分权对工业污染具有抑制作用，在行政、监察、监测中均十分显著。这些结论与基准情形均是一致的，进一步说明本书得出的环境分权污染治理效应的结论并不是数据的偶然。最后，表3－9中部分结果的省级环境分权表现出减排效应，但结合表3－10中子领域分权省级均不显著的情形，本书认为省级环境分权对工业污染的减排效应并不稳定。当然，省级分权至少未表现出显著的增污效应，这意味着虽然省级分权的收益不一定明显超过成本，但也不至于大大低于成本，在地方环保体制集权化改革中省级亦有扩权的探索空间。

第五节 结论和政策含义

中国是地域辽阔、多行政层级、污染地域特征明显的大国，环境权力在多层级政府间的优化配置是建设生态文明的基础性制度安排。本书在深化环境分权理论的基础上，归纳了中国省以下环保机构的变革历程，利用省、市、县各层级环保人员的分布数据，提出了省以下分权度衡量的指标，首次对1992—2015年中国省以下分权度及其演变进行了定量测算。而后，构建面板数据模型，评估了省、市和县级环境分权对工业污染的减排效应，将环境分权细分为行政、监察和监测分权，污染物细分为六类，区域分为东、中、西部，较为全面地揭示了减排效果因环境管理领域、不同污染物类型、地理区位差异表现出的异质性。

实证结果发现：第一，1992—2015年，省以下环保机构总体上呈向县级分权趋势，该趋势在2003年以后开始放缓；结合中央环保机构改革，中国的环境管理体制呈现“向下分权”和“向上集权”并存的特征，其结果是在县级和中央的环保力量加强的同时，市和省级环保力量被相对削弱了。第二，县级环境分权总体上加剧了工业污染。在中国，经济增长目标自上而下层层加码①，环保压力传递层层递减，导致越往基层越“重经济、轻环保”；加之，污染排放具有跨界外溢性，行政区越小，越倾向于治理“搭便车”②，导致县级分权在信息等方面优势被分权的巨大成本所抵消，从而表现出增污效果。第三，市级环境分权总体上有助于工业污染治理。将环境权力配置在哪一行政级别，取决于成本和收益的权衡取舍。本书结果表明，将环保权力从县级上收到市级，将较大幅度地降低县级分权的成本，而表现出对污染治理的促进效果。当然，由于省域辽阔，由省负责环境管理可能由于信息不充分、决策距离长等劣势，可能导致管理出现低效率。第四，分权的效果因不同环境管理职能、不同污染物类型、不同地理区位均表现出差异性，这意味着在配置环境权力时，要充分考虑行政、监察、监测职能的差异，也要考虑不同环境介质、不同污染物的自然属性，还有兼顾东、中、西的差异，避免体制改革的“一刀切”。

本书的发现具有重要的现实意义。中国环境管理长期以来实行“属地”体制，将环境管理权下放到县级等基层政府，县级的过度分权可能导致成本大于收益，对污染减排产生不利影响。从这个意义上看，改革中国环境管理体制势在必行。2016 年中国启动了省以下环保机构垂改化改革试点，其改革思路是推动地方环境管理集权，该举措抓住了长期制约中国环境治理效果的关键。结合本书的发现，将环保行政等职责上收到地级市层面总体上有助于污染的治理；针对环境执法，应充分发挥地方执法队伍熟悉当地污染源情况的优势，在集权的同时从体制上推动执法队伍“下沉”。由于近年来中国跨流域水污染、$PM_{2.5}$等跨省污染日益突出，环境管理体制改革还应注重与不同环境介质、不同区域、不同污染物的特征相结合，逐步探索出因环境

① Li, X., Liu, C., Weng, X., Zhou, L. - A., “Target Setting in Tournaments: Theory and Evidence from China”, *The Economic Journal*, Vol. 129, No. 623, 2019, pp. 2888 - 2915.

② 马本、郑新业、张莉：《经济竞争、受益外溢与地方政府环境监管失灵——基于地级市高阶空间计量模型的效应评估》，《世界经济文汇》2018 年第 6 期。

职责而异、与环境介质和污染物类型相契合的灵活的环境管理体制。

最后需要指出的是，受制于数据，用环保系统人员评价分权及其效果时，没有考虑不同层级环保人员在业务能力、学历结构等方面的差异性，亦没有涵盖编外人员。由于各地市和县的环保人员数不可得，本书是以省级作为整体来评价的，当然，在省级层面的考察为对比省、市、县三级分权效果提供了便利。最后，本书的结论是以环保系统实行以地方政府为主的双重管理为前提的，该适用条件在地方环保机构隶属关系调整后，就可能不再成立。因此，近年来中国推动的省以下环保机构垂直改革的直接效果还有待进一步观察，这也是值得后续深入研究的选题。

第四章　分权体制下城市环境监管策略互动与监管失灵

基于地方政府环境监管博弈理论模型，识别出受益外溢、经济竞争和管制协调三个理论机制。利用中国 2002—2007 年 277 个地级市数据，采用两区制动态空间 Durbin 固定效应模型，检验了三种理论机制的存在性和大小。结果发现，受益外溢是城市环境监管策略互动的主导机制，城市环境监管相互“搭便车”尤为突出；经济竞争导致的城市间环境监管“竞次”，表现出非均匀性，在同省经济相似城市间较为明显；以环保目标责任制为主要载体，省级的管制协调深刻影响城市环境监管行为，缓解了“搭便车”的不利影响。本书揭示出市县政府属地化的监管体制是中国环境监管不力的主要根源。为打破环境监管纳什均衡，加快推进适当集权的环境监管体制改革是重中之重。

第一节　引言

在多层级政府间，环境保护的权责如何划分，是一个重要且颇受争议的话题。环境分权有利于发挥地方政府的信息优势①，鼓励政策

---

① Adler, J. H., “Jurisdictional Mismatch in Environmental Federalism”, *New York University Environmental Law Journal*, Vol. 14, No. 1, s2005, pp. 130 – 178. Oates, W. E., “An Essay on Fiscal Federalism”, *Journal of Economic Literature*, Vol. 37, 1999, pp. 1120 – 1149.

试验和创新①，实现与城市规划等相关地方事务的协同②；环境分权的弊端主要是跨界污染和地区间经济竞争导致的无效率的弱环境规制③。中国采用的是“政策制定集权、监管分权”的混合型环境治理体系：环境政策主要由中央政府制定④，在工业领域，已形成全面而现代化的环境法律和政策体系⑤；污染源监测和执法监察，即环境监管，主要由地方政府负责⑥。近年来，中国环境污染持续严重，一个几乎公认的薄弱环节是环境政策在企业层面的执行，而执行的核心在于地方政府的环境监管⑦。2014 年以来，环保约谈曝光的城市中，企

---

① Gordon, R. H., “An Optimal Taxation Approach to Fiscal Federalism”, *The Quarterly Journal of Economics*, Vol. 98, No. 4, 1983, pp. 567 – 586. Oates, W. E., “An Essay on Fiscal Federalism”, *Journal of Economic Literature*, Vol. 37, 1999, pp. 1120 – 1149.

② Sjöberg, E., “An Empirical Study of Federal Law Versus Local Environmental Enforcement”, *Journal of Environmental Economics and Management*, Vol. 76, No. 3, 2016, pp. 14 – 31.

③ Brueckner, J. K., “Strategic Interaction among Governments: An Overview of Empirical Studies”, *International Regional Science Review*, Vol. 26, No. 2, 2003, pp. 175 – 188. Konisky, D. M., “Regulatory Competition and Environmental Enforcement: Is There a Race to the Bottom?”, *American Journal of Political Science*, Vol. 51, No. 4, 2007, pp. 853 – 872. Ulph, A., “Harmonization and Optimal Environmental Policy in a Federal System with Asymmetric Information”, *Journal of Environmental Economics and Management*, Vol. 39, No. 2, 2000, pp. 224 – 241.

④ 中央政府制定的环境政策包括环评、“三同时”和排污收费“老三项”，环境目标责任制、城市环境综合整治定量考核制度、排污许可证制度、污染源限期治理制度和污染物集中控制“新五项”；污染物排放标准也主要由中央制定。譬如，中央制定的水污染物和大气污染物排放标准就达 136 项。参见宋国君《环境政策分析（第二版）》，化学工业出版社 2020 年版。

⑤ Beyer, S., “Environmental Law and Policy in the People's Republic of China”, *Chinese Journal of International Law*, Vol. 5, No. 1, 2006, pp. 185 – 211. OECD, *Environmental Compliance and Enforcement in China: An Assessment of Current Practices and Ways Forward*, Paris: OECD Publishing, 2006. Zhang, S., “Environmental Regulatory and Policy Framework in China: An Overview”, *Journal of Environmental Sciences*, Vol. 13, No. 1, 2001, pp. 122 – 128. 任丙强：《生态文明建设视角下的环境治理：问题、挑战与对策》，《政治学研究》2013 年第 5 期。

⑥ 张凌云、齐晔：《地方环境监管困境解释——政治激励与财政约束假说》，《中国行政管理》2010 年第 3 期。冉冉：《中国地方环境政治：政策与执行之间的距离》，中央编译出版社 2015 年版。[中] 郑永年：《中国的“行为联邦制”》，邱道隆译，东方出版社 2013 年版。薄贵利：《集权分权与国家兴衰》，经济科学出版社 2001 年版。

⑦ OECD, *Environmental Compliance and Enforcement in China: An Assessment of Current Practices and Ways Forward*, Paris: OECD Publishing, 2006. OECD, *OECD Environmental Performance Review: China 2007*, Paris: OECD Publishing, 2007. 张凌云、齐晔：《地方环境监管困境解释——政治激励与财政约束假说》，《中国行政管理》2010 年第 3 期。

业违法超标排污、治污设施运行异常、企业环评违规等监管不力现象仍十分突出。全面深化改革以来，生态文明建设步伐加快，环境保护制度进入重塑期和改革快车道，破解环境监管难题是实现环保政策落地、助力绿色发展的重要保障。

以城市环境监管博弈为视角，结合最新理论研究成果，本书识别出受益外溢、经济竞争和管制协调三个影响机制，采用地级市数据，对中国环境监管不力的制度根源进行了深度解析。政策逻辑是，若跨界受益外溢是监管疲软的主要诱因，改革环境监管体制就尤为重要；若经济竞争是主导因素，加快调整以 GDP 和税收为核心的政府激励机制成为首要选项。与西方联邦制国家不同，在中国的环境治理中，政府间存在自上而下的环保目标责任制，可能对地方政府环境监管发挥着重要的协调作用①。鉴于此，识别地方政府环境监管博弈的主导机制、评估上级管制协调效应的大小，有助于抓住关键、精准发力，通过制度改革，保障环境政策落地。以强化环境监管为落脚点，针对中国跨区域污染突出的事实，反思地方政府为辖区环境质量负责面临的严峻挑战，为推动环保事权在中国不同政府层级间优化配置提供新思考。

对地方政府治污博弈的研究多集中于环保公共支出或环境规制领域②。本书将城市环境规制具体为环境监管，填补了对中国地方政府

---

① Deng, H., Zheng, X., Huang, N., Li, F., "Strategic Interaction in Spending on Environmental Protection: Spatial Evidence from Chinese Cities", *China & World Economy*, Vol. 20, No. 5, 2012, pp. 103 – 120. Kostka, G., "Command without Control: The Case of China's Environmental Target System", *Regulation & Governance*, Vol. 10, No. 1, 2016, pp. 58 – 74.

② Deng, H., Zheng, X., Huang, N., Li, F., "Strategic Interaction in Spending on Environmental Protection: Spatial Evidence from Chinese Cities", *China & World Economy*, Vol. 20, No. 5, 2012, pp. 103 – 120. Fredriksson, P. G., Millimet, D. L., "Strategic Interaction and the Determination of Environmental Policy across U. S. States", *Journal of Urban Economics*, Vol. 51, No. 1, 2002, pp. 101 – 122. Konisky, D. M., "Regulatory Competition and Environmental Enforcement: Is There a Race to the Bottom?", *American Journal of Political Science*, Vol. 51, No. 4, 2007, pp. 853 – 872. 陈思霞、卢洪友：《辖区间竞争与策略性环境公共支出》，《财贸研究》2014 年第 1 期。张文彬、张理芃、张可云：《中国环境规制强度省际竞争形态及其演变——基于两区制空间 Durbin 固定效应模型的分析》，《管理世界》2010 年第 12 期。张征宇、朱平芳：《地方环境支出的实证研究》，《经济研究》2010 年第 5 期。

环境监管博弈行为定量研究的空白。传统观点认为，以 GDP 和税收为核心的激励机制，是地方政府陷入环保困境的主因①。本书构建了囊括多种理论机制的整合分析框架，识别出受益外溢是城市环境监管博弈的主导机制，跨界外部性是环境监管乏力的首要诱因，有助于深化学界对环保跨界外溢重要性的认识。特别是，已有研究忽视了环保目标责任制对地方环境规制的协调②，若将其混同为经济竞争效应，得出的结论将有失偏颇。本书将管制协调与策略互动分离，在城市层面，首次定量评估了管制协调效应的大小，揭示了中国环境权威主义的体制优势。本书提供了环境监管分权导致的无效率弱环境规制的证据，可纳入源于西方的环境联邦主义（Environmental Federalism）理论框架，为丰富其理论内涵提供了中国经验。方法论上，基于两区制动态空间 Durbin 固定效应模型，本书尝试建立了符合各理论机制特征的识别策略，严谨地检验了本书的假说。

本章结构安排如下：第二节是文献评述；第三节构架理论模型、提出研究假说；第四节介绍实证模型和估计策略；第五节交代变量和数据来源；第六节对实证结果进行分析；第七节总结全文并阐述了政策含义。

第二节　文献评述

在多层级政府架构内，环境保护责任在中央和地方政府间如何划分，是一个重要且复杂的问题，相关争论被囊括在环境联邦主义框架之中。③ 联邦制下，环境分权的理由包括：第一，地方政府比中央政

---

① 任丙强：《生态文明建设视角下的环境治理：问题、挑战与对策》，《政治学研究》2013 年第 5 期。张凌云、齐晔：《地方环境监管困境解释——政治激励与财政约束假说》，《中国行政管理》2010 年第 3 期。周黎安：《中国地方官员的晋升锦标赛模式研究》，《经济研究》2007 年第 7 期。

② 李胜兰、初善冰、申晨：《地方政府竞争、环境规制与区域生态效率》，《世界经济》2014 年第 4 期。王宇澄：《基于空间面板模型的我国地方政府环境规制竞争研究》，《管理评论》2015 年第 8 期。

③ Millimet，Daniel L.（2014）提供了环境联邦主义一个很全面的综述。

府具备信息优势，更了解当地居民偏好，分权的环境政策制定更符合经济效率①；第二，当环境损害成本呈现较大的地区间差异时，相较于分权环境决策，中央政府统一环境规制将造成重大福利损失②；第三，分权环境决策促使政策多元化，有利于环境政策试验和创新③。与此同时，分权体制也存在潜在挑战，辖区间策略互动行为，可能导致地方政府无效率的弱环境规制：一是污染的跨区域损害（或治理的受益外溢）导致分权化决策低效率；二是为保持工业竞争力、争夺流动性资源（资本和劳动），辖区间将放松环境管制作为竞争手段而出现“逐底竞争”（Race to the Bottom）④。在民选体制下，选民通过相对绩效（与临近辖区对比）做出当政者能否连任的选举决策，引致辖区间标尺竞争（Yardstick Competition）⑤。标尺竞争机制可能决定着联邦制下地方间经济竞争的模式，不仅深刻影响地方税收政策，也可能对环境决策产生重大影响⑥。

行政区间环境规制策略互动的理论可分为两类：受益外溢模型

---

① Adler, J. H., “Jurisdictional Mismatch in Environmental Federalism”, *New York University Environmental Law Journal*, Vol. 14, No. 1, 2005, pp. 130 – 178. Oates, W. E., “An Essay on Fiscal Federalism”, *Journal of Economic Literature*, Vol. 37, No. 3, 1999, pp. 1120 – 1149.

② Ulph, A., “Harmonization and Optimal Environmental Policy in a Federal System with Asymmetric Information”, *Journal of Environmental Economics and Management*, Vol. 39, No. 2, 2000, pp. 224 – 241.

③ Gordon, R. H., “An Optimal Taxation Approach to Fiscal Federalism”, *The Quarterly Journal of Economics*, Vol. 98, No. 4, 1983, pp. 567 – 586. Oates, W. E., “An Essay on Fiscal Federalism”, *Journal of Economic Literature*, Vol. 37, No. 3, 1999, pp. 1120 – 1149.

④ Brueckner, J. K., “Strategic Interaction among Governments: An Overview of Empirical Studies”, *International Regional Science Review*, Vol. 26, No. 2, 2003, pp. 175 – 188. Konisky, D. M., “Regulatory Competition and Environmental Enforcement: Is There a Race to the Bottom?”, *American Journal of Political Science*, Vol. 51, No. 4, 2007, pp. 853 – 872. Ulph, A., “Harmonization and Optimal Environmental Policy in a Federal System with Asymmetric Information”, *Journal of Environmental Economics and Management*, Vol. 39, No. 2, 2000, pp. 224 – 241.

⑤ Besley, T. and Case, A., “Incumbent Behavior: Vote – Seeking, Tax – Setting, and Yardstick Competition”, *The American Economic Review*, Vol. 85, No. 1, 1995, pp. 25 – 45.

⑥ Fredriksson, P. G., Millimet, D. L., “Strategic Interaction and the Determination of Environmental Policy across U. S. States”, *Journal of Urban Economics*, Vol. 51, No. 1, 2002, pp. 101 – 122.

和经济竞争模型[①]。第一种模型认为，环境规制具有跨区正外部性，分权体制下，一个地区忽视其环境规制对临近地区带来的收益，环境规制强度低于最优水平；而当临近地区环境规制强度提高时，出于“搭便车”动机，该地区会放松环境规制水平，产生“挤出”效应[②]。后一种模型的逻辑是，地方政府为了确保自由贸易体系中辖区内企业的竞争优势，在吸引资本等流动性资源中胜出，以便在经济增长的标尺竞争中赢得选民支持，可能会放松环境规制以降低企业成本。结果是，辖区间环境规制力度不断下降，存在边际治理成本小于边际损害成本水平下的纳什均衡，地方规制水平低于社会最优，形成“逐底竞争”[③]。然而，在环境分权下，行政区间环境决策互动式竞争是否导致低效率，理论研究并不能给出一致性答案。一方面，有观点认为，与私人部门竞争类似，地区间竞争提供纪律约束，促使地方决策者做出有效率的决策，因此地区间环境规制竞争可能是效率增进的，并不会导致“逐底竞争”[④]。另一方面，无论是环境政策还是环境规制，其概念并非一致。这种异质性既来自环境问题差异性（譬如，水污染、大气污染、有害固

① Brueckner, J. K., “Strategic Interaction among Governments: An Overview of Empirical Studies”, *International Regional Science Review*, Vol. 26, No. 2, 2003, pp. 175 - 188. 张文彬、张理芃、张可云：《中国环境规制强度省际竞争形态及其演变——基于两区制空间 Durbin 固定效应模型的分析》,《管理世界》2010 年第 12 期。

② Deng, H., Zheng, X., Huang, N., Li, F., “Strategic Interaction in Spending on Environmental Protection: Spatial Evidence from Chinese Cities”, *China & World Economy*, Vol. 20, No. 5, 2012, pp. 103 - 120.

③ Ulph, A., “Harmonization and Optimal Environmental Policy in a Federal System with Asymmetric Information”, *Journal of Environmental Economics and Management*, Vol. 39, No. 2, 2000, pp. 224 - 241.

④ Oates, W. E. and Schwab, R. M., “Economic Competition Among Jurisdictions: Efficiency Enhancing or Distortion Inducing?”, *Journal of Public Economics*, Vol. 35, No. 3, 1988, pp. 333 - 354；早期环境分权理论研究，往往建立在苛刻的假设之上。譬如，Oates 和 Schwab（1988）在理论上证明了，当行政区间为争夺资本而竞争时，环境分权仍然有可能是有效率的。该结论的假设包括：个体是同质的，且不存在跨区流动；资本是完全流动的，且追求税后利润最大，并且生产利润完全在当地实现；资本对行政区特征具备完全信息；存在足够多的行政区，将资本税后回报作为既定值；不存在跨行政区外部性；政府最大化辖区社会福利。

废），也来自环境政策阶段差异（譬如，政策研究、制定、监测、执行），还有来自环境政策工具的不同（譬如，排污税、总量管制与交易、排放标准）。因此，很难有一种环境权力的纵向配置同时适用于所有情形①。因此，分权下的地区间环境决策博弈是否导致“逐底竞争”而恶化环境在理论上尚无定论。

在经验层面，学者分别围绕污染（或治理）的跨界外溢、地区间经济竞争这两类地区间环境规制策略互动的诱导机制展开。污染跨界外溢效应是否存在和程度大小，属于纯粹的技术外部性问题，得到了多数经验研究的证实②。然而，受到政治体制和决策者意念等影响，技术外部性并不一定导致政府间环境规制“搭便车”行为，政府间策略互动有赖于进一步实证检验。针对污染跨界外溢是否导致政府环境规制“搭便车”行为，在不同国别、不同环境介质、不同数据下的研究，并非总能得到实证研究的支持③；并且，已有研究讨论的重点是环境规制的边界效应④，缺少由受益外溢引起的行政区间博弈的证据。

由经济竞争引发的环境规制政府间策略互动是该领域实证检验的焦点。作为政府间环境规制策略互动的微观基础，环境规制对企

---

① Millimet, D. L., “Environmental Federalism: A Survey of the Empirical Literature”, *Case Western Reserve Law Review*, Vol. 64, No. 4, 2014, pp. 1669 – 1758.

② Murdoch, J. C., Sandler, T., Sargent, K., “A Tale of Two Collectives: Sulphur Versus Nitrogen Oxides Emission Reduction in Europe”, *Economica*, Vol. 64, No. 254, 1997, pp. 281 – 301. Sigman, H., “International Spillovers and Water Quality in Rivers: Do Countries Free Ride?”, *American Economic Review*, Vol. 92, No. 4, 2002, pp. 1152 – 1159. Sigman, H., “Transboundary Spillovers and Decentralization of Environmental Policies”, *Journal of Environmental Economics and Management*, Vol. 50, No. 1, 2005, pp. 82 – 101.

③ Millimet, D. L., “Environmental Federalism: A Survey of the Empirical Literature”, *Case Western Reserve Law Review*, Vol. 64, No. 4, 2014, pp. 1669 – 1758.

④ Cai, H., Chen, Y., Gong, Q., “Polluting Thy Neighbor: Unintended Consequences of China's Pollution Reduction Mandates”, *Journal of Environmental Economics and Management*, Vol. 76, No. 3, 2016, pp. 86 – 104. Konisky, D. M. and Woods, N. D., “Exporting Air Pollution? Regulatory Enforcement and Environmental Free Riding in the United States”, *Political Research Quarterly*, Vol. 63, No. 4, 2010, pp. 771 – 782. Konisky, D. M. and Woods, N. D., “Environmental Free Riding in State Water Pollution Enforcement”, *State Politics & Policy Quarterly*, Vol. 12, No. 3, 2012, pp. 227 – 251.

业区位或工业竞争的负面影响得到了大多数实证研究的支持①。然而，此类研究能且仅能证明环境规制力度作为地方政府经济竞争工具的潜在有效性，地方政府间是否存在环境规制博弈则由地方官员认知决定②。如果环境规制影响企业决策，但地方官员认为不存在这种影响，政府间环境规制策略互动便不会发生；相反，即便环境规制不影响企业行为，如果政府官员认为存在影响，策略互动也可能发生。随着实证技术的发展，不少研究采用空间计量经济模型直接研究政府间环境规制策略互动行为，检验在环境分权下是否存在"逐底竞争"③。结果表明，在联邦体制的环境分权制度下，尽管地方间环境规制存在策略性互动行为，但"逐底竞争"并不能得到多数实证研究的支持。

虽然不属于联邦体制，但中国地域广大、行政区多，以国际理论为基础，实证研究也发现中国地区间环境规制存在策略互

① Becker, R. and Henderson, V., "Effects of Air Quality Regulations on Polluting Industries", *Journal of Political Economy*, Vol. 108, No. 2, 2000, pp. 379 - 421. Greenstone, M., "The Impacts of Environmental Regulations on Industrial Activity: Evidence from the 1970 and 1977 Clean Air Act Amendments and the Census of Manufactures", *Journal of Political Economy*, Vol. 110, No. 6, 2002, pp. 1175 - 1219. Henderson, V., "The Impact of Air Quality Regulation on Industrial Location", *Annals Economics and Statistics*, No. 45, 1997, pp. 123 - 137. List, J. A., McHone, W. W., Millimet, D. L., "Effects of Environmental Regulation on Foreign and Domestic Plant Births: Is There a Home Field Advantage?", *Journal of Urban Economics*, Vol. 56, No. 2, 2004, pp. 303 - 326.

② Millimet, D. L. and Rangaprasad, V., "Strategic Competition Amongst Public Schools", *Regional Science and Urban Economics*, Vol. 37, No. 2, 2007, pp. 199 - 219.

③ Fredriksson, P. G., Millimet, D. L., "Strategic Interaction and the Determination of Environmental Policy across U. S. States", *Journal of Urban Economics*, Vol. 51, No. 1, 2002, pp. 101 - 122. Konisky, D. M., "Regulatory Competition and Environmental Enforcement: Is There a Race to the Bottom?", *American Journal of Political Science*, Vol. 51, No. 4, 2007, pp. 853 - 872. Konisky, D. M., "Assessing U. S. State Susceptibility to Environmental Regulatory Competition", *State Politics & Policy Quarterly*, Vol. 9, No. 4, 2009, pp. 404 - 428. Woods, N. D., "Interstate Competition and Environmental Regulation: A Test of the Race - to - the - Bottom Thesis", *Social Science Quarterly*, Vol. 87, No. 1, 2006, pp. 174 - 189.

动行为①。这些研究基于空间计量经济方法，采用中国省级面板数据，以万元工业产值污染治理投资、万元工业增加值污染物排放量等指标表征环境规制，多数研究发现省区间响应系数为正②，并且竞争态势呈现非对称性，即高于或低于竞争者环境规制水平时，地区间互动模式表现出差异性③。由于中国环境管理体制、经济竞争模式、污染物外溢的特性，已有研究的不足体现为：

第一，对环境监管博弈研究不足，忽略了来自上级的治污协调。中国采用的是"政策制定集权、监管分权"的混合型环境治理体系。地方政府环境规制，本质上是环境监管。在中国，环境目标责任制已实施 20 多年④，这种来自同一上级的统一要求或评比⑤，对地方政府环境监管发挥着重要协调作用⑥，却被已有研究忽视。若将这种协调混同为策略互动，将夸大后者的影响，而得出误导性的结论。

第二，未建立适合中国国情的策略互动理论框架。在经济分权、

---

① 崔亚飞、宋马林：《我国省际工业污染治理投资强度的策略互动性——基于空间计量的实证测度》，《技术经济》2012 年第 4 期。李胜兰、初善冰、申晨：《地方政府竞争、环境规制与区域生态效率》，《世界经济》2014 年第 4 期。王宇澄：《基于空间面板模型的我国地方政府环境规制竞争研究》，《管理评论》2015 年第 8 期。杨海生、陈少凌、周永章：《地方政府竞争与环境政策——来自中国省份数据的证据》，《南方经济》2008 年第 6 期。张文彬、张理芃、张可云：《中国环境规制强度省际竞争形态及其演变——基于两区制空间 Durbin 固定效应模型的分析》，《管理世界》2010 年第 12 期。

② 李胜兰、初善冰、申晨：《地方政府竞争、环境规制与区域生态效率》，《世界经济》2014 年第 4 期。杨海生、陈少凌、周永章：《地方政府竞争与环境政策——来自中国省份数据的证据》，《南方经济》2008 年第 6 期。

③ 王宇澄：《基于空间面板模型的我国地方政府环境规制竞争研究》，《管理评论》2015 年第 8 期。张文彬、张理芃、张可云：《中国环境规制强度省际竞争形态及其演变——基于两区制空间 Durbin 固定效应模型的分析》，《管理世界》2010 年第 12 期。

④ 杨作精、顾秀菊：《关于实行环境保护目标责任制的几个问题》，《中国环境管理》1989 年第 2 期。

⑤ 除了环保目标责任制，城市环境综合整治定量考核制度是针对城市政府（含县级市）的环境量化考核，也具有协调作用。

⑥ Deng, H., Zheng, X., Huang, N., Li, F., "Strategic Interaction in Spending on Environmental Protection: Spatial Evidence from Chinese Cities", *China & World Economy*, Vol. 20, No. 5, 2012, pp. 103 – 120. Kostka, G., "Command without Control: The Case of China's Environmental Target System", *Regulation & Governance*, Vol. 10, No. 1, 2016, pp. 58 – 74.

政治集中的体制下，中国地区间经济竞争模式与西方存在差异，策略互动理论机制未充分体现中国地方政府经济竞争的特性。特别是，地方官员“晋升锦标赛”下的政治激励[①]，与西方“标尺竞争”[②]，在竞争对手选择上存在差异。

第三，在省级层面的研究，难以实证各理论机制的存在性和大小。在环境监管博弈中，受益外溢效应和经济竞争效应是同时发挥作用的[③]，环保目标责任制的管制协调与策略互动交织，使中国情形更为复杂。在省级层面的研究，难以捕捉来自省级的协调效应，不利于建立多样化的估计策略。

第三节　理论模型与假说

本书将 Hoel（1991）[④] 和 Yu 等（2011）[⑤] 的理论模型加以扩展。假定两临近城市 1 和 2 的环境监管水平为 X_1 和 X_2，在仅考虑空间溢出效应的非合作博弈中，城市 1 的静态净收益函数为：

$$\pi_1 = B_1(X_1 + \alpha X_2) - C_1(X_1) \tag{4-1}$$

其中，B_1是城市 1 的收益函数，环境改善带来的收益包括人力资本提高、污染损失下降、生态环境价值提升等，其大小由 X_1和 X_2共

① Choi, E. K., “Patronage and Performance: Factors in the Political Mobility of Provincial Leaders in Post - Deng China”, *The China Quarterly*, Vol. 212, 2012, pp. 965 - 981. Li, H. and Zhou, L. A., “Political Turnover and Economic Performance: The Incentive Role of Personnel Control in China”, *Journal of Public Economics*, Vol. 89, No. 9 - 10, 2005, pp. 1743 - 1762. 周黎安：《中国地方官员的晋升锦标赛模式研究》，《经济研究》2007 年第 7 期。

② Besley, T. and Case, A., “Incumbent Behavior: Vote - Seeking, Tax - Setting, and Yardstick Competition”, *The American Economic Review*, Vol. 85, No. 1, 1995, pp. 25 - 45.

③ Brueckner, J. K., “Strategic Interaction among Governments: An Overview of Empirical Studies”, *International Regional Science Review*, Vol. 26, No. 2, 2003, pp. 175 - 188.

④ Hoel, M., “Global Environmental Problems: The Effects of Unilateral Actions Taken by One Country”, *Journal of Environmental Economics and Management*, Vol. 20, No. 1, 1991, pp. 55 - 70.

⑤ Yu, Y., Zhang, L., Li, F., Zheng, X., “On the Determinants of Public Infrastructure Spending in Chinese Cities: A Spatial Econometric Perspective”, *The Social Science Journal*, Vol. 48, No. 3, 2011, pp. 458 - 467.

同决定；$\alpha \in [0,1]$ 为污染治理的跨界影响系数，$\alpha = 1$ 为污染物完全扩散情形，$\alpha = 0$ 时污染治理不存在跨界影响；C_1 是城市 1 环境监管成本函数，在不考虑企业跨地区迁移和对外来流动资源的争夺时，环境监管成本主要是本地企业的污染治理投入，由本地环境监管水平 X_1 决定。收益和成本函数满足 $B_1' > 0, B_1'' < 0, C_1' > 0, C_1'' > 0$。最大化净收益的一阶条件为：

$$\frac{d\pi_1}{dX_1} = B_1'(X_1 + \alpha X_2) - C_1'(X_1) = 0 \tag{4-2}$$

式（4-2）将 X_1 定义为 X_2 的函数，即城市 1 的空间响应函数，用 $R_1(X_2)$ 表达，有：

$$R'_1(X_2) = \frac{\alpha B_1''}{C_1'' - B_1''} \in (-\alpha, 0) \tag{4-3}$$

由于 $R'_1(X_2) < 0$，X_2 提高后，会“挤出”城市 1 的环境监管。“挤出”效应大小受 α 影响，若城市决策者认为环境监管受益外溢越大，$R'_1(X_2)$ 就越小。根据对称性，城市 2 的情形与城市 1 类似，存在两城市间环境监管博弈的纳什均衡，满足 $X_1^* = R_1(X_2^*)$ 和 $X_2^* = R_2(X_1^*)$。本书提出：

假说一：由于污染治理的正外部性，一个城市加强环境监管会使地理临近城市“搭便车”而放松环境监管，表现为受益外溢效应，其空间响应系数为负，大小受污染物跨界外溢程度的影响。

进一步地，争夺流动性资源的竞争是地方政府间环境规制博弈的另一重要根源①。在中国，地方政府间为争夺流动性资源展开激烈竞争，这种竞争既根植于财政支出分权的制度安排，地方财力相对不足，通过招商引资、争夺流动性资源而扩大税基；同时，在政治晋升

---

① Brueckner, J. K., “Strategic Interaction among Governments: An Overview of Empirical Studies”, *International Regional Science Review*, Vol. 26, No. 2, 2003, pp. 175 - 188. Konisky, D. M., “Regulatory Competition and Environmental Enforcement: Is There a Race to the Bottom?”, *American Journal of Political Science*, Vol. 51, No. 4, 2007, pp. 853 - 872. 杨海生、陈少凌、周永章：《地方政府竞争与环境政策——来自中国省份数据的证据》，《南方经济》2008 年第 6 期。张文彬、张理芃、张可云：《中国环境规制强度省际竞争形态及其演变——基于两区制空间 Durbin 固定效应模型的分析》，《管理世界》2010 年第 12 期。

激励下，地方官员展开以做大 GDP 为核心的“锦标赛竞争”，寻求在经济竞争中击败对手而获得晋升①。在激烈的经济竞争中，城市 1 可能将放松环境监管作为招商引资的筹码，与城市 2 展开博弈。其他条件相同时，城市 1 实施比城市 2 更严格的环境监管，将导致其在争夺流动性资源中失利，损失税收和 GDP，在税收竞争乃至晋升竞争中处于不利位置。从经济竞争角度，假定城市 1 的环境监管成本是其与城市 2 监管力度之差的函数，且满足 $C_1' > 0, C_1'' > 0$。城市 1 的静态净收益函数为：

$$\pi_1 = B_1(X_1 + \alpha X_2) - C_1(X_1 - X_2) \tag{4-4}$$

根据最大化收益的一阶条件，导出城市 1 环境监管空间响应系数为：

$$R'_1(X_2) = \frac{\alpha B_1''}{C_1'' - B_1''} + \frac{C_1''}{C_1'' - B_1''} \tag{4-5}$$

其中，$\frac{\alpha B_1''}{C_1'' - B_1''} \in (-\alpha, 0), \frac{C_1''}{C_1'' - B_1''} \in (0, 1)$。令 $\alpha = 0$，即不考虑受益外溢效应时，经济竞争使环境监管空间响应系数为正。与在西方民选政治下形成的“标尺竞争”②不同，锦标赛竞争源自上级官员对下级人事任命权的掌控；在城市层面，同省城市进入锦标赛，且经济竞争主要在经济水平相似的城市之间展开③。城市 2 与城市 1 情形类似，不再赘述。本书提出：

假说二：在财政激励和晋升激励下，城市为争夺流动性资源展开

---

① Choi, E. K., “Patronage and Performance: Factors in the Political Mobility of Provincial Leaders in Post - Deng China”, *The China Quarterly*, Vol. 212, 2012, pp. 965 - 981. Li, H. and Zhou, L. A., “Political Turnover and Economic Performance: The Incentive Role of Personnel Control in China”, *Journal of Public Economics*, Vol. 89, No. 9 - 10, 2005, pp. 1743 - 1762. 周黎安：《中国地方官员的晋升锦标赛模式研究》，《经济研究》2007 年第 7 期。周黎安：《转型中的地方政府：官员激励与治理（第二版）》，格致出版社 2017 年版。

② Besley, T. and Case, A., “Incumbent Behavior: Vote - Seeking, Tax - Setting, and Yardstick Competition”, *The American Economic Review*, Vol. 85, No. 1, 1995, pp. 25 - 45.

③ Yu, J., Zhou, L. - A., Zhu, G., “Strategic Interaction in Political Competition: Evidence from Spatial Effects across Chinese Cities”, *Regional Science and Urban Economics*, Vol. 57, 2016, pp. 23 - 37.

竞争，并将放松环境监管作为一个竞争手段，表现为竞相放松环境监管的经济竞争效应，空间响应系数为正，且由晋升激励引致的环境监管竞争主要存在于同省经济相似城市之间。

值得指出的是，据式（4－5），受益外溢效应和经济竞争效应同时发挥作用，使城市1环境监管空间响应系数的符号难以判断。

进一步地，在理性假定下，只有当 $\pi_1 > 0$ ，城市1才会实施环境监管。然而，环境监管收益（如疾病减少的收益）具有跨界性和滞后性，且不易测量；环境监管成本主要发生在当期，由城市自身承担。对于任期短（通常是3—4年）且仅对本辖区负责的城市官员，在指标化的考核下，易急功近利，在经济增长等方面展现政绩，而疏于环境监管①。依托中国环境权威主义体系，上级政府通过下达环保目标、定期考核的方式，对城市环境监管提出统一要求。这种行政性指令，譬如规定城市污染物减排量或环境质量改善程度，直接或间接地对城市间环境监管发挥着协调作用，使 $Corr(X_1, X_2) > 0$ 。但这种协调源自第三方共同冲击，不同于策略互动。本书提出：

假说三：以环保目标责任制为主要载体，城市环境监管受到来自中央和省的管制协调，这种来自第三方共同冲击，并非城市间策略互动，但对城市环境监管行为产生重要影响。

第四节　经验分析方法

（一）计量模型

基于空间计量经济模型，本书通过估计空间响应系数以捕捉城市环境监管行为的空间依赖性，采用包含两个空间滞后项的两区制模型，对多种理论机制进行实证检验。令城市 i 在 t 时期的环境监管为

① Eaton, S. and Kostka, G., "Authoritarian Environmentalism Undermined? Local Leaders' Time Horizons and Environmental Policy Implementation in China", *The China Quarterly*, Vol. 218, 2014, pp. 359－380.

y_{it}，空间滞后项被定义为 $\sum_{j\neq i}^{n} w_{ij}y_{jt}$，其中 w_{ij} 为权重。通过定义不同的权重 $w_{1,ij}$ 和 $w_{2,ij}$ 得到两区制模型。包含 y_{it} 滞后项 $y_{i,t-1}$、控制变量向量 X_{it} 的两区制空间自回归模型（Spatial Auto-Regressive Model）为：

$$y_{it} = ry_{i,t-1} + \lambda_1 \sum_{j\neq i}^{n} w_{1,ij}y_{jt} + \lambda_2 \sum_{j\neq i}^{n} w_{2,ij}y_{jt} + X_{it}\beta + \eta_i + a_{pt} + \varepsilon_{it} \quad (4-6)$$

其中，r 为动态效应，反映环境监管行为惯性或稳定性；λ_1 和 λ_2 分别为两区制下的空间响应系数；n 为城市数量；β 为控制变量系数，η 为城市个体效应，控制不随时间变化的城市特性，包括地理区位、行政级别、企业守法和政府环境监管文化等。为估计策略互动，须将未知共同冲击造成的空间相关剥离[①]。按照是否来自同一省份，将"时间效应"扩展为"省份时间效应"，进一步剥离省份的共同冲击和协调。p 为城市 i 所属省份，a 为省份时间效应，[②] 控制时变的、来自国家和省份的共同冲击，既包括除策略互动之外的各省通过环保目标责任制，对所辖城市环境监管力度、监管能力建设等方面提出的时变性统一要求（即管制协调效应），也包括中央针对污染源的、全国性环境政策；[③] ε 为随机误差项。

尽管如此，空间响应系数仍可能同时包含了内生空间互动效应（因变量互动）、外生空间互动效应（自变量互动）和误差项空间互动效应（遗漏变量互动）[④]。为进一步得到净的内生空间互动效应，理想的估计模型应同时引入因变量、自变量、误差项的空间滞后项。

---

① Levinson, A., "Environmental Regulatory Competition: A Status Report and Some New Evidence", *National Tax Journal*, Vol. 56, No. 1, 2003, pp. 91 –106.

② 将时间虚拟变量拆分为省份时间虚拟变量，在动态模型中，虚拟变量个数由 t –1 个增加为（t –1）×m 个，m 为省份个数。省份时间效应，既包含省份的组内共同冲击，也包含来自中央的组间宏观冲击。

③ 考虑到本书用工业污染治理投资反映城市环境监管力度，该指标实际上还包括了环境政策变动的影响。

④ Manski, C. F., "Identification of Endogenous Social Effects: The Reflection Problem", *The Review of Economic Studies*, Vol. 60, No. 3, 1993, pp. 531 –542.

然而，Manski（1993）指出至少应当去掉一个空间滞后项，否则系数无法识别。在此情形下，LeSage 和 Pace（2009）① 认为排除空间自相关误差项是最优的，换句话说，空间 Durbin 模型是此时唯一可得到无偏系数估计的设定；② 并且，若数据生成机制包括空间自回归过程，空间 Durbin 模型下的统计推断也是有效的。由于本书重点考察城市环境监管的空间互动行为，选择空间 Durbin 模型进行实证检验是合适的，加入自变量空间滞后项的模型为：

$$y_{it} = ry_{i,t-1} + \lambda_1 \sum_{j \neq i}^{n} w_{1,ij} y_{jt} + \lambda_2 \sum_{j \neq i}^{n} w_{2,ij} y_{jt} + X_{it}\beta + \sum_{j \neq i}^{n} w_{ij} X_{jt} \delta + \eta_i + a_{pt} + \varepsilon_{it} \quad (4-7)$$

动态空间 Durbin 模型中，各城市环境监管 y_{it} 是被联立决定的。不处理内生性的 OLS 估计是有偏的③，通常借助 IV 或 MLE 等方法对模型（4－7）进行估计。IV 方法首先面临选择合适工具变量的困难，更为重要的是，IV 估计可能导致研究关注的空间滞后解释变量与指示变量交互项的参数估计落到参数空间之外④。相对而言，采用最大似然估计方法，既可以解决 y_{it} 的联立内生性问题，也适用于动态模型估计，从而给出模型（4－7）的无偏一致估计量。因此，本书采用 Elhorst 和 Fréret（2009）给出的两区制动态空间 Durbin 固定效应模型的估计方法，使用 James P. LeSage 空间计量经济学 Matlab 工具包中的 MLE 程序，⑤ 对程序做适当扩展，进行实证检验。

---

① LeSage，J. and Pace，R. K.，*Introduction to Spatial Econometrics*，London：CRC Press，2009.

② 若不可观测或未知的重要遗漏变量存在一阶空间自相关，可能与模型中自变量相关，包含自变量空间滞后项的自回归空间滞后模型可避免有偏的系数估计。

③ Brueckner，J. K.，"Strategic Interaction among Governments：An Overview of Empirical Studies"，*International Regional Science Review*，Vol. 26，No. 2，2003，pp. 175－188.

④ Elhorst，J. P. and Fréret，S.，"Evidence of Political Yardstick Competition in France Using a Two－Regime Spatial Durbin Model with Fixed Effects"，*Journal of Regional Science*，Vol. 49，No. 5，2009，pp. 931－951.

⑤ James P. LeSage 的空间计量经济学工具包来源于 http：//www. spatial－econometrics. com/。

（二）估计策略

首先，定义两类空间权重矩阵：地理相邻矩阵、地理相邻经济相似矩阵。由于污染物负外部性具有区域特征①，环境监管受益外溢具有一定空间范围；同时，空间距离也往往是影响资源流动，特别是对资本和劳动等流动性资源争夺的重要因素②。因此，引入地理相邻矩阵 W^1，其元素定义为：③

$$w_{ij}^1 = \begin{cases} 1, \text{城市 } i \text{ 与城市 } j \text{ 具有共同边界,且 } i \neq j; \\ 0, \quad \text{其他} \end{cases}$$

进一步地，源于政治晋升激励的经济竞争，主要发生在经济相似的同省城市间④；若两城市空间距离过远，即便经济相似，经济竞争效应也很可能不会存在。因此，第二类空间权重矩阵在地理相邻基础上，用城市人均收入相似度定义经济“邻居”；在较短时间跨度内，城市在经济上的竞争对手相对稳定，短面板数据结构下，本书采用城市样本期内人均 GDP 均值（*INC*）计算两相邻城市的经济距离。参照同类研究⑤，地理相邻经济相似矩阵 W^2 的元素定义为：

---

① Kennedy, P. and Hutchinson, E., "The Relationship between Emissions and Income Growth for a Transboundary Pollutant", *Resource and Energy Economics*, Vol. 38, 2014, pp. 221 - 242. Sigman, H., "Transboundary Spillovers and Decentralization of Environmental Policies", *Journal of Environmental Economics and Management*, Vol. 50, No. 1, 2005, pp. 82 - 101. 宋国君、金书秦、傅毅明：《基于外部性理论的中国环境管理体制设计》，《中国人口·资源与环境》2008 年第 2 期。

② Anselin, L., Bera, A. K., Florax, R., Yoon, M. J., "Simple Diagnostic Tests for Spatial Dependence", *Regional Science and Urban Economics*, Vol. 26, No. 1, 1996, pp. 77 - 104.

③ 对权重矩阵，需做行标准化处理。隐含的假定是，对每个城市，“邻居”的影响之和相等。

④ Yu, J., Zhou, L. - A., Zhu, G., "Strategic Interaction in Political Competition: Evidence from Spatial Effects across Chinese Cities", *Regional Science and Urban Economics*, Vol. 57, 2016, pp. 23 - 37.

⑤ 郭庆旺、贾俊雪：《地方政府间策略互动行为、财政支出竞争与地区经济增长》，《管理世界》2009 年第 10 期。张征宇、朱平芳：《地方环境支出的实证研究》，《经济研究》2010 年第 5 期。

$$w_{ij}^{2} = \begin{cases} 1/|INC_i - INC_j|, & \text{城市 } i \text{ 与城市 } j \text{ 具有共同边界,且 } i \neq j; \\ 0, & \text{其他} \end{cases}$$

为识别受益外溢和经济竞争效应，在上述两类空间加权矩阵基础上，进一步引入分类变量（或称指示变量），将 w_{ij} 拆分为式（4－7）中的 $w_{1,ij}$ 和 $w_{2,ij}$，构建两区制模型。

第一，受益外溢效应估计策略。对于一个城市，边界地带人口密度通常较小，中心地带的市区人口密集。从受益人群分布看，受益外溢的程度受中心城区到城市边界的距离影响，本书用地域面积近似表达。在其他条件相同时，城市地域越小，越能从临近城市污染治理中获益，"搭便车"越明显；反之，环境改善更多自食其力。将市域面积作为指示变量，将城市分组，对比空间响应系数差异，评估受益外溢效应的大小。由于辖区面积使受益外溢效应发生结构变化的临界点未知，采用 9 个分位数依次分组：$P10$（第 10 百分位数）、$P20$、$P30$、……、$P90$。譬如，采用地理相邻矩阵 W^1、面积 $P10$ 分组情形下，有：

$$w_{1,ij}^{1} = \begin{cases} 1, & \text{城市 } i \text{ 与城市 } j \text{ 具有共同边界,} i \neq j\text{,且城市 } i \text{ 面积 } < P10; \\ 0, & \text{其他} \end{cases}$$

$$w_{2,ij}^{1} = \begin{cases} 1, & \text{城市 } i \text{ 与城市 } j \text{ 具有共同边界,} i \neq j\text{,且城市 } i \text{ 面积 } \geq P10; \\ 0, & \text{其他} \end{cases}$$

其他情形，以此类推。

第二，经济竞争效应估计策略。由于财政激励下的经济竞争存在于临近城市间，而政治激励下的经济竞争主要是同省且经济相似的城市间。参照龙小宁等（2014）[①] 的分组策略，将城市是否同省作为分类标准（即指示矩阵），分为同省相邻和跨省相邻，对比空间响应系数的差异。譬如，在地理相邻经济相似矩阵 W^2 情形下，按照是否同省分组后，有：

---

① 龙小宁、朱艳丽、蔡伟贤、李少民：《基于空间计量模型的中国县级政府间税收竞争的实证分析》，《经济研究》2014 年第 8 期。

$$w_{1,ij}^{2} = \begin{cases} 1/|INC_i - INC_j|, & \text{城市 } i \text{ 与城市 } j \text{ 具有共同边界，} \\ i \neq j, \text{且来自不同省；} 0, & \text{其他} \end{cases}$$

$$w_{2,ij}^{2} = \begin{cases} 1/|INC_i - INC_j|, & \text{城市 } i \text{ 与城市 } j \text{ 具有共同边界，} \\ i \neq j, \text{且来自同省；} 0, & \text{其他} \end{cases}$$

通过省内和省外情形的对比，识别晋升激励导致的城市间环境监管策略互动的程度；通过地理相邻、地理相邻经济相似加权情形的对比，实证晋升激励导致策略互动的范围；结合受益外溢效应的大小，通过跨省相邻空间响应系数，识别财政激励下环境监管策略互动行为。

第三，管制协调效应估计策略。不同于策略互动，管制协调效应不能采用指示变量分组的方法。来自省和国家的管制协调，被包含在“省份时间效应”中，在保留城市个体效应前提下，采用两种策略：将“省份时间效应”替换成“时间固定效应”，“空间响应系数”还包含了省级的管制协调；去掉“省份时间效应”，“空间响应系数”则同时囊括了国家和省的管制协调以及国家层面的宏观政策冲击。以省内相邻和跨省相邻的两区制为基准，估计上述两种策略下的“空间响应系数”，通过对比，识别管制协调效应大小。

第五节　变量与数据

在环境规制竞争的研究中，通常采用污染密集度①、污染治理投资②、环保执法次数③等反映环境规制水平。其中，环保执法次数是

---

① 张文彬、张理芃、张可云：《中国环境规制强度省际竞争形态及其演变——基于两区制空间 Durbin 固定效应模型的分析》，《管理世界》2010 年第 12 期。

② Fredriksson, P. G., Millimet, D. L., “Strategic Interaction and the Determination of Environmental Policy across U. S. States”, *Journal of Urban Economics*, Vol. 51, No. 1, 2002, pp. 101－122. 杨海生、陈少凌、周永章：《地方政府竞争与环境政策——来自中国省份数据的证据》，《南方经济》2008 年第 6 期。

③ Konisky, D. M., “Regulatory Competition and Environmental Enforcement: Is There a Race to the Bottom?”, *American Journal of Political Science*, Vol. 51, No. 4, 2007, pp. 853－872.

直接反映环境监管水平的指标，但中国城市层面缺少该数据；污染密集度通常用污染物排放量与产值之比表达，是经济结构与治污力度共同作用的结果，并且污染物排放缺少市场交易，统计数据质量容易受考核扭曲①。由于中国的工业企业是主要固定源，是城市环境监管的主要对象，本书用工业污染治理投资构建环境监管指标②，具体为人均工业污染治理投资额、单位工业增加值污染治理投资额，检验结果的稳健性。该数据仅2002—2007年可得，本书采用2002—2007年277个地级城市③构成的面板数据进行实证检验。数据来自《中国城市统计年鉴》《中国区域经济统计年鉴》、各省统计年鉴，人均指标用CPI做了可比价折算。

参照已有研究，本书还引入了以下控制变量：第一，收入水平（*income*）④。随着人们收入的提高，对环境质量要求提高，可能对政府环境监管形成压力；本书采用城镇居民人均收入，并用CPI做了可比价折算，数据来自《中国区域经济统计年鉴》《中国统计年鉴》和各省统计年鉴。第二，人口密度（*density*）⑤。反映环境质量改善的受体集中度，通过收益函数影响城市环境监管。数据来自《中国城市统

① Ghanem, D., Zhang, J., "'Effortless Perfection': Do Chinese Cities Manipulate Air Pollution Data?", *Journal of Environmental Economics and Management*, Vol. 68, No. 2, 2014, pp. 203-225. Kostka, G., "Command without Control: The Case of China's Environmental Target System", *Regulation & Governance*, Vol. 10, No. 1, 2016, pp. 58-74.

② 工业污染治理投资包括老污染源污染治理投资和新污染源"三同时"投资，2014年老污染源污染治理投资中，97.3%的资金来自企业自筹。除了反映城市监管力度外，该指标还反映污染减排政策的严格程度，由于中国环境政策主要由中央政府制定，可通过引入时间固定效应加以控制。

③ 在287个地级及以上城市中，拉萨、西宁、乌鲁木齐、克拉玛依、海口、三亚六个城市无地理相邻城市，北京、天津、上海、重庆不适用于分析省内相邻的情形，本书仅分析余下的277个城市。

④ Fredriksson, P. G., Millimet, D. L., "Strategic Interaction and the Determination of Environmental Policy across U. S. States", *Journal of Urban Economics*, Vol. 51, No. 1, 2002, pp. 101-122. 张征宇、朱平芳：《地方环境支出的实证研究》，《经济研究》2010年第5期。

⑤ Fredriksson, P. G., Millimet, D. L., "Strategic Interaction and the Determination of Environmental Policy across U. S. States", *Journal of Urban Economics*, Vol. 51, No. 1, 2002, pp. 101-122. 张文彬、张理芃、张可云：《中国环境规制强度省际竞争形态及其演变——基于两区制空间Durbin固定效应模型的分析》，《管理世界》2010年第12期。

计年鉴》和各省统计年鉴。第三，城市化率（*urban*）[1]。衡量经济发展阶段，由于城市是污染排放集中区域，高的城市化率也会对环境监管、污染治理提出更高的要求。用城镇就业人口占就业总人口比例反映，数据来自《中国区域经济统计年鉴》。第四，每万人拥有医院床位数（*health*）[2]。完善的医疗公共设施反映城市对公众健康的重视程度，进而对环境监管力度产生影响。数据来自《中国城市统计年鉴》和各省统计年鉴。第五，工业内部结构。城市工业污染治理投资，既反映环境监管力度，也受产业结构的影响，后者的影响需要加以控制。引入电力行业比重（*electri*）、国有工业比重（*state*）和大型工业比重（*large*）[3] 三个指标控制城市工业内部结构。电力行业比重用从业人员比重近似，数据来自《中国城市统计年鉴》，其余指标用产值计算，数据来自"中国工业企业数据库"。此外，权重矩阵中人均GDP数据来自《中国城市统计年鉴》和各省统计年鉴，对名义值做了可比价调整；指示变量的城市面积来自《中国城市统计年鉴》。

各变量的描述统计量见表4－1。因变量观测值的离散度最大，适宜进行计量分析。为获得弹性，对变量均做自然对数处理。

表4－1　　变量的描述性统计

符号	变量	均值	标准差	离散度	最小值	最大值	观测数
y	人均工业污染治理投资（元/人）	125.80	193.43	1.54	0.03	1591.45	1662
yy	单位工业增加值污染治理投资（万分比）	231.45	375.28	1.62	0.18	6317.93	1662

① Deng, H., Zheng, X., Huang, N., Li, F., "Strategic Interaction in Spending on Environmental Protection: Spatial Evidence from Chinese Cities", *China & World Economy*, Vol. 20, No. 5, 2012, pp. 103－120. Fredriksson, P. G., Millimet, D. L., "Strategic Interaction and the Determination of Environmental Policy across U. S. States", *Journal of Urban Economics*, Vol. 51, No. 1, 2002, pp. 101－122.

② 张征宇、朱平芳：《地方环境支出的实证研究》，《经济研究》2010年第5期。

③ 依据《统计上大中小型企业划分办法（暂行）》（国统字〔2003〕第17号），将总资产大于4亿元的企业定义为大型企业。

续表

符号	变量	均值	标准差	离散度	最小值	最大值	观测数
income	城镇居民人均收入（元/人）	8667.48	3063.27	0.35	1600	30465.94	1662
density	人口密度（人/平方千米）	424.99	401.66	0.95	5.07	4411.42	1662
urban	城镇化率（%）	27.92	15.45	0.55	4.52	100	1662
health	人均医院床位数（张/万人）	25.68	10.11	0.39	8.6	111.51	1662
electri	电力行业产值占工业比重（%）	8.78	5.55	0.63	0.74	54.39	1662
state	国有企业产值占工业比重（%）	17.04	15.84	0.93	0.03	94.19	1662
large	大型企业产值占工业比重（%）	67.98	17.67	0.26	6.27	99.37	1662

注：人均工业污染治理投资、城镇居民人均收入等货币量均采用 CPI 折算为 2002 年可比价格；离散度即标准差与均值之比。

第六节　估计结果

以人均工业污染治理投资为因变量时，模型 R^2 在 0.77 左右，单位工业增加值污染治理投资情形下，R^2 约为 0.63，表明模型具有较好的解释能力。更为重要的是，在不同空间加权矩阵、不同因变量、两区制不同分类标准下，估计结果表现出良好的连贯性、一致性、稳定性，说明实证结果是稳健的。由于不同两区制情形下，控制变量的符号和显著性基本稳定，为节省篇幅，仅在最后展示并简要分析控制变量估计结果，其他仅列出两区制对应的空间响应系数。

（一）受益外溢效应

以面积分组的两区制空间响应系数见表 4－2。在以地理相邻为权重矩阵时，对于面积最小的 10% 城市（平均面积为 2639 平方千米），邻居环境监管力度提高 1%，将挤出城市环境监管努力的 0.484%（因变量为 ln*yy* 时，挤出 0.556%），且这种“搭便车”行为在统计上十分显著。① 此时，区制 2 对应的空间响应系数为 -0.154（因变量为 lnyy 时为 -0.142），远大于区制 1 情形，且两区制系数存在显著差异。地理相邻经济相似权重矩阵下，区制 2 系数不显著，但区制 1 系数显著为负，且两区制系数仍存在显著差异。当 lny 为因变量时，对于面积最小的 10% 城市，按经济相似度加权，周边城市环境监管力度提高 1%，会挤出城市环境监管努力的 0.224%。不难看出，行政区面积确实对城市间环境监管策略互动行为产生了影响，面积小的城市受益外溢效应较大。

表 4-2　按面积分组的两区制“空间响应系数”估计结果

指示变量	因变量	地理相邻矩阵				地理相邻经济相似矩阵			
		λ_1	λ_2	$\lambda_1-\lambda_2$	R^2	λ_1	λ_2	$\lambda_1-\lambda_2$	R^2
*P*10	lny	-0.484*** (-4.95)	-0.154*** (-3.69)	-0.330*** (-3.29)	0.776	-0.224*** (-2.69)	-0.023 (-0.76)	-0.201** (-2.33)	0.769
	lnyy	-0.556*** (-4.85)	-0.142*** (-3.36)	-0.414*** (-3.42)	0.636	-0.226** (-2.43)	-0.017 (-0.56)	-0.209** (-2.13)	0.626
*P*20	lny	-0.323*** (-4.56)	-0.154*** (-3.55)	-0.169** (-2.25)	0.775	-0.150*** (-2.58)	-0.016 (-0.51)	-0.134** (-2.12)	0.769
	lnyy	-0.341*** (-4.14)	-0.148*** (-3.31)	-0.192** (-2.10)	0.634	-0.148** (-2.31)	-0.011 (-0.36)	-0.137* (-1.91)	0.625
*P*30	lny	-0.310*** (-5.12)	-0.136*** (-2.96)	-0.173*** (-2.56)	0.775	-0.122** (-2.50)	-0.010 (-0.33)	-0.111** (-1.99)	0.769
	lnyy	-0.318*** (-4.65)	-0.131*** (-2.72)	-0.186** (-2.26)	0.634	-0.111** (-2.08)	-0.010 (-0.30)	-0.101 (-1.59)	0.625
*P*40	lny	-0.213*** (-3.83)	-0.179*** (-3.67)	-0.033 (-0.51)	0.774	-0.066 (-1.51)	-0.028 (-0.79)	-0.037 (-0.67)	0.768
	lnyy	-0.219*** (-3.59)	-0.174*** (-3.34)	-0.045 (-0.56)	0.633	-0.073 (-1.57)	-0.017 (-0.45)	-0.056 (-0.90)	0.624

① 为了对比，本书还估计了以模型（4-7）为基础的不分区情形。以地理相邻为权重，因变量为 lny 和 *lnyy* 时，空间响应系数分别为 -0.180 和 -0.184，均在 1% 显著性水平上显著。

续表

指示变量	因变量	地理相邻矩阵				地理相邻经济相似矩阵			
		λ_1	λ_2	$\lambda_1-\lambda_2$	R^2	λ_1	λ_2	$\lambda_1-\lambda_2$	R^2
*P*50	ln*y*	-0.233*** (-4.48)	-0.153*** (-2.95)	-0.079 (-1.20)	0.774	-0.078** (-2.00)	-0.009 (-0.25)	-0.068 (-1.26)	0.768
	ln*yy*	-0.225*** (-4.00)	-0.159*** (-2.82)	-0.066 (-0.83)	0.633	-0.070* (-1.73)	-0.009 (-0.228)	-0.061 (-1.02)	0.624
*P*60	ln*y*	-0.227*** (-4.66)	-0.140** (-2.44)	-0.087 (-1.27)	0.774	-0.073** (-2.03)	-0.002 (-0.05)	-0.071 (-1.29)	0.768
	ln*yy*	-0.200*** (-3.86)	-0.180*** (-2.86)	-0.020 (-0.25)	0.633	-0.058 (-1.55)	-0.014 (-0.32)	-0.043 (-0.72)	0.624
*P*70	ln*y*	-0.230*** (-4.93)	-0.109* (-1.67)	-0.121 (-1.61)	0.774	-0.063* (-1.88)	0.002 (0.04)	-0.065 (-1.10)	0.768
	ln*yy*	-0.196*** (-4.00)	-0.184*** (-2.54)	-0.011 (-0.12)	0.633	-0.043 (-1.25)	-0.033 (-0.62)	-0.009 (-0.14)	0.624
*P*80	ln*y*	-0.200*** (-4.45)	-0.167** (-2.06)	-0.033 (-0.36)	0.774	-0.046 (-1.45)	-0.034 (-0.53)	-0.012 (-0.17)	0.768
	ln*yy*	-0.191*** (-4.11)	-0.196** (-2.16)	0.005 (0.05)	0.633	-0.040 (-1.25)	-0.039 (-0.56)	-0.001 (-0.02)	0.624
*P*90	ln*y*	-0.217*** (-5.10)	-0.020 (-0.17)	-0.197* (-1.65)	0.774	-0.062** (-2.06)	0.126 (1.32)	-0.188* (-1.88)	0.769
	ln*yy*	-0.218*** (-5.04)	-0.001 (-0.01)	-0.217 (-1.57)	0.634	-0.064** (-2.13)	0.191* (1.85)	-0.256** (-2.32)	0.625

注：*P*10、*P*20、…、*P*90 分别为城市面积第 10、20、…、90 百分位数；λ_1 对应面积较小的城市组，λ_2 对应面积较大的城市组；ln*y*、ln*yy* 分别为人均工业污染治理投资、单位工业增加值污染治理投资的自然对数；模型包含了城市个体效应和省份时间效应；括号中为渐近 *t* 值；*、**、*** 分别表示系数在 10%、5% 和 1% 水平上显著。

考察不同分组下，空间响应系数的动态变化，可进一步揭示行政区面积对城市环境监管博弈的影响。如图 4－1 所示，面积最小的 10%、20%、30% 和 40% 城市组，面积均值分别为 2639、3836、5024 和 6059 平方千米，四组城市的空间响应系数均依次增加。譬如，在单位工业增加值污染治理投资情形下，空间响应系数从 －0.556依次增加为 －0.341、－0.318 和 －0.219。由于经济竞争等正向的空间互动效应同时存在，实际上，以上空间响应系数反映了该组城市受益外溢效应的下限。基于 $P20$、$P30$ 分组的情形，与 $P10$ 分组下的估计结果呈现的规律具有一致性。基于 $P40$ 至 $P80$ 分组、地理相邻矩阵情形下，估计系数均显著，但由于两组城市面积差异变小，两区制系数的差异不再显著。按照 $P90$ 分组时，面积最大的 10% 的城市，空间响应系数不显著，甚至在采用地理相邻经济相似矩阵时，空间响应系数在 10% 水平上显著为正（0.191）。不难看出，随着城市面积增大，周边城市环境监管的溢出效应的影响在减弱，从另一侧面佐证了城市面积通过污染治理正外部性的空间范围对城市环境监管互动产生影响。该结论与 Deng 等（2012）① 采用横截面数据发现中国城市间污染治理支出存在空间负相关具有一致性。

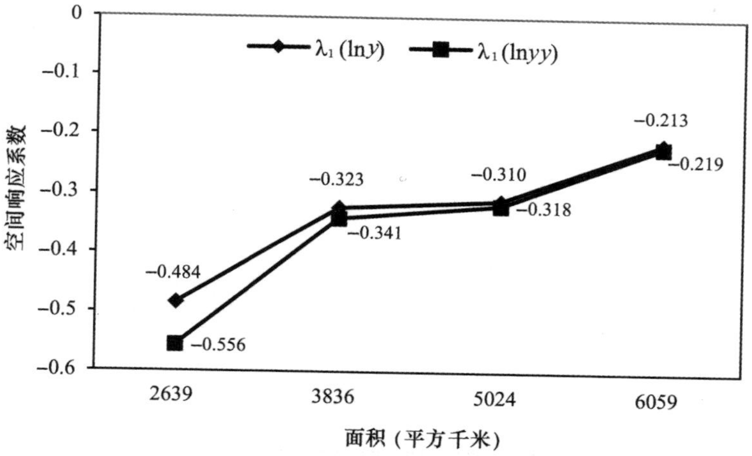

图 4－1 城市面积对应的空间响应系数

注：分别按 $P10$、$P20$、$P30$ 和 $P40$ 分组后，取地域较小组城市行政区面积的均值。

中国采用五级政府体制，地市以下延伸至县（或县级市，本书统

① Deng, H., Zheng, X., Huang, N., Li, F., "Strategic Interaction in Spending on Environmental Protection: Spatial Evidence from Chinese Cities", *China & World Economy*, Vol. 20, No. 5, 2012, pp. 103－120.

称县）和乡（镇）。从行政区面积对环境监管行为的影响看，面积最小的10%地级市（平均面积为2639平方千米）环境监管“搭便车”已十分突出。在中国1966个县中，1230个县（占比为62.6%）所辖区域小于2639平方千米，平均面积为4433平方千米，县和地市面积核密度见图4－2。由于受益外溢效应在面积小的行政区较大，县之间环境监管策略互动很可能更为突出。基层政府环境监管努力的相互挤出，是导致中国环境监管整体疲软的重要根源。

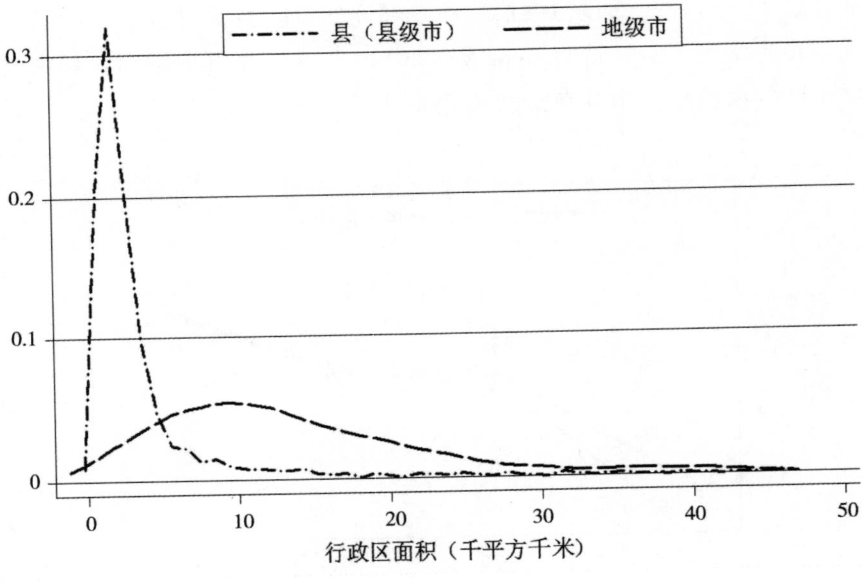

图4－2　中国县（或县级市）和地级市面积核密度图

注：去除了面积大于5万平方千米的离群点，即15个县（或县级市）和9个地级市。

资料来源：《中国区域经济统计年鉴2014》。

（二）经济竞争效应

表4－2中，采用地理相邻经济相似矩阵（W_2）估计的空间响应系数大于采用地理相邻矩阵（W_1）的系数，意味着经济相似城市间存在由于经济竞争而抬高空间响应系数的因素。在政治晋升锦标赛

下，同省城市作为参赛者，为经济增长而展开对流动性资源的争夺，可能将放松环境管制作为竞争手段，而表现出省内、省外城市的差异性。将城市分为同省相邻和跨省相邻，估计结果见表4-3。

引入省份时间效应剥离中央和省的管制协调效应后，同省毗邻城市间环境监管表现为受益外溢主导型。省内相邻城市环境监管力度增加1%，导致工业企业污染排放监管努力降低0.353%（lnyy情形下降低0.408%）；可见，在相邻的同省城市间（不考虑经济相似），晋升激励导致的经济竞争效应远不能抵消空间外溢效应的影响。然而，当采用经济相似度权重后，即赋予经济相似的城市更大权重，经济邻居环境监管力度的增加，并不会发生环境监管的策略互动行为。考虑到空间外溢效应（负的空间响应系数）的普遍存在，这种来自经济竞争的“中和”，具有正的空间响应系数，符合经济竞争导致城市间竞相放松环境监管的理论预期。[①] 并且，经济竞争效应主要存在于经济相似的同省城市间，这与Yu等（2016）[②] 对官员政治激励下，中国城市间经济竞争主要存在于同省、人均GDP相似城市之间的结论具有一致性。对比空间加权矩阵W_1和W_2下的估计结果，在同省经济相似城市间，经济竞争导致的环境监管策略互动的系数不低于0.325（lnyy情形下不低于0.373）。[③]

进一步地，城市政府为增加财政收入展开对流动资源的争夺。在表4-3中，跨省相邻城市间空间响应系数均不显著，且不因加入了经济相似因素而发生改变（λ_1的两列估计值）。可见，跨省相邻城市为

① 值得指出的是，理论上，若存在以改善环境质量为核心的晋升锦标赛，正的空间响应系数，也可能是城市竞相强化环境监管所致。然而，环境目标责任制下的环境治理刚性目标，不具有达成目标后的持续改进激励，也不具备横向竞争机制。Wu，J. 等（2013）的实证研究表明，相比于交通基础设施支出，中国地方政府环境治理支出并不会提升官员晋升概率，在中国，并不存在地方官员为改善环境而竞争的制度基础。

② Yu，J.，Zhou，L.-A.，Zhu，G.，“Strategic Interaction in Political Competition：Evidence from Spatial Effects across Chinese Cities”，*Regional Science and Urban Economics*，Vol. 57，2016，pp. 23-37.

③ 对于地理相邻的同省城市，由均权到经济相似度加权，空间响应系数的变化，反映出城市间经济竞争程度的不均匀性。两种情形下空间响应系数之差，可近似作为由晋升激励导致的环境监管策略互动的空间响应系数。

争夺财政资源的竞争并不因经济相似度而异。然而，在中国，跨省相邻城市对财政资源争夺比省内相邻城市更为激烈①，且受益外溢效应由污染物扩散特征决定，并不因同省、跨省而异，在地理均权 W_1 下，省内相邻城市间晋升激励导致的环境监管互动并不突出（远不能抵消受益外溢效应，总体空间响应系数仍为负）。因此，可将地理均权 W_1 下，区制 1 与区制 2 的系数之差作为财政竞争对环境监管影响的下限。那么，由财政竞争导致的城市环境监管空间系数应不低于 0.260（ln*yy* 情形下不低于 0.345）。

不难看出，财政激励和晋升激励在环境监管策略互动中均发挥着作用，且与受益外溢效应相互交织，共同决定着策略互动系数的大小。根据本书的估计，在中国城市环境监管策略互动中，受益外溢效应总体上起主导作用，随地域面积减小而增大；主要存在于同省经济相似城市之间的晋升竞争，对环境监管产生重要影响，在局部可以抵消受益外溢的负值系数。

（三）管制协调效应

在模型（4－7）基础上，用“时间固定效应”替换“省份时间效应”、去掉“省份时间效应”两种方法，分别估计省内相邻、跨省相邻两区制模型下的空间响应系数，结果见表 4－3 和图 4－3。采用地理相邻均权时，三种模型对应的省内相邻“空间响应系数”发生了系统性变化。ln*y* 为因变量时，基准空间响应系数为 －0.353，仅控制时间固定效应的系数增加为 0.163，且具有统计显著性。后者实际上包含了来自省级的管制协调效应，其大小为 0.516。换句话说，来自省级的管制协调使同省城市间环境监管正相关，相关系数达 0.516（ln*yy* 情形下为 0.578）。不控制时间固定效应时，系数进一步提高为 0.254；考虑到国家的宏观政策冲击在同省相邻、跨省相邻城市间同时存在，而跨省相邻空间响应系

① 龙小宁、朱艳丽、蔡伟贤、李少民：《基于空间计量模型的中国县级政府间税收竞争的实证分析》，《经济研究》2014 年第 8 期。

表 4 – 3　　按是否同省的两区制“空间响应系数”估计结果

模型设定	因变量	地理相邻矩阵(W_1)				地理相邻经济相似矩阵(W_2)			
		λ_1	λ_2	$\lambda_1-\lambda_2$	R^2	λ_1	λ_2	$\lambda_1-\lambda_2$	R^2
含省份时间效应	ln*y*	−0.093 (−1.29)	−0.353*** (−7.75)	0.260*** (3.20)	0.775	−0.053 (−0.94)	−0.028 (−0.91)	−0.024 (−0.39)	0.768
	ln*yy*	−0.063 (−0.84)	−0.408*** (−8.87)	0.345*** (3.96)	0.635	−0.043 (−0.74)	−0.035 (−1.10)	−0.008 (−0.12)	0.624
含时间固定效应	ln*y*	−0.069 (−0.89)	0.163*** (3.77)	−0.233*** (−2.64)	0.740	−0.053 (−0.86)	0.216*** (7.05)	−0.269*** (−3.91)	0.740
	ln*yy*	−0.052 (−0.67)	0.170*** (3.95)	−0.223** (−2.53)	0.575	−0.045 (−0.73)	0.226*** (7.41)	−0.271*** (−3.94)	0.575
不含时间固定效应	ln*y*	−0.035 (−0.50)	0.254*** (6.28)	−0.290*** (−3.64)	0.734	−0.025 (−0.43)	0.280*** (9.63)	−0.306*** (−4.79)	0.732
	ln*yy*	−0.041 (−0.55)	0.246*** (5.95)	−0.288*** (−3.39)	0.568	−0.035 (−0.57)	0.281*** (9.53)	−0.316*** (−4.71)	0.566

注：λ_1 对应跨省相邻的城市组，λ_2 对应同省相邻的城市组；ln*y*、ln*yy* 分别为人均工业污染治理投资、单位工业增加值污染治理投资的自然对数；模型均包含了城市个体效应；括号中为渐近 t 值；*、**、*** 分别表示系数在 10%、5% 和 1% 水平上显著。

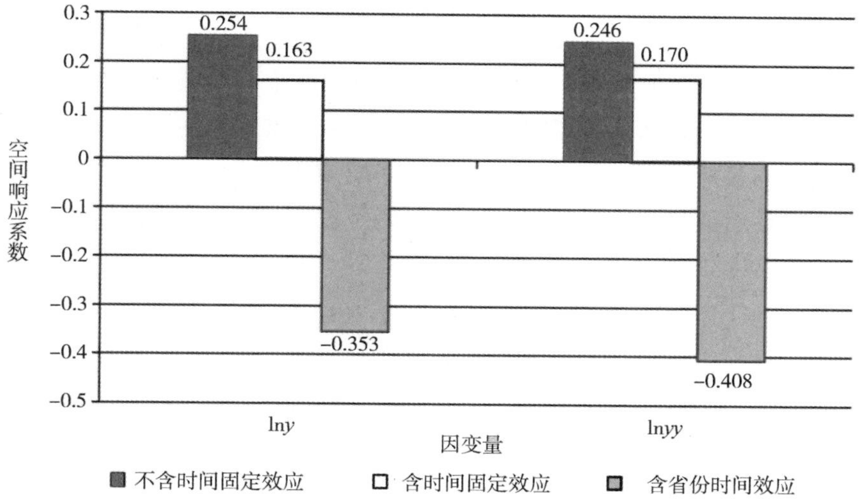

图 4 – 3　省内相邻城市三种模型下空间响应系数对比（地理相邻均权）

数在三种模型下均不显著，且差异很小。据此判断来自国家的统一宏观政策（包括环境政策）冲击在样本期间对协调城市环境监管的作用有限。换句话说，中央层面对城市环境监管的协调，通常需要省政府作为过渡，表现为对同省城市环境监管的统一要求，该协调效应大小为0.091（ln*yy* 情形下为0.076）。

可见，中国环境权威主义体制下，以环保目标责任制为主要载体，上级对污染治理提出的统一性、强制性要求，对城市间环境监管起到强有力的纵向协调作用。这种来自省级的统一部署对抑制污染治理跨界外部性发挥着重要作用。与晋升激励类似，对环境治理的管制协调源于上级政府对下级官员人事权的控制。中国自 1984 年实行“下管一级”的干部人事制度①，地级市官员的升迁主要由省级决定，为省级政府在城市环境监管协调中发挥作用提供了制度保障。② 在中国环境权威主义体系下，除了省级政府外，中央政府的指令也会对城市环境监管协调发挥一定的作用。譬如，自 2002 年以来，中国划分了 113 个大气污染防治重点城市，中央政府直接制定城市环保目标。但与省级相比，中央层面的跨级协调作用较小。

需要指出的是，尽管管制协调使省内相邻城市空间正相关，但这种相关不属于策略互动，与经济竞争导致的城市环境监管博弈有本质不同。中国城市间环境监管策略互动以受益外溢效应为主，如果不将管制协调效应分离，估计出正的“空间响应系数”，以此判断中国城市普遍地将放松环境监管作为经济竞争手段而展开“逐底竞争”，将

① Edin, M., “Remaking the Communist Party - State: The Cadre Responsibility System at the Local Level in China”, *China: An International Journal*, Vol. 1, No. 1, 2003, pp. 1 - 15. O'Brien, K. J. and Li, L., “Selective Policy Implementation in Rural China”, *Comparative Politics*, Vol. 31, No. 2, 1999, pp. 167 - 186. 周黎安：《转型中的地方政府：官员激励与治理》，上海人民出版社 2008 年版。周黎安：《转型中的地方政府：官员激励与治理（第二版）》，格致出版社 2017 年版。

② 城市的环境监管协调主要由省级政府行使，但这种协调往往源自中央政府的统一部署。譬如，1998 年中国将酸雨污染严重的区域和二氧化硫污染严重的城市划为“两控区”，并提出了城市的污染控制目标。原国家环保总局《两控区酸雨和二氧化硫污染防治“十五”计划》要求“各省、自治区、直辖市人民政府制定本地区‘两控区’污染防治实施计划，并认真组织实施”，提出了分省二氧化硫排放控制目标。

夸大经济竞争对环境监管影响的广度和深度，得出有失偏颇的结论。

在同省和跨省相邻两区制下，控制变量对城市环境监管行为的影响，见表4－4。由于加入自变量的空间滞后项，捕捉“邻居”社会经济特征对该城市环境监管影响，加入省份时间虚拟变量以控制上级协调效应的同时，多数控制变量在统计上并不显著。这种情形与采用空间Durbin模型研究法国各地区财政支出竞争时的估计结果类似，可能是解释变量较多所致①。对中国城市环境监管具有显著影响的变量有：第一，因变量滞后一期显著为正，表明城市环境监管具有一定黏性；上一年环境监管力度提高1%，会使本年度监管努力仅增加0.079%—0.082%，较小的监管惯性意味着中国地方政府环境监管决策具有较大的自由裁量权，这也是城市间展开环境监管博弈的必要条件。第二，国有工业比重对环境监管产生消极影响。国有企业比重提高1%，导致环境监管力度降低0.093%—0.114%。这可能与国有企业具有的“政治关联”有关，企业通过寻租以规避环境监管对其的影响。类似地，“两控区”政策对私营企业出口的影响较大，而对国有企业影响不明显②，也印证了国有企业在环境政策执行上具有某种缓释机制。第三，周边城市的城市化率对该城市环境监管具有显著正

表4－4　按是否同省的两区制模型估计结果

因变量	ln*y*	ln*y*	ln*yy*	ln*yy*
加权矩阵	地理相邻	地理相邻经济相似	地理相邻	地理相邻经济相似
因变量滞后一期	0.080*** (3.44)	0.082*** (3.50)	0.079*** (3.42)	0.081*** (3.44)
ln*income*	0.056 (0.10)	−0.184 (−0.34)	−0.125 (−0.23)	−0.346 (−0.63)

① Elhorst, J. P. and Fréret, S., “Evidence of Political Yardstick Competition in France Using a Two－Regime Spatial Durbin Model with Fixed Effects”, *Journal of Regional Science*, Vol. 49, No. 5, 2009, pp. 931－951.

② Hering, L. and Poncet, S., “Environmental Policy and Exports: Evidence from Chinese Cities”, *Journal of Environmental Economics and Management*, Vol. 68, No. 2, 2014, pp. 296－318.

续表

因变量	lny	lny	lnyy	lnyy
ln*density*	−1.520 * (−1.67)	−1.142 (−1.22)	−1.341 (−1.46)	−0.977 (−1.04)
ln*urban*	0.169 (0.80)	0.097 (0.46)	0.183 (0.86)	0.113 (0.53)
ln*health*	0.315 (0.89)	0.291 (0.82)	0.243 (0.68)	0.269 (0.75)
ln*electri*	−0.234 (−1.53)	−0.153 (−0.98)	−0.159 (−1.04)	−0.071 (−0.46)
ln*state*	−0.114 ** (−2.51)	−0.109 ** (−2.39)	−0.097 ** (−2.13)	−0.093 ** (−2.01)
ln*large*	−0.165 (−0.83)	−0.165 (−0.81)	−0.121 (−0.61)	−0.102 (−0.50)
W × ln*income*	1.467 (1.38)	0.477 (0.61)	1.349 (1.27)	0.355 (0.45)
W × ln*density*	−4.177 ** (−2.06)	−1.378 (−0.89)	−4.095 ** (−2.02)	−0.820 (−0.53)
W × ln*urban*	1.184 *** (2.69)	0.846 *** (2.70)	1.160 *** (2.63)	0.880 *** (2.80)
W × ln*health*	−0.741 (−1.02)	−0.106 (−0.18)	−1.008 (−1.38)	−0.214 (−0.37)
W × ln*electri*	−0.608 * (−1.79)	0.025 (0.11)	−0.505 (−1.49)	0.097 (0.43)
W × ln*state*	−0.608 (−0.87)	−0.051 (−0.69)	−0.061 (−0.64)	−0.031 (−0.41)
W × ln*large*	0.328 (0.69)	0.031 (0.10)	0.387 (0.81)	0.037 (0.12)
区制 1 （跨省相邻）	−0.093 (−1.29)	−0.053 (−0.94)	−0.063 (−0.84)	−0.043 (−0.73)
区制 2 （省内相邻）	−0.353 *** (−7.75)	−0.028 (−0.91)	−0.408 *** (−8.87)	−0.035 (−1.10)
城市个体效应	控制	控制	控制	控制
省份时间效应	控制	控制	控制	控制
样本数	1385	1385	1385	1385
R^2	0.775	0.768	0.635	0.624
对数似然函数值	−1574.9	−1592.9	−1576.0	−1596.6

注：lny、lnyy 分别为人均工业污染治理投资、单位工业增加值污染治理投资的自然对数；括号中为渐近 *t* 值；*、**、*** 分别表示系数在 10%、5% 和 1% 水平上显著。

影响。周边城市城市化率提高1%，会使该城市环境监管力度提高0.846%—1.184%。在方法论上，采用Durbin模型以控制周边城市社会经济的影响是有必要的。

第七节　结论与政策含义

本书识别了中国城市环境监管博弈和协调的理论机制，构建了整合的分析框架。基于两区制动态空间Durbin固定效应模型，实证了受益外溢、经济竞争和管制协调效应的存在性。本书同时考虑多种理论机制，在地级市层面，设计了体现各自特点的估计策略，识别了中国城市环境监管博弈的主要诱因，首次定量评估了上级管制协调效应大小，以期揭示中国地方政府环境监管不力的内在逻辑。

本书发现，第一，中国城市间环境监管空间响应系数总体为负，污染治理受益外溢在城市环境监管策略互动中起主导作用，且辖区面积越小，“搭便车”越严重。地方政府环境监管相互“搭便车”，是中国环境监管强度低于最优水平而总体疲软的主要诱因。第二，城市在争夺流动资源竞争中，存在竞相放松环境监管的“竞次”博弈，但总体上经济竞争是中国城市环境监管不力的第二位原因，且源于政治晋升激励的经济竞争效应，主要存在于同省经济相似的城市间。第三，以环保目标责任制为主要载体，中国城市环境监管受到来自中央和省的统一协调。特别是，省级的环保要求深刻影响着城市环境监管行为，对“搭便车”具有抑制作用。在中国环境权威主义体制下，这种源于共同上级的统一要求，在研究地方政府环境监管行为时不能忽略。

与教育、医疗等公共服务有所不同，污染治理具有明显的跨界外溢甚至代际外溢特征，分权化的监管体制难以将监管收益完全内部化。与地方政府经济增长激励相比，由污染治理受益外溢导致的“搭便车”行为，在解释环境监管疲软问题上可能更为重要。因此，政策制定者应清晰地认识到污染治理的跨界外溢特性，在中国地方政府绩效考核体系改革中，不宜把淡化地方政府GDP考核作为强化环境监管的最关键选项，亦不应片面强调取消 GDP 考核对于加强环境保护的重要性。

近年来，中国环境污染的流域性、区域性特征更为明显①，污染治理的跨界外溢在程度和范围上愈发突出，为城市间特别是基层政府间环境监管博弈、收缩环境监管努力提供了温床。地方政府为辖区环境质量负责的制度安排将遭遇更严峻的挑战。为强化环境监管，加快环境监管体制改革、实行适当集权的环境监管体制是重中之重。由于省级对城市环境监管发挥着重大协调作用，来自省级的环境垂直监管对抑制地方政府策略行为可能是有效的，实行省以下环境监管垂直管理是一个重要选项。同时，必须进一步巩固和充分发挥权威型环境管理的体制优势，优化环保目标责任制，加快推进污染物总量减排向环境质量目标责任制转型，以环境质量改善的标尺更有效地协调地方的环境监管。特别是，在中国新一轮简政放权改革中，政策制定者要做到收放结合、区别对待，对于环保等具有明显跨界外溢的事权，应重塑政府间纵向的权力配置，不宜过分强调基层地方政府的环保责任，高层级政府直至中央政府应发挥更大作用。

当然，受估计技术限制，本书在识别管制协调效应时未考虑省对城市环保的差异化要求，以及省对城市环保统一部署的异质性影响。另外，地方政府为争夺流动资源，存在诸如降低土地价格、提供税收优惠等其他竞争工具，可能存在包括放松环境监管在内的多种工具之间的交叉竞争，仅考虑环境监管可能低估经济竞争影响的范围。在未来的研究中，多工具交叉竞争将是一个有趣的话题。

① 马丽梅、张晓：《中国雾霾污染的空间效应及经济、能源结构影响》，《中国工业经济》2014 年第 4 期。

第五章　分权体制下城市环境规制异质性与影响因素

本章提出改进的 Levinson 指数法，在环境规制强度的宏观测度上，解决了行业结构差异的误差和 Levinson 指数跨期不可比问题。基于 2001—2009 年中国地级市工业治污合规成本，发现环境规制强度时空异质性特征明显，Theil 分解表明省内差异贡献了总差异的近 80%，规制实施分权下的城市内生决策机制不容忽视。同时考虑上级的指令性协调和城市间互动，采用偏差修正的极大似然法估计空间动态面板数据模型。结果表明，规制强度与工业比重存在“U 型”关系，当工业 GDP 占比超过 49.0% 时，环境规制强度由弱转强；水环境规制的工业比重阈值达 60.6%，远高于大气的 43.7%。在环境规制实施的分权体制下，工业化进程和环境要素特性，通过分散化决策转化为环境规制实施的参差不齐和总体乏力。为扭转规制实施不力局面，应优化环境权力在不同政府层级间的配置，探索因环境介质而异、规制实施集权与政策制定分权相统一的灵活型环境管理体制。

第一节　引言

中国的环境污染正让公众感受到切肤之痛，环境规制实施不到位的问题首当其冲。2017 年 4—8 月，环保部对京津冀及周边督查的 41928 家企业中，存在环境问题的占 54.5%①；企业违法偷排

① 参见《环境保护部通报京津冀及周边地区大气污染防治强化督查情况（2017 年 8 月 31 日）》。

污染物现象屡禁不止[①]。对公众而言，生态环境日益成为美好生活需要的明显短板，环境规制实施的有效性亟待加强。在中国，主要环境规制政策均由中央政府制定，政策手段以命令式为主；在上级环保行政指令约束下，地方政府负责环境规制的实施[②]。实施的分权化体制意味着，地方官员出于最大化政绩的考量，在 GDP、税收和污染排放间进行权衡，做出“最优”环境规制实施力度的决策[③]。中国地域辽阔、区域发展不平衡。各地区在发展阶段、工业化进程等特征上存在着很大差异，这些差异通过地方官员的最优化决策，转化为地区间环境规制力度的异质性。在准确测量环境规制强度的基础上，对地方规制强度异质性大小和来源进行评估，揭示规制力度异质性背后的决策逻辑，有助于客观认识环境规制的实施效果，识别实施乏力的深层诱因；从优化政府环境治理激励机制的视角，亦可为环境管理体制的改革探索和美丽中国建设提供理论支持。

在国家或地区层面研究环境规制，面临的一个棘手问题是产业结构、行业结构差异带来的测量偏差[④]。针对工业规制强度，环境监管频次[⑤]、污染排放量或去除率[⑥]、治污合规成本[⑦]等指标，均受到行业

---

① 环保部通报了2015 年上半年环保违法案件，21 家企业中的11 家存在偷排偷放。参见《环保部通报2015 年上半年典型环境违法案件情况》。

② 张凌云、齐晔：《地方环境监管困境解释——政治激励与财政约束假说》，《中国行政管理》2010 年第3 期。

③ 黄滢、刘庆、王敏：《地方政府的环境治理决策：基于 SO_2 减排的面板数据分析》，《世界经济》2016 年第12 期。

④ Brunel, C. and Levinson, A., “Measuring the Stringency of Environmental Regulations”, *Review of Environmental Economics and Policy*, Vol. 10, No. 1, 2016, pp. 47 – 67.

⑤ Konisky, D. M., “Regulatory Competition and Environmental Enforcement: Is There a Race to the Bottom?”, *American Journal of Political Science*, Vol. 51, No. 4, 2007, pp. 853 – 872. Konisky, D. M., “Assessing U. S. State Susceptibility to Environmental Regulatory Competition”, *State Politics & Policy Quarterly*, Vol. 9, No. 4, 2009, pp. 404 – 428.

⑥ 黄滢、刘庆、王敏：《地方政府的环境治理决策：基于 SO_2 减排的面板数据分析》，《世界经济》2016 年第12 期。张文彬、张理芃、张可云：《中国环境规制强度省际竞争形态及其演变——基于两区制空间 Durbin 固定效应模型的分析》，《管理世界》2010 年第12 期。

⑦ Fredriksson, P. G., Millimet, D. L., “Strategic Interaction and the Determination of Environmental Policy across U. S. States”, *Journal of Urban Economics*, Vol. 51, No. 1, 2002, pp. 101 – 122.

结构差异的干扰。为解决这个问题，Levinson（2001）[①] 基于企业污染治理成本，提出了行业结构差异矫正方法：基于全国平均子行业治污强度（治污费用与工业产值之比）和地区子行业比重，得到该地区治污强度的预测值，用该地区实际值与预测值之比，反映环境规制强度，即 Levinson 指数（下文简称 L 指数）。随后，不少研究采用 L 指数对美国州层面的环境规制进行研究[②]。由于企业治污成本数据可按水、气细分，且可以反映跨期变动，得到经济学家的青睐[③]。然而，L 指数剔除了行业结构差异的影响，但它未考虑环境规制强度的跨期可比性问题，在时空异质性评价时有进一步改进空间。

环境规制以某种方式量化后，地方政府间环境规制决策的博弈被众多研究所关注[④]。针对中国的研究，发现省级政府环境规制空间系数为正，决策中存在明显的策略互动行为[⑤]。除辖区间相互竞争或“攀比”外，地方政府环境决策还受上级考核和自身特征的影响。特

---

① Levinson, A., “An Industry - Adjusted Index of State Environmental Compliance Costs”, in Carraro, C., Metcalf, G. E., eds. *Behavioral and Distributional Effects of Environmental Policy*, University of Chicago Press, 2001, pp. 131 - 158.

② Brunel, C., Levinson, A., *Measuring Environmental Regulatory Stringency*, Paris: OECD Trade and Environment Working Papers No. 2013/05, OECD Publishing, 2013. Fredriksson, P. G., Millimet, D. L., “Strategic Interaction and the Determination of Environmental Policy across U. S. States”, *Journal of Urban Economics*, Vol. 51, No. 1, 2002, pp. 101 - 122.

③ Konisky, D. M. and Woods, N. D., “Measuring State Environmental Policy”, *Review of Policy Research*, Vol. 29, No. 4, 2012, pp. 544 - 569.

④ Fredriksson, P. G., Millimet, D. L., “Strategic Interaction and the Determination of Environmental Policy across U. S. States”, *Journal of Urban Economics*, Vol. 51, No. 1, 2002, pp. 101 - 122. Konisky, D. M., “Regulatory Competition and Environmental Enforcement: Is There a Race to the Bottom?”, *American Journal of Political Science*, Vol. 51, No. 4, 2007, pp. 853 - 872. Konisky, D. M., “Assessing U. S. State Susceptibility to Environmental Regulatory Competition”, *State Politics & Policy Quarterly*, Vol. 9, No. 4, 2009, pp. 404 - 428. 李胜兰、初善冰、申晨:《地方政府竞争、环境规制与区域生态效率》,《世界经济》2014 年第 4 期。

⑤ 李胜兰、初善冰、申晨:《地方政府竞争、环境规制与区域生态效率》,《世界经济》2014 年第 4 期。张华:《地区间环境规制的策略互动研究——对环境规制非完全执行普遍性的解释》,《中国工业经济》2016 年第 7 期。张文彬、张理芃、张可云:《中国环境规制强度省际竞争形态及其演变——基于两区制空间 Durbin 固定效应模型的分析》,《管理世界》2010 年第 12 期。

别是在区域发展不平衡的中国，地方资源禀赋的差异在环境规制决策中的作用可能颇为重要，但此类研究并不多见。Jia（2014）[①] 认为，在“重经济、轻环保”的考核体系下，地方官员为了提高晋升概率，将做出加剧污染的决策，那些与上层关系密切、晋升概率更高的官员，有更大的激励做出污染环境的决策。梁平汉、高楠（2014）[②] 采用城市环境监管频次，发现市长的任期越长，越会形成地方政府与企业的“合谋”而弱化环境规制的实施。黄滢等（2016）[③] 基于城市SO_2减排率，发现城市官员环境规制决策是城市第二产业比重的函数，且呈现“U 型”曲线特征。这些研究对理解地方政府环境规制决策十分重要，但由于环境规制指标仍受到产业结构因素的干扰，且未考虑空间互动特征，影响了结论的可靠性；并且，由于不同环境介质在污染特征、损害大小、政府重视程度上存在差异，环境规制决策在水和气等环境要素间的差异性，是值得探讨的新话题。

在中国，污染排放统计易受考核扭曲[④]。相对而言，企业治污成本数据更为真实，是研究环境规制较为理想的指标。鉴于此，本书首次提出了修正的 L 指数法，用年度调整系数对 L 指数进行修正，同时解决了工业内部结构造成的测量偏差和跨期不可比问题。基于企业污染治理费用，按照水和气划分，计算了地级市 2001—2009 年的工业环境规制强度，用 Theil 指数法计算了时空异质性，并按省内和省间将异质性进行分解。而后建立空间动态面板数据模型，考虑了上级协调和城市间时空互动，实证分析了产业结构、经济绩效、财政约束对城市环境规制实施

---

① Jia, R., *Pollution for promotion*, 21st Century China Center Research Paper No. 2017 - 05. March 21, 2017.

② 梁平汉、高楠：《人事变更、法制环境和地方环境污染》，《管理世界》2014 年第 6 期。

③ 黄滢、刘庆、王敏：《地方政府的环境治理决策：基于SO_2减排的面板数据分析》，《世界经济》2016 年第 12 期。

④ Ghanem, D., Zhang, J., “‘Effortless Perfection’: Do Chinese Cities Manipulate Air Pollution Data?”, *Journal of Environmental Economics and Management*, Vol. 68, No. 2, 2014, pp. 203 - 225. Kostka, G., “Command without Control: The Case of China's Environmental Target System”, *Regulation & Governance*, Vol. 10, No. 1, 2016, pp. 58 - 74.

决策的影响，探讨了城市在水和气环境规制决策上的差异。

本章的创新点和主要发现如下。第一，提出了改进的 Levinson 指数法，同时解决了行业结构差异和跨期不可比问题，矫正了传统治污强度指标的测量偏差，在环境规制强度测量方法论上做出了贡献。第二，首次采用中国地级市企业合规成本数据，更为准确地测量了在规制实施分权体制下，环境规制强度表现出的时空异质性。结果发现，水和气规制强度呈现明显分异趋势，同省城市间的差异性是主要来源，城市环境规制实施的内生决策机制不容忽视。第三，通过动态空间面板数据模型，更为深入地探究了城市环境规制实施的决策逻辑。本书发现，产业结构在城市环境规制决策中至关重要，工业 GDP 占比与规制强度间存在显著的“U 型”关系。当工业 GDP 占比超过 49.0% 时，工业环境规制强度将由弱变强。相对于经济绩效、财政约束，工业结构在城市环境规制实施决策中可能更为重要。水环境规制的拐点为 60.6%，远高于大气的 43.7%，不同环境介质的决策差异为环境管理专业化提供了依据。最后，针对环境管理体制，本书提出了规制实施集权与政策制定分权有机统一的新思路，以期为实现最优环境规制水平提供制度保障。

本章后续的结构为：第二节讨论中国环境规制时空异质性的制度框架；第三节提出新方法，测量城市环境规制强度的时空异质性；第四节以产业结构阈值效应为重点检验异质性的形成机制；第五节是结论和政策讨论。

第二节　环境规制时空异质性的制度框架

环境管理体制是环境规制的实施载体。在国家层面，1988 年成立了国家环境保护局，作为环境管理职能部门；1998 年升格为国家环境保护总局，成为正部级直属机构；2008 年进一步升格为环境保护部，为国务院组成部门，中央政府环保职能得以强化①。省、地市、

① 李文钊：《环境管理体制演进轨迹及其新型设计》，《改革》2015 年第 4 期。

县三级地方政府均设立环保局（厅）负责辖区内环保事务，在行政上隶属于当地政府，在业务上接受上级环保部门指导，实行的是“条块结合、以块为主”的体制①。在中国，八项环境管理制度②、环境质量标准、污染物排放标准③等主要的环保政策均在国家层面制定，工业污染控制的政策体系已初步形成④。在中国，环境税、排污权交易等市场型手段尚未发挥实质作用⑤，环境规制以命令式为主，这意味着行政体制内环保法令自上而下的执行在中国格外重要。

中国环境规制的实施具有分权特征。在地方层面，环保局在人事和日常运行经费上隶属于地方政府，污染源监测和执法监察主要由地方政府负责⑥。规制实施的分权化有诸多优势，包括可发挥地方政府对当地企业更为了解的信息优势⑦，便于采用“利益交换”等非传统的措施推动环保事务⑧，更好地响应公众对环境质量的异质性需求⑨，

---

① 张凌云、齐晔：《地方环境监管困境解释——政治激励与财政约束假说》，《中国行政管理》2010 年第 3 期。

② 包括环评、“三同时”和排污收费等“老三项”，环境目标责任制、城市环境综合整治定量考核制度、排污许可证制度、污染源限期治理制度和污染物集中控制等“新五项”。

③ 截至 2016 年底，仅环保部制定的水污染物和大气污染物排放标准达 136 项。

④ Zhang，S.，“Environmental Regulatory and Policy Framework in China：An Overview”，*Journal of Environmental Sciences*，Vol. 13，No. 1，2001，pp. 122 – 128. 任丙强：《生态文明建设视角下的环境治理：问题、挑战与对策》，《政治学研究》2013 年第 5 期。

⑤ Hart，C.，Ma，Z.，“China's Regional Carbon Trading Experiments and the Development of a National Market：Lessons from China's SO_2 Trading Programme”，*Energy & Environment*，Vol. 25，No. 3，2014，pp. 577 – 592.

⑥ 张凌云、齐晔：《地方环境监管困境解释——政治激励与财政约束假说》，《中国行政管理》2010 年第 3 期。

⑦ Adler，J. H.，“Jurisdictional Mismatch in Environmental Federalism”，*New York University Environmental Law Journal*，Vol. 14，No. 1，2005，pp. 130 – 178. Oates，W. E.，“An Essay on Fiscal Federalism”，*Journal of Economic Literature*，Vol. 37，No. 3，1999，pp. 1120 – 1149.

⑧ Kostka，G. and Hobbs，W.，“Local Energy Efficiency Policy Implementation in China：Bridging the Gap between National Priorities and Local Interests”，*The China Quarterly*，Vol. 211，2012，pp. 765 – 785.

⑨ 马本、张莉、郑新业：《收入水平、污染密度与公众环境质量需求》，《世界经济》2017 年第 9 期。

实现与城市规划等相关地方事务的协同[①]等。

按不同环节，环境规制分为清洁生产规制和末端治理规制（见图5－1）。清洁生产采取的是从原料、生产工艺、产品使用等全过程污染预防措施，旨在减少污染产生量，是污染的治本之策。末端治理指经污染治理设备的末端削减过程，需要对治污设施进行投资，并通过环境监管确保设备运行。其中，环保投资发生在新企业环保设施"三同时"建设和老企业更新改造，与日常治污设施运行费用相比，前者通常表现出更大的年度波动性。

地方环境规制的实施受多种因素影响，在工业领域，决定规制强度时间和空间异质性的因素主要有三个（见图5－1）。一是政策标准的调整。包括中央和地方政府政策标准的变动。例如，1982年，每吨废水的COD排污费标准是0.04—0.06元；2003年，COD排污费标准调整为0.7元/千克[②]。在中央授权后，地方政府亦可以调整政策标准，通常只能更加严格。比如，2014年9月，国家发展改革委要求各省在2015年6月前将废气排污费标准调整至不低于1.2元/污染当量，天津将SO_2排污费调整至6.3元/当量[③]。除此之外，政策标准的调整还包括行业/设备污染物排放标准的更替、特别排放限值在重点区域或行业的应用、减排目标或环境质量改善目标的周期性调整等。

二是处罚标准的调整[④]。据2015年实施的新《环保法》，对拒不改正的环保违法行为，实行按日连续处罚的新规定，提高了处罚标准；新赋予环保部门责令违法排污企业限制生产、停产整顿等权力，对严重违法行为，移送公安机关处以行政拘留，升级了处罚形式。据

① Sjöberg, E., "An Empirical Study of Federal Law Versus Local Environmental Enforcement", *Journal of Environmental Economics and Management*, Vol. 76, 2016, pp. 14－31.

② 参见1982年2月国务院颁布的《征收排污费暂行办法》，2003年原国家计委等颁布的《排污费征收标准管理办法》。

③ 参见国家发展改革委等《关于调整排污费征收标准等有关问题的通知》、天津市发改委等《关于调整二氧化硫等4种污染物排污费征收标准的通知》。

④ Brunel, C., Levinson, A., *Measuring Environmental Regulatory Stringency*, Paris: OECD Trade and Environment Working Papers No. 2013/05, OECD Publishing, 2013.

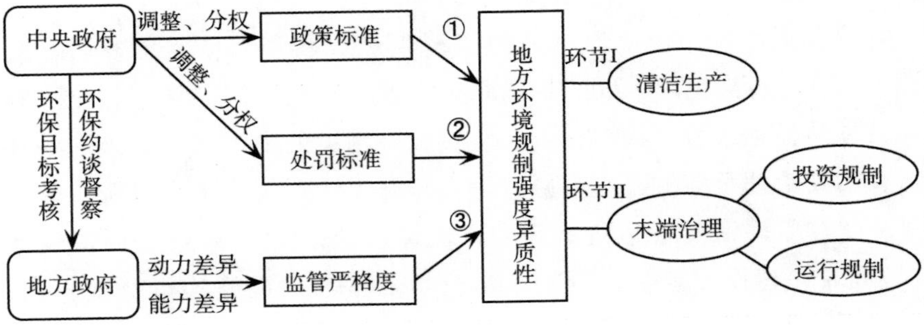

图 5-1　地方环境规制强度时空异质性的逻辑框架

2016 年施行的《大气污染防治法》，对超标、超量排放大气污染物的企业，处以 10 万—100 万元罚款，比 2000 年施行的标准提高了 10 倍。地方政府亦可施行更严格的处罚标准，比如重庆对环评未批先建的项目，处以 10 万—20 万元的罚款，国家的罚款规定是低于 10 万元[①]。

三是监管严格度的变化。"十一五"规划首次将 SO_2 和 COD 排放量下降 10% 作为约束性指标，2006 年建立了减排目标责任制，随后将减排目标赋予"一票否决"权[②]；2014 年、2015 年分别引入了环保约谈、督察制度，以引导和督促地方政府加大监管力度。地方政府环境监管严格度由监管频次和执法弹性决定，前者影响违法被发现的概率，后者反映违法被发现后处罚执行的刚性程度。本质上，监管严格度由监管动力和监管能力决定，动力主要受公务人员的晋升、经济等激励机制影响。在富裕地区，环保与经济冲突较小，地方政府有动力严格监管[③]。能力包括人员（数量和专业化程度）、资金、设备等方面。对发达地区，可通过土地增值收入扩充财政实力，环保能力建

① 参见国务院《建设项目环境保护管理条例》（1998 年 12 月）、《重庆市环境保护条例》（2007 年 5 月）。

② Kostka, G., "Command without Control: The Case of China's Environmental Target System", *Regulation & Governance*, Vol. 10, No. 1, 2016, pp. 58-74.

③ van Rooij, B., Zhu, Q., Li, N., Wang, Q., "Centralizing Trends and Pollution Law Enforcement in China", *The China Quarterly*, Vol. 231, 2017, pp. 583-606.

设的资金较充足，为严格监管提供了资源保障①。

在环境规制实施分权体制下，“政企合谋”、跨界污染和地区间经济竞争是影响地方政府环境监管严格度的重要因素。有观点认为，地方官员与污染企业之间存在“合谋”，他们之间形成的“关系网”可能导致环境监管严格度的弱化②；跨界污染可能导致环境污染在地方层面的“以邻为壑”和环境规制相互“搭便车”③；地方政府为增长而展开激烈的经济竞争④，可能把放松环境规制作为促增长的手段⑤，导致监管动力不足、能力不强，从而弱化环境规制在地方的实施。

第三节　环境规制强度时空异质性评价

（一）测量方法

环境规制的测量可基于以下六类指标：复合指数、政府监管活动、污染排放量、污染治理效果、排污费收入、企业合规成本。表5－1展示了指标应用与优缺点。环境问题涉及多介质（水、气、土）、多污染物、不同政策领域（工业、交通、居民）和管理环节（制定、执行），具有多维性。复合指数方法的优点是可综合多维的

---

① Kostka, G. and Nahm, J., "Central－Local Relations: Recentralization and Environmental Governance in China", *The China Quarterly*, Vol. 231, 2017, pp. 567－582.

② 梁平汉、高楠：《人事变更、法制环境和地方环境污染》，《管理世界》2014年第6期。

③ Cai, H., Chen, Y., Gong, Q., "Polluting Thy Neighbor: Unintended Consequences of China's Pollution Reduction Mandates", *Journal of Environmental Economics and Management*, Vol. 76, No. 3, 2016, pp. 86－104. Moore, S., "Hydropolitics and Inter－Jurisdictional Relationships in China: The Pursuit of Localized Preferences in a Centralized System", *The China Quarterly*, Vol. 219, 2014, pp. 760－780.

④ 张军、高远、傅勇、张弘：《中国为什么拥有了良好的基础设施?》，《经济研究》2007年第3期。周黎安：《中国地方官员的晋升锦标赛模式研究》，《经济研究》2007年第7期。

⑤ Brueckner, J. K., "Strategic Interaction among Governments: An Overview of Empirical Studies", *International Regional Science Review*, Vol. 26, No. 2, 2003, pp. 175－188. Konisky, D. M., "Regulatory Competition and Environmental Enforcement: Is There a Race to the Bottom?", *American Journal of Political Science*, Vol. 51, No. 4, 2007, pp. 853－872.

环境问题，但缺点是主观性大、含义不明确、难以形成动态数据等①。克服多维性的另一思路是按要素或污染物细分，其余五种方法均可用于刻画某个领域的环境规制。比如，环境监管频次可按水、气划分，排污费收入、污染治理费用还可按污染物细分。

表 5－1　　环境规制传统测量方法的优缺点

方法	方法的应用	优点	缺点
复合指数	1. 基于对官员或企业的问卷，计算绿色指数② 2. 对国家或地区环境法规计数③	可综合环境问题的多维性	构建过程人为性大；数量含义不明确；多为截面数据，难以捕捉动态变化④
政府监管活动	监管频次和罚款次数⑤	规制严格度的直接测度，可按环境介质细分	受工业结构干扰；与处罚标准、监管人员专业共同决定规制水平；在中国缺少全口径数据

① Brunel, C. and Levinson, A., "Measuring the Stringency of Environmental Regulations", *Review of Environmental Economics and Policy*, Vol. 10, No. 1, 2016, pp. 47－67.

② Kellenberg, D. K., "An Empirical Investigation of the Pollution Haven Effect with Strategic Environment and Trade Policy", *Journal of International Economics*, Vol. 78, No. 2, 2009, pp. 242－255.

③ Javorcik, B. S. and Wei, S. J., "Pollution Havens and Foreign Direct Investment: Dirty Secret or Popular Myth?", *The B. E. Journal of Economic Analysis & Policy*, Vol. 3, No. 2, 2003, pp. 1－34. Levinson, A., "Environmental Regulations and Manufacturers' Location Choices: Evidence from the Census of Manufactures", *Journal of Public Economics*, Vol. 62, No. 1－2, 1996, pp. 5－29.

④ Brunel, C. and Levinson, A., "Measuring the Stringency of Environmental Regulations", *Review of Environmental Economics and Policy*, Vol. 10, No. 1, 2016, pp. 47－67.

⑤ Konisky, D. M., "Regulatory Competition and Environmental Enforcement: Is There a Race to the Bottom?", *American Journal of Political Science*, Vol. 51, No. 4, 2007, pp. 853－872. Konisky, D. M., "Assessing U. S. State Susceptibility to Environmental Regulatory Competition", *State Politics & Policy Quarterly*, Vol. 9, No. 4, 2009, pp. 404－428.

续表

方法	方法的应用	优点	缺点
污染排放量	1. 工业增加值与排放量之比① 2. 排放量与GDP之比②	数据易获得，可按污染物细分	受工业结构干扰；中国污染排放数据被考核扭曲③
污染治理效果	1. SO_2去除率④ 2. 废水达标排放率⑤	数据易获得，可按污染物细分	受工业结构干扰；中国污染排放数据被考核扭曲⑥
排污费收入	1. 排污费与GDP之比⑦ 2. 水排污费与废水排放量之比⑧ 3. 排污费与缴费单位数之比⑨	货币量较准确，可按环境介质和污染物细分	受工业结构、价格波动影响；仅反映单项政策的实施；费率统用时，实际反映的是污染物种类和排放量

① 张文彬、张理芃、张可云：《中国环境规制强度省际竞争形态及其演变——基于两区制空间Durbin固定效应模型的分析》，《管理世界》2010年第12期。

② 张征宇、朱平芳：《地方环境支出的实证研究》，《经济研究》2010年第5期。

③ Ghanem, D., Zhang, J., "'Effortless Perfection': Do Chinese Cities Manipulate Air Pollution Data?", *Journal of Environmental Economics and Management*, Vol. 68, No. 2, 2014, pp. 203–225. Kostka, G., "Command without Control: The Case of China's Environmental Target System", *Regulation & Governance*, Vol. 10, No. 1, 2016, pp. 58–74.

④ 黄滢、刘庆、王敏：《地方政府的环境治理决策：基于SO_2减排的面板数据分析》，《世界经济》2016年第12期。

⑤ 韩晶、陈超凡、施发启：《中国制造业环境效率、行业异质性与最优规制强度》，《统计研究》2014年第3期。

⑥ Ghanem, D., Zhang, J., "'Effortless Perfection': Do Chinese Cities Manipulate Air Pollution Data?", *Journal of Environmental Economics and Management*, Vol. 68, No. 2, 2014, pp. 203–225. Kostka, G., "Command without Control: The Case of China's Environmental Target System", *Regulation & Governance*, Vol. 10, No. 1, 2016, pp. 58–74.

⑦ 曾贤刚：《环境规制、外商直接投资与"污染避难所"假说——基于中国30个省份面板数据的实证研究》，《经济理论与经济管理》2010年第11期。

⑧ Dean, J. M., Lovely, M. E., Wang, H., "Are Foreign Investors Attracted to Weak Environmental Regulations? Evaluating the Evidence from China", *Journal of Development Economics*, Vol. 90, No. 1, 2009, pp. 1–13.

⑨ 张华：《地区间环境规制的策略互动研究——对环境规制非完全执行普遍性的解释》，《中国工业经济》2016年第7期。

续表

方法	方法的应用	优点	缺点
企业合规成本	1. 污染治理投资与工业增加值之比① 2. 治污设施运行费用与工业产值之比②	货币量较准确，可按环境介质和污染物细分	受工业结构、价格波动影响；治理成本受工资、原料价格、电价等非规制因素的影响③

资料来源：作者整理。

为反映一个地区总体环境规制水平，宏观层面对规制强度的测量受到工业内部结构的干扰。在工业领域，即便政策标准、处罚标准和执法严格度均一致，由于两个地区工业行业的异质性，环境规制强度仍会出现差异性，这种差异在同一介质、同一污染物情形下依然存在。比如，用城市工业 SO_2 去除率测量规制水平时，就受到不同工业行业 SO_2 去除率异质性的干扰。为矫正工业内部结构对地区环境规制测度带来的偏差，Levinson（2001）④ 基于企业合规成本数据，采用新的方法测算了美国各州环境规制水平。其思路是，在全国层面计算工业子行业的平均治理成本与其产值之比，基于各州工业子行业产值比重，加权得到该州环境规制强度的预测值；实际值与预测值之比，即该州环境规制的 Levinson 指数。基于该思路，Brunel 和 Levinson

① 李胜兰、初善冰、申晨：《地方政府竞争、环境规制与区域生态效率》，《世界经济》2014 年第 4 期。张成、陆旸、郭路、于同申：《环境规制强度和生产技术进步》，《经济研究》2011 年第 2 期。

② Fredriksson, P. G., Millimet, D. L., "Strategic Interaction and the Determination of Environmental Policy across U. S. States", *Journal of Urban Economics*, Vol. 51, No. 1, 2002, pp. 101 - 122. 童健、刘伟、薛景：《环境规制、要素投入结构与工业行业转型升级》，《经济研究》2016 年第 7 期。

③ Brunel, C. and Levinson, A., "Measuring the Stringency of Environmental Regulations", *Review of Environmental Economics and Policy*, Vol. 10, No. 1, 2016, pp. 47 - 67.

④ Levinson, A., "An Industry - Adjusted Index of State Environmental Compliance Costs", in Carraro, C., Metcalf, G. E., eds. *Behavioral and Distributional Effects of Environmental Policy*, University of Chicago Press, 2001, pp. 131 - 158.

(2013)[①] 将 L 指数扩展到污染物排放强度，通过预测规制强度与实际规制强度之比，得到基于污染排放的地区“真实”规制水平。理论上，L 指数可以按工业子行业无限细分直至产品层面，以完全排除工业结构差异的干扰。

针对跨期数据，全国层面的行业结构和行业合规成本均会发生变化。L 指数可以解决工业结构截面异质性问题，但它未能处理跨期动态带来的测量偏差。为实现跨期预测基准值的可比性，本书在 L 指数基础上，引入年度调整系数，对 L 指数法加以修正，同时处理行业结构在横截面和跨期差异带来的测量偏差。以工业治污成本为例，修正的 L 指数首先计算地区 i（$i=1,\ 2,\ \cdots,\ m$）在 t 年度的治污成本（C）与工业产值（V）之比，即治污强度 I 为：

$$I_{it} = \frac{C_{it}}{V_{it}} \tag{5-1}$$

令 $t=1$ 为基期，t 年度（$t>1$）全国工业行业 k（$k=1,\ 2,\ \cdots,\ n$）的治污强度为：

$$I_{kt} = \frac{C_{kt}}{V_{kt}} = \theta_{kt} \cdot \frac{C_{k1}}{V_{k1}} \tag{5-2}$$

其中，θ_{jt} 为 k 行业在 t 年度相对于基期的规制强度变动系数。基于 t 年度全国工业行业平均治理强度，地区 i 的预测治理强度为：

$$\hat{I}_{it} = \sum_{k=1}^{n} \left(\frac{V_{ikt}}{V_{it}} \cdot \frac{C_{kt}}{V_{kt}} \right) \tag{5-3}$$

在全国层面，将行业变动系数按照行业产值比重加权平均，得到 t 年度相对于基期的治理强度系数，即年度调整系数 η_t：

$$\eta_t = \sum_{k=1}^{n} \left(\theta_{kt} \cdot \frac{V_{kt}}{V_t} \right) = \sum_{k=1}^{n} \left(\frac{C_{kt}}{V_t} \Big/ \frac{C_{k1}}{V_{k1}} \right) \tag{5-4}$$

为实现年度预测基准的可比，用年度调整系数修正 L 指数，得到跨期可比的环境规制强度的无量纲指数 y：

---

① Brunel, C., Levinson, A., *Measuring Environmental Regulatory Stringency*, Paris: OECD Trade and Environment Working Papers No. 2013/05, OECD Publishing, 2013.

$$y_{it} = \eta_t \cdot \frac{I_{it}}{\hat{I}_{it}} \times 100 \tag{5-5}$$

需要指出的是，采用修正的 L 指数法测量宏观环境规制强度仍存在一些挑战：一是，数据可得性的挑战。理论上，只有当数据支持细分到工业行业甚至到产品层面，才能完全剔除行业结构和产品结构差异的干扰。然而，现实数据通常不能支持在产品层面的分析。二是，跨期测量还可能受到技术进步的干扰。尽管年度调整系数可以剔除产业结构变迁导致的基准偏差，但企业合规成本与产值之比的降低，无法完全排除技术进步的效应。譬如，在环境政策不变时，由于末端治理技术进步、生产工艺改进，可能通过治污效率提高、产污量减少导致环境规制强度“降低”。在此情形下，判断环境规制强度下降与否，需排除技术进步的干扰。

（二）数据说明

本书在地级市层面评价是考虑到：第一，中国环境规制政策和处罚标准呈现“自上而下”传递模式，层级越低、传递链条越长，越能刻画异质性的真实状况。第二，中国省域辽阔，同省地级市仍可能呈现明显差异性。第三，由于县（县级市）与市辖区在地理空间和城乡形态的不同，降低了县级行政区间的可比性。

由于污染物排放缺少直接的市场交易记录，统计数据质量容易受考核扭曲①，削弱了结果的可靠性②；若监管不严，企业偷排污染物，导致污染排放量的统计并非全口径。理论上，企业治污成本是企业可能存在的偷排偷放行为的结果，且该指标未纳入官员考核，避免了行政性扭曲，本书采用企业合规成本测量环境规制强度。在企业合规成

---

① Ghanem, D., Zhang, J., "'Effortless Perfection': Do Chinese Cities Manipulate Air Pollution Data?", *Journal of Environmental Economics and Management*, Vol. 68, No. 2, 2014, pp. 203－225. Kostka, G., "Command without Control: The Case of China's Environmental Target System", *Regulation & Governance*, Vol. 10, No. 1, 2016, pp. 58－74.

② 梁平汉、高楠：《人事变更、法制环境和地方环境污染》，《管理世界》2014 年第 6 期。

本中，采用污染治理运行费用，而非污染治理设备投资。治理投资年度波动较大，且用于清洁生产的投资跟企业其他投资不易分离[①]。相对而言，运行费用受新老企业比重影响小，只针对末端治理，易与生产经营活动支出相分离。

依托官方统计，本书从“中国环境统计数据库”[②] 获得了287个地级城市（含直辖市）2001—2009年治污运行费用数据[③]。尽管行业内部仍有差异，但基于两位数行业，计算的环境规制强度已较为理想[④]，且是基于数据可得性的最佳可达指标。根据《国民经济行业分类与代码（GB/T 4754—2002）》，工业两位数行业有39个，多数城市没有“其他采矿业”，本书仅考虑其他38个工业行业。针对环保重点调查企业，采用工业总产值作为治污运行费用的权重，产值数据亦来自“中国环境统计数据库”。将运行成本按照水、气划分，测量不同介质环境规制强度及其差异。

（三）时空异质性特征

以2001年为基期，计算287个城市2001—2009年修正的L指数。如图5-2所示，在跨期测量时，修正L指数由于考虑了全国行业结构动态演变，可以纠正L指数未考虑基准变化带来的测量偏差。具体而言，在时间维度上，修正前的L指数测量的水环境规制强度存在高估，气环境规制强度存在低估。换句话说，不考虑技术

---

① Levinson, A., “An Industry - Adjusted Index of State Environmental Compliance Costs”, in Carraro, C., Metcalf, G. E., eds. *Behavioral and Distributional Effects of Environmental Policy*, University of Chicago Press, 2001, pp. 131 - 158.

② 该数据针对重点调查工业企业（按污染物排放量降序排列，累计达到当地工业污染排放量85%的企业），采用报表形式，由环保部门负责统计。参见Jiang等（2014）和Wu等（2017）。

③ 287个地级及以上城市参见《中国城市统计年鉴2010》。

④ Fredriksson, P. G., Millimet, D. L., “Strategic Interaction and the Determination of Environmental Policy across U. S. States”, *Journal of Urban Economics*, Vol. 51, No. 1, 2002, pp. 101 - 122.

进步时①，在工业领域，中国水环境规制存在总体弱化的趋势②，而大气环境规制强度呈增强趋势，且规制强度存在年度波动性。考虑到中国环境政策标准和处罚标准的制定具有集权特征，与水相比，2001—2009年对大气污染的规制趋于严格，至少有以下两方面原因：其一，2002年，国家划定了113个大气污染防治重点城市，并规定这些城市空气质量于2005年限期达标，针对水污染并未提出限期达标要求；其二，自2004年起对火电厂实施了脱硫补贴。该政策通过电价补贴促进企业安装脱硫设施，属补贴型经济刺激政策，有力地推动了火电厂 SO_2 治理③，而工业污水治理并无类似补贴。

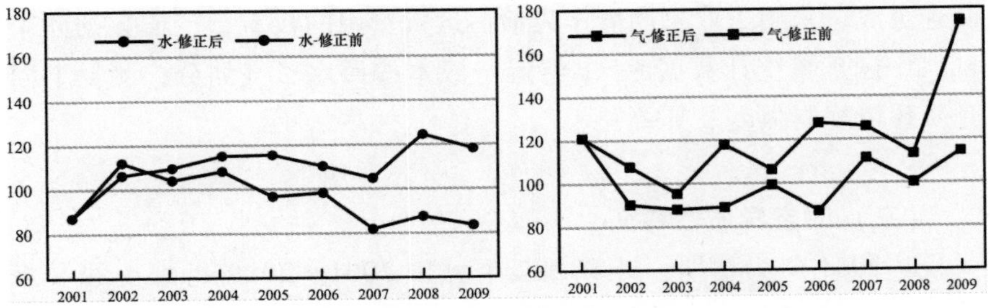

图5－2　基于修正L指数的环境规制强度均值对比

地级市间环境规制强度呈现明显空间异质性，规制强度大的城市分散在多个省份，而非集中在局部地区。平均而言，修正的L指数在数值上，气大于水，大气环境规制更为严格。

进一步地，利用Theil指数计算空间差异度及其来源。与治污强

---

① 在相关技术进步中，污染物末端治理技术升级是核心。以燃煤电厂脱硫为例，根据中电联数据，2006年石灰石—石膏湿法投运容量占脱硫总容量的93.5%，2014年该比例为92.4%，末端治理技术的份额变化并不剧烈。本书不考虑技术进步，分析2001—2009年环境规制强度的变化有一定合理性。

② 针对水污染物的处理，污染物集中控制是环境管理八项制度之一。2011年，中国工业污水排放中，仅有20.3%进入污水处理厂集中处置。据此推测，2001—2009年污水处置方式改变可能不是工业企业环境规制强度下降的主因。

③ 石光、周黎安、郑世林、张友国：《环境补贴与污染治理——基于电力行业的实证研究》，《经济学（季刊）》2016年第4期。

度（治理成本与工业产值之比）相比，基于修正的 L 指数的环境规制强度，呈现更大的空间异质性。对水而言，2001—2009 年，治污强度的 Theil 指数在 0.033 至 0.079 之间，修正 L 指数的 Theil 指数在 0.187 至 0.307 之间，是前者的 6.1 倍。对气而言，治污强度和修正 L 指数的差异度区间为 0.090—0.141、0.222—0.391，后者是前者的 2.5 倍。不难看出，基于修正的 L 指数，揭示出城市环境规制存在更大的异质性，更能刻画环境规制强度的真实情形。

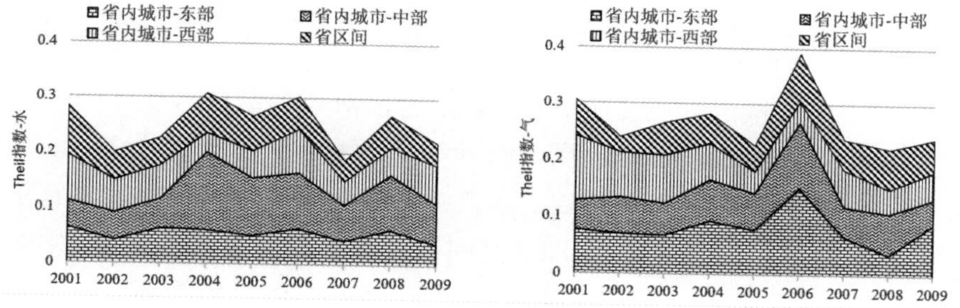

图 5-3　城市环境规制强度差异的 Theil 指数及其分解

按省内、省间差异对 Theil 指数分解，省内差异按东、中、西部①加总，见图 5-3。无论水、气，城市间环境规制强度的差异主要来自省内城市间差异，而非省间差异。对于水和气，省内城市间差异分别贡献了总差异的 77.6% 和 78.8%。对于水，东、中、西部省内差异贡献率分别为 19.1%、29.0% 和 20.9%；对于气，三者的贡献分别为 28.8%、23.5% 和 22.7%；中部省内差异对水环境规制异质性贡献较大，东部省内差异对气环境规制异质性贡献较大。值得指出的是，“十一五”规划将 SO_2 和 COD 排放量下降 10% 作为约束性指标，

① 东部（11 省、101 市）：京、津、沪、冀、辽、苏、浙、闵、粤、鲁、琼；中部（8 省、101 市）：晋、吉、黑、皖、赣、豫、湘、鄂；西部（12 省、85 市）：桂、蒙、川、渝、贵、云、陕、甘、青、宁、藏、新。

并建立了“一票否决”的目标责任制[①]，但2006年以来城市间环境规制强度呈现的波动趋势表明，在环境规制实施分权的体制下，除了上级统一的政策要求和协调外，在城市层面还存在着决定监管严格度的内生决策机制。因此，有必要在城市层面考察环境规制决策的机理，进一步理解环境规制异质性的成因。

第四节　城市环境规制异质性的形成机制

（一）理论机制

在中国，城市官员升迁主要取决于上级对其的绩效考核，GDP增长、工业产值、招商引资、税收收入等“硬指标”是核心指标[②]。环境保护法将环保列入地方事权，在经济和环保两个维度上，城市官员会在财税收入、GDP和污染水平之间进行权衡，其目标函数是GDP、税收和污染排放的一个加权平均。在上级政府环境标准和处罚标准约束下，实施分权体制使城市决策者通过选择环境规制的最优实施水平，实现政绩和晋升的最大化。在选择最优的环境规制强度时，城市决策者需要根据当地的经济禀赋特征和发展状况。[③] 因此，城市自身特征是环境规制决策的重要考量，包括产业结构、经济绩效、财政约束等主要因素。

（1）工业比重。工业是利税和GDP的重要贡献部门，同时也是主要的污染源。譬如，根据《全国环境统计公报》，2015年工业SO_2排放量占比为83.7%。城市决策者在权衡经济和环保时，产业结构

---

① Kostka, G., “Command without Control: The Case of China's Environmental Target System”, *Regulation & Governance*, Vol. 10, No. 1, 2016, pp. 58 – 74.

② Edin, M., “State Capacity and Local Agent Control in China: CCP Cadre Management from a Township Perspective”, *The China Quarterly*, Vol. 173, 2003, pp. 35 – 52. Li, H. and Zhou, L. A., “Political Turnover and Economic Performance: The Incentive Role of Personnel Control in China”, *Journal of Public Economics*, Vol. 89, No. 9 – 10, 2005, pp. 1743 – 1762.

③ 黄滢、刘庆、王敏：《地方政府的环境治理决策：基于SO_2减排的面板数据分析》，《世界经济》2016年第12期。

成为影响环境规制水平的重要因素。当工业占 GDP 比重低时，随着工业比重上升，工业对地方财政收入和 GDP 的贡献逐渐增大，地方政府执行严格环境规制的代价增加，环境规制强度随之下降；但当工业比重过高时，污染问题变得愈发严重，地方政府政绩由此受到影响，治污减排压力增大，表现为随着工业比重的进一步提高，环境规制趋于严格①。理论上，工业比重对环境规制水平的影响可能具有“U 型”特征②。

（2）经济绩效。长期以来，经济绩效在地方官员考核中位于核心位置③。然而，经济绩效和环境质量在绩效考核中的权重不是一成不变的。在中国，环境污染与经济发展之间存在的“倒 U 型”关系④意味着，随着收入的提高，消费品边际效用下降，环境质量边际效用增加；收入达到一定水平后，公众对环境诉求的表达，通过环境规制政策响应促进污染水平降低⑤。在中国，环境质量具有奢侈品属性⑥，公众环境质量需求的激增，可能增加城市政府对环境的重视，而作用于环境规制的实施力度。

---

① 黄滢等（2016）将经济分为污染部门和清洁部门，在官员晋升考核体制下，建立了包含 GDP、税收和污染排放的官员目标函数，求得了城市官员晋升最大化的最优环境治理水平，证明了污染部门比重与环境规制水平间存在“U 型”关系的可能。

② 黄滢、刘庆、王敏：《地方政府的环境治理决策：基于 SO_2 减排的面板数据分析》，《世界经济》2016 年第 12 期。

③ Li, H. and Zhou, L. A., “Political Turnover and Economic Performance: The Incentive Role of Personnel Control in China”, *Journal of Public Economics*, Vol. 89, No. 9 - 10, 2005, pp. 1743 - 1762. 周黎安：《中国地方官员的晋升锦标赛模式研究》，《经济研究》2007 年第 7 期。

④ Brajer, V., Mead, R. W., Xiao, F., “Health Benefits of Tunneling Through the Chinese Environmental Kuznets Curve (EKC)”, *Ecological Economics*, Vol. 66, No. 4, 2008, pp. 674 - 686. Shen, J., “A Simultaneous Estimation of Environmental Kuznets Curve: Evidence from China”, *China Economic Review*, Vol. 17, No. 4, 2006, pp. 383 - 394.

⑤ Eriksson, C. and Persson, J., “Economic Growth, Inequality, Democratization, and the Environment”, *Environmental and Resource Economics*, Vol. 25, No. 1, 2003, pp. 1 - 16. López, R. “The Environment as a Factor of Production: The Effects of Economic Growth and Trade Liberalization”, *Journal of Environmental Economics and Management*, Vol. 27, No. 2, 1994, pp. 163 - 184.

⑥ 马本、张莉、郑新业：《收入水平、污染密度与公众环境质量需求》，《世界经济》2017 年第 9 期。

（3）财政约束。在财政分权体制下，税收收入是城市官员的一个重要考量，相关理论形成了“保护市场的财政联邦主义”框架①。地方政府面临财政约束，官员有财政创收激励，以满足履行地方行政职能所需的支出。当地方财政面临紧约束时，可通过政府支出和管理能力、调整增长和环保的权重影响环境规制的实施。

除城市自身因素外，环境规制决策还存在城市间策略性互动。一方面，污染治理具有跨界影响，当一些城市严格实施环境规制时，出于“搭便车”动机，周边城市会放松环境规制水平，产生“挤出”效应②。另一方面，地方政府为获得争夺流动性资源的竞争优势，可能将放松环境规制作为竞争手段，而竞相放松环境规制实施，形成“逐底竞争”③。在中国，地方政府为增长而展开激烈的经济竞争④，环境污染亦呈现出明显的跨界特征，城市间互动博弈亦是影响环境规制实施的重要因素。

因此，城市环境规制水平 y 是上级指令协调、同类城市互动、城市特征变量的函数：

$$y = f(A, Wy, Wy_{-}, y_{-}, X, \varepsilon) \qquad (5-6)$$

其中，A 为上级指令和协调，W 为空间“邻居”定义矩阵，X 为城市特征向量，包括产业结构、经济绩效等可观测因素，法治环境、企业守法意识等不易测量因素，以及地理区位、行政级别等城市固有特征。y_{-} 为滞后期环境规制力度，考虑到决策的动态性，环境规制历

---

① Jin, H., Qian, Y., Weingast, B. R., "Regional Decentralization and Fiscal Incentives: Federalism, Chinese Style", *Journal of Public Economics*, Vol. 89, No. 9 - 10, 2005, pp. 1719 - 1742.

② Deng, H., Zheng, X., Huang, N., Li, F., "Strategic Interaction in Spending on Environmental Protection: Spatial Evidence from Chinese Cities", *China & World Economy*, Vol. 20, No. 5, 2012, pp. 103 - 120.

③ Ulph, A., "Harmonization and Optimal Environmental Policy in a Federal System with Asymmetric Information", *Journal of Environmental Economics and Management*, Vol. 39, No. 2, 2000, pp. 224 - 241.

④ 张军、高远、傅勇、张弘：《中国为什么拥有了良好的基础设施?》，《经济研究》2007 年第 3 期。周黎安：《中国地方官员的晋升锦标赛模式研究》，《经济研究》2007 年第 7 期。

史水平（包括同类城市和城市自身）亦可能影响当期的环境规制决策，ε 为随机因素。

（二）模型与变量

以地理毗邻为空间权重，考虑周边城市经济竞争和受益外溢机制带来的策略互动；当期决策可能受时间和空间滞后期环境规制影响，上一年度最为重要，纳入自身和空间相邻城市的一阶滞后项。为尽量真实地刻画环境规制决策过程，本书同时纳入空间滞后、时间滞后和时空滞后项，采用如下动态空间面板数据模型①：

$$y_{it} = r y_{i,t-1} + \lambda \sum_{j \neq i}^{m} w_{ij} y_{jt} + \varphi \sum_{j \neq i}^{m} w_{ij} y_{j,t-1} + X_{it}\beta + \tau_i + a_{pt} + \varepsilon_{it} \tag{5-7}$$

其中，y 为城市环境规制强度；r 为动态效应，反映规制黏性；λ 和φ 分别为当期、滞后期空间系数。w 为空间矩阵 W 经过行标准化后的元素，空间邻接权重矩阵 W 定义为：对于城市 i 和 j，若 $i=j$，$w=0$；若 $i \neq j$，且有共同行政边界，$w=1$，否则 $w=0$。β 为城市特征变量系数；m 为城市数量；τ 为城市个体效应，捕捉城市固有特征，譬如地理区位、行政级别、法制环境、企业守法意识和官员环保取向等。需要强调的是，在中国，上级政府通过制定政策、下达环保目标、定期考核，对城市环境规制提出统一要求②。譬如规定城市污染物减排量或环境质量改善程度，这种来自上级的共同冲击不同于策略互动，应从空间系数中剥离③。鉴于此，本书将每个年份虚拟变量

① 本书关心环境规制的空间互动，而非误差项的空间互动，因此没有考虑空间误差模型。

② Deng, H., Zheng, X., Huang, N., Li, F., "Strategic Interaction in Spending on Environmental Protection: Spatial Evidence from Chinese Cities", *China & World Economy*, Vol. 20, No. 5, 2012, pp. 103-120. Kostka, G., "Command without Control: The Case of China's Environmental Target System", *Regulation & Governance*, Vol. 10, No. 1, 2016, pp. 58-74.

③ Levinson, A., "Environmental Regulatory Competition: A Status Report and Some New Evidence", *National Tax Journal*, Vol. 56, No. 1, 2003, pp. 91-106.

拆分为每个省的年份虚拟变量①。p 为城市 i 所属省份，a 为省份时期效应，既控制时变的环保政策、处罚标准、减排目标责任制等上级的指令和协调，也捕捉省内城市随时间变化的技术进步的共同趋势；ε 为随机误差项。

变量选择上，因变量分别取总体、水、气环境规制水平的修正 L 指数值；工业增加值占 GDP 比重反映工业结构，加入二次项检验可能的“U 型”关系；用人均 GDP 反映城市经济绩效，基于城市 GDP 指数折算为 2005 年可比价，并加入二次项以捕捉非线性关系；用城市本级财政支出与财政收入之比衡量财政约束。数据源自《中国区域经济统计年鉴》、各省统计年鉴等。

本书还控制了城市的人口密度和城市化率②。这两个人口地理学指标，分别表达人口的垂直分布和水平分布，反映污染受体分布和集中度对城市环境规制决策的影响。城市化率用城镇就业人口占就业总人口比重表达。数据来自《中国区域经济统计年鉴》《中国城市统计年鉴》和各省统计年鉴。

除此之外，基于 38 工业行业计算的修正 L 指数，虽然以全国行业平均状况为基准，仍难以完全排除企业规模、所有制结构、新老企业比重的影响。特别是当新、老企业政策标准差异较大时，新企业比重的差异亦会带来测量偏差③。因此，在城市特征变量中，还引入了工业内部行业结构变量，包括大型企业产值比重④、国有企业产值比重、重

① 将年份虚拟变量拆分为分省年度虚拟变量，动态模型虚拟变量个数由 $t-2$ 个增加为 $(t-2)\times q$ 个，q 为省个数。

② Deng, H., Zheng, X., Huang, N., Li, F., “Strategic Interaction in Spending on Environmental Protection: Spatial Evidence from Chinese Cities”, *China & World Economy*, Vol. 20, No. 5, 2012, pp. 103 – 120. Fredriksson, P. G., Millimet, D. L., “Strategic Interaction and the Determination of Environmental Policy across U. S. States”, *Journal of Urban Economics*, Vol. 51, No. 1, 2002, pp. 101 – 122. 张征宇、朱平芳：《地方环境支出的实证研究》，《经济研究》2010 年第 5 期。

③ Brunel, C. and Levinson, A., “Measuring the Stringency of Environmental Regulations”, *Review of Environmental Economics and Policy*, Vol. 10, No. 1, 2016, pp. 47 – 67.

④ 依据《统计上大中小型企业划分办法（暂行）》（国统字〔2003〕17 号），总资产大于 4 亿元属于大型企业。

点污染行业新企业产值比重。数据来自“中国工业企业数据库”。

为进行实证检验，汇总形成2001—2009年277个地级市①构成的面板数据集，主要变量的描述统计量见表5-2。

表5-2 变量定义与描述统计

符号	变量	均值	标准差	最小值	最大值	观测数
y	修正的Levinson指数（水气）	106.59	83.76	11.42	980.18	2493
y_ w	修正的Levinson指数（水）	96.83	83.65	8.13	919.53	2493
y_ g	修正的Levinson指数（气）	122.04	113.79	12.44	1441.48	2493
industry	工业增加值占GDP比重（%）	39.94	12.68	3.35	89.38	2493
gdpp	人均实际GDP（千元/人）	15.51	12.64	1.36	100.33	2493
budget	地方财政支出与收入之比（%）	261.59	187.45	18.28	2715.38	2493
density	人口密度（十人/平方千米）	43.37	46.42	0.51	1113.73	2493
urban	城镇化率（%）	28.38	16.01	4.07	100	2493
state	国有企业产值的工业比重（%）	16.58	16.25	0.03	97.84	2493
large	大型企业产值的工业比重（%）	69.42	17.27	6.27	99.63	2493
newwg	重点污染行业新企业比重（‰）	35.75	76.63	0	840.64	2493
newwa	重点水污染行业新企业比重（‰）	33.49	59.45	0	1000	2493
newga	重点气污染行业新企业比重（‰）	25.74	45.67	0	429.24	2493

注：后三个变量是城市当年行业新增产值与该行业总产值之比，按照行业分组：重点水污染行业（食品加工、纺织、造纸）、重点水气污染行业（石油加工、化学原料、有色金属）、重点气污染行业（非金属矿物、黑色金属、电力）。

（三）计量回归结果

估计动态面板模型常用广义距法（GMM），通过滞后期工具变量处理动态效应在最小二乘法下的估计偏差；极大似然法（MLE）在估计静态空间系数时具有一致性②。当模型同时包含时空滞后项时，需在GMM与MLE之间权衡。当模型距条件过多时，GMM估计的空间

① 不包含行政级别特殊的4个直辖市和6个无毗邻城市的地级市。考虑287个城市交互，拉萨、西宁、乌鲁木齐、克拉玛依、海口、三亚无地理邻居。

② Lee, L. F., “Asymptotic Distributions of Quasi-Maximum Likelihood Estimators for Spatial Autoregressive Models”, *Econometrica*, Vol. 72, No. 6, 2004, pp. 1899-1925.

滞后系数将不一致①；蒙特卡罗模拟也表明，系统 GMM 在估计动态空间模型时，可能存在严重偏差②。大样本下，Yu 等（2008）③ 以及 Lee，L. F. 和 Yu（2010）④ 提出了基于偏差修正的 MLE，对包含时期、时空滞后项的动态空间模型的估计值进行了基于渐近理论的修正。综合 Elhorst（2010）⑤ 对小样本偏差修正 MLE 的讨论，本书采用偏差修正的 MLE 估计模型（5－7）。

表 5－3 报告了城市工业总体环境规制强度情形下的回归结果。逐次加入解释变量，以检验核心变量估计系数的稳健性；除此之外，模型还控制了新老企业环境规制异质性，加入了城市固定效应、省份时期效应；模型的 R^2 为 0.438，样本数为 2216。结果显示，在考虑不同控制变量时，工业比重、因变量时期和空间滞后的回归系数都是稳健的。根据表 5－3 中（3）的结果，工业比重的一次项和二次项回归系数分别为 －5.205 和 0.0531，均在 1% 水平上显著。工业结构对城市环境规制力度的影响，呈现先下降后上升的“U 型”关系，拐点约为 49.0%。实证结果表明，由于工业既是利税、产值大户，又是污染大户，城市政府在环境规制实施决策时，需要在经济与环保间进行利弊权衡，工业首当其冲。产业结构在城市环境规制决策中占据重要位置，工业对城市 GDP 的贡献份额成为影响环境规制强度的一个关键变量。

① Lee，L. F. and Yu，J.，“Efficient GMM Estimation of Spatial Dynamic Panel Data Models with Fixed Effects”，*Journal of Econometrics*，Vol. 180，No. 2，2014，pp. 174－197.

② Elhorst，J. P.，“Dynamic Panels with Endogenous Interaction Effects When T is Small”，*Regional Science & Urban Economics*，Vol. 40，No. 5，2010，pp. 272－282. Elhorst，J. P.，*Spatial Econometrics：From Cross－Sectional Data to Spatial Panels*，New York：Springer Heidelberg，2014.

③ Yu，J.，Jong，R. D.，Lee，L. F.，“Quasi－Maximum Likelihood Estimators for Spatial Dynamic Panel Data with Fixed Effects When Both N and T are Large”，*Journal of Econometrics*，Vol. 146，No. 1，2008，pp. 118－134.

④ Lee，L. F. and Yu，J.，“A Spatial Dynamic Panel Data Model with Both Time and Individual Fixed Effects”，*Econometric Theory*，Vol. 26，No. 2，2010，pp. 564－597.

⑤ Elhorst，J. P.，“Dynamic Panels with Endogenous Interaction Effects When T is Small”，*Regional Science & Urban Economics*，Vol. 40，No. 5，2010，pp. 272－282.

表 5-3　　环境规制异质性形成机制检验结果（总体）

	(1) y	(2) y	(3) y
y (*t*-1)	0.236*** (10.19)	0.236*** (10.19)	0.236*** (10.23)
W×*y*	0.381*** (14.62)	0.381*** (14.63)	0.380*** (14.62)
W×*y* (*t*-1)	-0.0228 (-0.49)	-0.0233 (-0.51)	-0.0284 (-0.62)
industry	-5.263*** (-3.98)	-5.473*** (-3.89)	-5.205*** (-3.70)
industry2	0.0548*** (3.64)	0.0558*** (3.45)	0.0531*** (3.28)
gdpp		-0.275 (-0.19)	0.115 (0.08)
gdpp2		-0.0011 (-0.09)	-0.0048 (-0.39)
budget		-0.0132 (-0.77)	-0.0117 (-0.68)
density			0.672 (1.06)
urban			-0.520 (-1.28)
state			-0.357** (-1.99)
large			-0.563** (-2.56)
新老企业效应	Yes	Yes	Yes
城市固定效应	Yes	Yes	Yes
省份时期效应	Yes	Yes	Yes
观测值	2216	2216	2216
R^2	0.433	0.434	0.438

注：括号内为渐近 t 值；显著性：*** 表示 1% 水平上显著；** 表示 5% 水平上显著；* 表示 10% 水平上显著；新老企业效应包含 *newwg*、*newwa*、*newga* 三个变量，下表同。

2001—2009 年，样本城市工业 GDP 占比在 3.4% 至 89.4% 之间，

均值为39.9%。跨过49.0%的城市，从2001年的33个波动增加到2009年的83个；延伸到2013年，跨过拐点的城市数量在2011年达到最大，为104个。样本期间，从未跨过阈值的城市164个，占59%；一直大于阈值的城市23个，占8%；其他90城市工业比重分布在阈值两侧，占32%。在分权体制下，当更大比重的城市跨过阈值，环境规制强度将更快地趋于严格。工业化进程中，跨过工业比重阈值的城市数量变化，是环境规制强度变化的重要风向标。

按照水、气划分，结果见表5－4。工业GDP占比对水体和大气环境规制强度均有显著作用，在控制相关变量后，结果依然稳健。根据表5－4中（3）和（6），计算工业结构阈值，水为60.6%，气为43.7%①，前者明显高于后者。样本期间，针对水环境规制，跨过工业结构阈值的城市约为13个，远低于大气情形的106个（见图5－4）。更为重要的是，图5－4中2013年跨过60.6%阈值的城市并未比2009年有明显增加，水环境的弱规制在工业化率低于阈值水平时被整体“锁定”。对城市政府而言，水环境规制由弱转强须达到较高的工业比重临界值，绝大多数城市仍处于水污染规制力度的下降轨道（2013年，仅有20城市跨过阈值），这从一个角度解释了样本期间大气污染规制明显趋严、水环境规制波动下降的事实，也揭示出中国水环境规制在地方的实施可能存在比大气更严峻的问题。

水污染规制拐点具有高阈值性，可能的解释是：第一，在污染治理手段上，针对火电厂SO_2等大气污染物，国家实施了强有力的治污补贴政策②，降低了城市大气污染治理的遵从成本。第二，水污染尤其是地下水污染的危害具有滞后性、隐蔽性的特征，居民可通过水净化、购买瓶装水等方式规避水污染带来的损害；相对而言，大气污染

① 黄滢等（2016）也发现产业结构在环境决策中存在阈值效应。该研究采用2003—2011年城市SO_2减排率作为环境规制变量，得到第二产业比重的阈值约为55%（扣除6%的建筑业比重，工业GDP占比阈值约为49%）。与上述研究相比，本书排除了工业内部结构的干扰，考虑了空间互动和时间动态效应，得到的阈值很可能更贴近现实。

② 石光、周黎安、郑世林、张友国：《环境补贴与污染治理——基于电力行业的实证研究》，《经济学（季刊）》2016年第4期。

更为显而易见，它危害人们的呼吸系统、降低生产率和幸福感，且难以找到空气替代品，空气质量好坏能够更直接地反馈给决策者。基于这些考量，城市官员在环境规制决策中，可能赋予水污染较小权重，导致在较高的工业比重下，水环境规制仍然持续弱化。本质上，这种弱化是环境政策手段与水环境自身特征，通过分权化的规制实施决策而呈现出的公共选择结果。

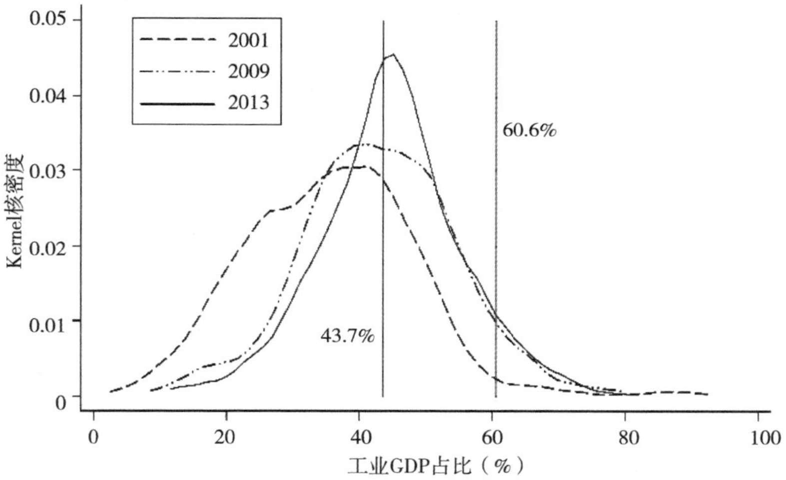

图 5－4　地级市工业 GDP 占比的核密度分布

表 5－4　　环境规制异质性形成机制检验结果（水、气）

	(1) y_ w	(2) y_ w	(3) y_ w	(4) y_ g	(5) y_ g	(6) y_ g
y (t－1)	0.144*** (6.18)	0.143*** (6.12)	0.140*** (6.03)	0.287*** (11.06)	0.285*** (10.99)	0.282*** (10.86)
W×y	0.380*** (14.59)	0.380*** (14.60)	0.380*** (14.63)	0.381*** (14.26)	0.381*** (14.26)	0.381*** (14.25)
W×y (t－1)	0.0188 (0.36)	0.0197 (0.38)	0.0201 (0.39)	0.163*** (3.12)	0.162*** (3.12)	0.163*** (3.13)

续表

	(1) y_ w	(2) y_ w	(3) y_ w	(4) y_ g	(5) y_ g	(6) y_ g
industry	-4.220*** (-3.15)	-3.836*** (-2.70)	-3.686*** (-2.60)	-3.023* (-1.66)	-3.487* (-1.80)	-3.303* (-1.70)
industry2	0.0400*** (2.64)	0.0324** (1.98)	0.0304* (1.86)	0.0342* (1.65)	0.0395* (1.77)	0.0378* (1.69)
gdpp		1.390 (0.93)	1.946 (1.29)		-0.485 (-0.24)	-0.263 (-0.13)
gdpp2		-0.0126 (-1.04)	-0.0158 (-1.27)		-0.0011 (-0.07)	-0.0041 (-0.24)
budget		-0.0288 (-1.65)	-0.0260 (-1.49)		0.0110 (0.46)	0.0117 (0.49)
density			-0.223 (-0.34)			0.753 (0.86)
urban			-1.270*** (-3.07)			-0.182 (-0.32)
state			-0.0903 (-0.49)			-0.296 (-1.19)
large			-0.317 (-1.42)			-0.418 (-1.38)
R^2	0.474	0.476	0.479	0.446	0.447	0.449

注：包含新老企业效应、城市固定效应、省份时期效应，下表同。

表5-3和表5-4中，时期滞后、空间滞后项均十分显著。城市环境规制决策呈现一定的连贯性，前期规制力度对当期的影响系数为0.236。较小的系数表明，环境规制力度并非一成不变，城市政府在环境规制决策上拥有较大自主权，与环境规制实施的分权化特征相吻合。通过省份时期效应控制上级的指令和协调后，空间滞后项系数为0.380，在1%水平上显著。与城市环境规制“挤出”效应（空间系数为负）相比，在工业治污运行成本监管上，城市环境决策间的“攀比”效应占据主导。如果城市政府过于看重财税和产值等经济绩效，城市间的经济竞争将导致环境规制“竞次”。长期的“以经济建

设为中心”和绩效考核中以经济指标为主[1]，将诱发城市间竞相放松环境规制的恶性互动，这很可能是中国环境规制总体疲软的又一重要诱因，该观点亦得到了相关研究的证实[2]。

经济绩效系数不显著，它并不直接决定环境规制的严格度。这意味着，即便在中国存在人均 GDP 与污染水平“倒 U 型”曲线[3]，环境质量拐点的出现，并不是源于随收入提高，人们环境偏好发生的系统性突变[4]。一个重要的渠道可能是随着人均收入提高，产业结构跨过了阈值，发生了有利于加码环境规制力度的变化。回归结果还表明，财政约束亦不是环境规制强度的决定变量。因此，对于城市的环境决策，产业结构可能是比经济绩效和财政约束更为重要的考量因素，本书的发现有助于纠正经济绩效和财政激励是环境监管不力主因的传统认识[5]，加深对城市环境决策过程的理解。

除工业结构阈值，水和气的差异还表现在动态系数大小、时空滞后项的影响等方面。不难发现，大气污染规制的时间黏性（0.282）大于水的情形（0.140）；并且，城市大气污染规制决策还将临近城市上年度的规制水平纳入考量，这是与水污染的又一不同。考虑到水和气在污染形态、受体特征、治理方式、政策手段等方面的差异，有效率

---

① Li, H. and Zhou, L. A., “Political Turnover and Economic Performance: The Incentive Role of Personnel Control in China”, *Journal of Public Economics*, Vol. 89, No. 9 - 10, 2005, pp. 1743 - 1762. 周黎安：《中国地方官员的晋升锦标赛模式研究》，《经济研究》2007 年第 7 期。

② 李胜兰、初善冰、申晨：《地方政府竞争、环境规制与区域生态效率》，《世界经济》2014 年第 4 期。张华：《地区间环境规制的策略互动研究——对环境规制非完全执行普遍性的解释》，《中国工业经济》2016 年第 7 期。

③ Brajer, V., Mead, R. W., Xiao, F., “Health Benefits of Tunneling Through the Chinese Environmental Kuznets Curve (EKC)”, *Ecological Economics*, Vol. 66, No. 4, 2008, pp. 674 - 686. Shen, J., “A Simultaneous Estimation of Environmental Kuznets Curve: Evidence from China”, *China Economic Review*, Vol. 17, No. 4, 2006, pp. 383 - 394.

④ 马本、张莉、郑新业：《收入水平、污染密度与公众环境质量需求》，《世界经济》2017 年第 9 期。

⑤ Zhang, S., “Environmental Regulatory and Policy Framework in China: An Overview”, *Journal of Environmental Sciences*, Vol. 13, No. 1, 2001, pp. 122 - 128. 任丙强：《生态文明建设视角下的环境治理：问题、挑战与对策》，《政治学研究》2013 年第 5 期。

的城市环境决策必然适应这种环境介质的异质性。本书的发现也为按环境要素进行专业化环境决策和精细化污染治理提供了经验证据。

（四）稳健性检验

1. 变换空间权重矩阵

由于空间权重矩阵的设定存在一定人为性，本书变换地理相邻的空间加权，检验结果的稳健性。研究表明，城市官员晋升锦标赛主要存在于同省城市间①，因此本书考虑城市是否同省（同省为1，不同省为0）构成新的权重矩阵，并进行标准化处理。模型（5－7）估计结果见表5－5。结果发现，工业比重系数仍然是十分显著的，据此得到的总体、水、气的阈值效应分别为47.4%、55.3%和41.8%，与上文的数值基本相符。本书还发现，在新的权重矩阵下，城市当期环境规制不受同省城市当期值影响，却受滞后一期的显著影响，城市在环境决策时，会将同省城市上一期的规制水平纳入考量。

表5－5　是否同省空间矩阵检验

	（1）y	（2）y_w	（3）y_g
y（$t-1$）	0.231*** （9.39）	0.146*** （5.99）	0.290*** （9.53）
$W\times y$	－0.00078 （－0.015）	0.0015 （0.029）	－0.0016 （－0.032）
$W\times y$（$t-1$）	0.117 （0.80）	0.387** （2.57）	0.394* （1.90）
industry	－4.760*** （－3.51）	－3.818*** （－2.80）	－3.546* （－1.90）
industry2	0.0502*** （3.22）	0.0345** （2.21）	0.0424** （1.98）

注：包含了与表5－3和表5－4相同的控制变量和三个效应，下表同。

① Yu, J., Zhou, L. -A., Zhu, G., "Strategic Interaction in Political Competition: Evidence from Spatial Effects across Chinese Cities", *Regional Science and Urban Economics*, Vol. 57, 2016, pp. 23－37.

2. 时期子样本检验

动态模型和误差修正 MLE 都有赖于样本较长的时间跨度，本书采用“掐头”或“去尾”法产生子样本，检验结果稳健性。表 5－6 报告了分别去掉后三年、前三年的子样本估计结果①。2001—2006 年的子样本，工业结构是显著的，总体、水、气对应的阈值效应分别为 47.6%、53.8% 和 40.6%，与前面的回归结果基本一致；2004—2009 年，尽管大气情形下，产业结构系数不再显著，但总体规制情形下，工业 GDP 占比的阈值效应依然存在，其数值为 44.4%。子样本回归结果表明，产业结构回归系数表现出较好的稳定性，存在阈值效应的结论是可靠的。

表 5－6　按时期分组的子样本检验

	2001—2006 年			2004—2009 年		
	(1) y	(2) y_w	(3) y_g	(4) y	(2) y_w	(3) y_g
$y(t-1)$	0.192 *** (6.03)	0.134 *** (4.11)	0.289 *** (8.77)	0.144 *** (4.84)	0.052 ** (2.02)	0.186 *** (5.36)
$W \times y$	0.380 *** (11.66)	0.383 *** (11.77)	0.382 *** (10.41)	0.379 *** (11.49)	0.380 *** (11.57)	0.379 *** (11.36)
$W \times y(t-1)$	0.137 ** (2.13)	0.225 *** (3.17)	0.011 (0.17)	0.143 ** (2.31)	0.168 *** (2.79)	0.234 *** (3.49)
industry	-5.737 *** (-3.22)	-5.610 *** (-2.77)	-3.551 * (-1.85)	-5.561 ** (-2.36)	-4.784 ** (-2.28)	-0.864 (-0.23)
industry2	0.0602 *** (2.85)	0.0521 ** (2.17)	0.0437 * (1.90)	0.0626 ** (2.28)	0.0334 (1.37)	0.0148 (0.34)

注：分别去掉后三年、前三年。

第五节　结论与政策含义

基于改进的 Levinson 指数法，本书采用企业治污合规成本数据，

① 去掉最后一年或第一年，或去掉最后两年或前两年，工业结构回归系数依然稳健。

测量了2001—2009年287个城市的工业环境规制强度。研究发现，在政策制定权集中、实施权分散的体制下，城市环境规制强度Theil指数介于0.187至0.307之间，表现出的时空异质性大大超过基于传统指标的衡量。相对于省间差异，省内城市差异贡献了总差异的近80%。这意味着，尽管省级政府通过政策的上传下达和减排目标考核对城市环境规制施加影响，但是在地域辽阔、区域发展不平衡的中国，城市政府基于自身资源禀赋和行为取向，对环境规制实施的决策仍发挥着重要作用。

进一步地，通过动态空间面板数据模型，分析城市规制实施的决策逻辑。偏差修正的MLE估计表明，在控制了上级指令和协调后，城市规制实施决策与周边城市存在互动，还受到历史规制水平的影响。更为重要的是，城市规制水平决策存在产业结构阈值效应：当工业GDP占跨过49%的阈值，规制强度由弱转强。这种阈值效应，在城市规制决策中的重要性，甚至可能超过经济绩效、财政约束。按照这个逻辑，城市工业化进程的差异，将通过分权化决策，转化为城市间环境规制强度的异质性，从一个侧面解释了中国集权化的命令式环境政策在地方的实施参差不齐和总体乏力，致使污染治理效果不彰。

为应对实施乏力的局面，中央政府推动了自上而下的环保督查、国控源监测权收归中央、省以下环保机构监测监察执法垂直管理等一系列规制实施的集权化改革①。对于市县政府而言，这种规制实施的集权化，旨在将规制实施决策外生化，避免各地区资源禀赋和行为取向差异导致的执行偏差，从而强化中央环保政策和指令在地方的落实。值得强调的是，在中国五级政府体制下，监管集权化涉及将监管权自下而上转移和优化配置，而非全部由中央政府负责。在这个过程中，政策制定者应清晰地认识到，中国地域辽阔，区域发展和工业化进程极不平衡，中央政府命令式环境政策的加码，可能超过欠发达城

① Kostka, G., "Command without Control: The Case of China's Environmental Target System", *Regulation & Governance*, Vol. 10, No. 1, 2016, pp. 58–74. van Rooij, B., Zhu, Q., Li, N., Wang, Q., "Centralizing Trends and Pollution Law Enforcement in China", *The China Quarterly*, Vol. 231, 2017, pp. 583–606.

市，但仍低于富裕城市的最优治污水平，监管刚性下的“一刀切”实施可能产生重大福利损失和普遍不满①。因此，在监管集权化改革的同时，应积极探索环境政策制定的适度分权化改革，赋予地方政府特别是省级政府更大的环境政策制定权②，使政策的制定与当地的资源禀赋、发展特征、公众诉求更好地匹配，探索形成环境政策制定与监管权在不同层级政府间优化配置、有机统一的灵活型环境管理体制。

在环境介质上，水和气在环境规制强度、趋势上存在明显差异，两者在城市层面的决策，受周边城市、历史水平的影响也不尽相同。对于水环境规制，工业 GDP 占比的阈值效应高达 60.6%，远远超过大气的 43.7%。与大气污染相比，水污染具有流域性、隐蔽性、饮用水替代性强等特征，这些特点通过城市环境规制决策的传导，作用于污染治理的效果。在推动环境政策制定和监管权的纵向配置改革时，亦应尊重不同环境要素的差异性，按不同的环境要素加以区分，探索适合各自特征的最优纵向权力配置结构，实现专业化的环境决策和精细化的污染治理。在大气污染防治领域，强有力的脱硫补贴政策③，可能是大气环境规制在工业比重较低时实现拐点的又一原因。相对于命令式政策，环境经济政策通过改变价格信号，为排污者提供了经济激励和自主选择空间，有助于解决环境政策执行过度依赖行政传导的弊端。在未来，绿色税费、排污权交易、生态保护补偿、区域污染治理基金等经济手段应当在中国污染治理中发挥更大的作用。

---

① Ulph, A., “Harmonization and Optimal Environmental Policy in a Federal System with Asymmetric Information”, *Journal of Environmental Economics and Management*, Vol. 39, No. 2, 2000, pp. 224-241.

② 马本、张莉、郑新业：《收入水平、污染密度与公众环境质量需求》，《世界经济》2017 年第 9 期。

③ 石光、周黎安、郑世林、张友国：《环境补贴与污染治理——基于电力行业的实证研究》，《经济学（季刊）》2016 年第 4 期。

第三篇　案例篇

基于纵向分权的研究，环境政策制定权适度下放，政策执行监管权适度上收，使环境管理权逐步在省级层面达到相对统一。省级政府环境管理权的适度扩张为应对跨界污染奠定了更便利的制度基础。本篇针对 $PM_{2.5}$ 跨域污染，以京津冀地区为案例，从地方政府横向合作视角分析中国环境管理体制存在的问题和改革的方向。首先介绍了选择京津冀地区作为案例的依据，分析了跨域污染治理的相关理论和国际经验；梳理了京津冀大气污染协同治理制度演变，评估并设计了更好地应对区域治污利益失衡的跨域协同治理长效机制；最后评价了跨域大气污染治理配套政策，提出了与跨域协同体制相适应的环境政策工具集。本篇的分析旨在构建激励相容、责任明晰、损益平衡的区域大气污染协同治理新格局，为未来跨域协同治理和精细化治污提供方向和启迪。

第六章　跨域污染协同治理案例、理论与经验借鉴

环境污染呈现出区域性、流域性等自然特征，并不依人为划定的行政边界而分布，表现出跨县、跨市、跨省甚至跨国等多层次的跨域特征。中国七大水系的水污染、区域性的 $PM_{2.5}$ 污染等均表现出跨省级行政区特点，该类跨域污染的治理涉及中央和地方关系、地方间合作、环境纵向分权等复杂因素。本书选取京津冀跨域 $PM_{2.5}$ 污染作为研究案例，以环境治理纵向分权为制度基础，深入探讨中国跨域大气污染协同治理的制度和政策工具，提出中国跨域污染协同治理的思路和方向。本章讨论了选取京津冀跨域大气污染协同治理案例的考量，介绍了集体行动、环境分权、网络治理等跨域环境治理理论，从机构设置、运行机制和政策手段等方面介绍了美国在跨域大气污染协同治理方面的经验，为分析京津冀跨域大气污染协同治理提供理论基础和经验镜鉴。

第一节　以京津冀大气污染为例

京津冀城市群是中国三大城市群之一，北京是中国首都，京津冀区域在中国政治、经济版图中占据重要位置。2013 年 1 月以来，京津冀屡次遭遇严重灰霾天气，特别是 2020 年新冠肺炎疫情防控期间，经济活动大量减少，京津冀仍出现重污染天气；2017 年 5 月 20—21 日，还遭受了严重的臭氧污染。京津冀区域性的大气灰

霾、光化学烟雾等日益突出，进入复合型大气污染阶段[①]。该区域的大气污染具有明显的跨域特征。2021 年 9 月北京市生态环境局发布的第三次 $PM_{2.5}$ 来源解析报告显示，北京本地排放约占六成（58% ±16%）、区域传输约占四成（42% ±16%），重污染日区域传输的贡献达 64%（±8%）。与 2018 年发布的源解析结果对比，北京 $PM_{2.5}$ 污染的跨域传输贡献提高约一成，大气污染问题呈现出更明显的跨域特征。

当前，中国环境监管实行以地方政府为主的属地化监管体制，跨区域大气环境管理协同的体制机制还不成熟[②]。日益突出的跨地区大气污染与行政分割的环境监管体制存在天然的矛盾，这种矛盾随着城市内部污染的进一步控制而愈发凸显。全面深化改革以来，中国生态文明体制改革步伐加快，2015 年颁布的《京津冀协同发展纲要》将生态环境保护作为区域协同发展的重点优先领域，2016 年启动了“省以下环境监测监察执法垂直监管”改革试点。2017 年 5 月 23 日，中央全面深化改革领导小组会议指出，“在京津冀及周边地区开展跨地区环保机构试点，理顺整合大气环境管理职责，探索建立跨地区环保机构”，为京津冀跨地区环境管理协同体制机制探索提供了重要契机。

京津冀大气环境治理跨域协同具有一些特殊性：一是北京是中央政府所在地，中央政府拥有区域性环境政策制定权，京津冀治污跨域协同具备来自中央政府强力协调的便利条件；二是京津冀的经济水平、产业结构、治污成本[③]、财政实力等均存在较大差异，区域内经

① 陈健鹏、李佐军、高世楫：《跨越峰值阶段的空气污染治理——兼论环境监管体制改革背景下的总量控制制度》，《环境保护》2015 年第 21 期。

② 陈健鹏、高世楫、李佐军：《“十三五”时期中国环境监管体制改革的形势、目标与若干建议》，《中国人口·资源与环境》2016 年第 11 期。汪小勇、万玉秋、姜文、缪旭波、朱晓东：《美国跨界大气环境监管经验对中国的借鉴》，《中国人口·资源与环境》，2012 年第 3 期。

③ Wu, D., Xu, Y., Zhang, S., “Will Joint Regional Air Pollution Control Be More Cost-Effective? An Empirical Study of China's Beijing-Tianjin-Hebei Region”, *Journal of Environmental Management*, Vol. 149, 2015, pp. 27-36.

济社会发展极不均衡，各地区环保与发展诉求差异大，成为区域环境治理跨域协同的一大挑战。鉴于此，京津冀环境治理跨域协同要回答两个重要问题：首先是以什么样的形式实现京津冀大气环境治理的协同？换句话说，要实现京津冀空气污染跨域协同管理，需要建立地区间协调机制，还是一体化监管体制，抑或是将区域环境监管权力上收环保部（或其派出机构）。紧接着的问题是，通过什么样的配套政策来平衡京津冀跨界空气污染治理在诉求和成本等方面的异质性？特别是，中国环保政策以命令控制型为主，这种来自上级的权威指令，在协调跨地区治污利益的分异上存在天然的不足，需要有针对性的政策设计加以克服。

在学术成果方面，已有研究集中在以下方面：第一，对国外大气污染跨地区管理成功经验的分析和借鉴[①]。从研究对象上看，以介绍美国经验为主[②]，该类研究将跨界污染的情形划分为：州内、跨州和跨国三类，涉及的典型案例包括加州南海岸空气质量管理区（州内）、美国臭氧传输委员会（跨州）和北美自由贸易区环境合作

① 蔡岚：《空气污染治理中的政府间关系——以美国加利福尼亚州为例》，《中国行政管理》2013 年第 10 期。李瑞娟、李丽平：《美国环境管理体制对中国的启示》，《世界环境》2016 年第 2 期。刘洁、万玉秋、沈国成、汪晓勇：《中美欧跨区域大气环境监管比较研究及启示》，《四川环境》2011 年第 5 期。汪小勇、万玉秋、姜文、缪旭波、朱晓东：《美国跨界大气环境监管经验对中国的借鉴》，《中国人口·资源与环境》2012 年第 3 期。周胜男、宋国君、张冰：《美国加州空气质量政府管理模式及对中国的启示》，《环境污染与防治》2013 年第 8 期。朱玲、万玉秋、缪旭波、杨柳燕、汪小勇、刘洋：《论美国的跨区域大气环境监管对我国的借鉴》，《环境保护科学》2010 年第 2 期。

② Bergin, M. S., West, J. J., Keating, T. J., Russell, A. G., "Regional Atmospheric Pollution and Transboundary Air Quality Management", *Annual Review of Environment and Resources*, Vol. 30, No. 1, 2005, pp. 1 – 37. Nordenstam, B. J., Lambright, W. H., Berger, M. E., Little, M. K., "A Framework for Analysis of Transboundary Institutions for Air Pollution Policy in the United States", *Environmental Science & Policy*, Vol. 1, No. 3, 1998, pp. 231 – 238. 蔡岚：《空气污染治理中的政府间关系——以美国加利福尼亚州为例》，《中国行政管理》2013 年第 10 期。汪伟全：《空气污染的跨域合作治理研究——以北京地区为例》，《公共管理学报》2014 年第 1 期。周胜男、宋国君、张冰：《美国加州空气质量政府管理模式及对中国的启示》，《环境污染与防治》2013 年第 8 期。

(跨国)①。在研究地域上，现有研究也涵盖了欧盟②和德国、日本等国家③。这些研究或单纯介绍国际经验④，或基于国际经验提出中国跨域环境管理建议，得出的结论具有一定的启发意义。比如，汪小勇等（2012)⑤ 基于对美国经验的分析，对中国跨地区大气环境管理提出如下建议：成立跨地区权力机构、加强政府区域间协调合作，强化依法治理，多种管理手段综合运用，加强信息公开和公众参与等。然而，由于中国和其他发达国家在政治体制、行政架构、发展阶段、环保意识等方面的差异，这种经验借鉴，如果未建立在充分的理论基础之上、缺少对中国现实的跟踪与深度把握，可能难以抓住主要矛盾、不能对症下药，遭遇水土不服、现实可操作性差的困境。

第二类研究则从中国环境管理的实际出发，深入分析中国环境监管面临的制度困境，从而提出应对之策。比如，张凌云、齐晔（2010）从地方政府官员的晋升激励和税收激励角度，解释了属地化环境监管疲软的制度根源；宋国君等（2008）则从污染跨行政区外部性角度，提出了环境管理体制的设计方案，即将跨界污染的管理权力赋予上一级政府而将外部性内部化。针对跨地区大气污染协同管理，柴发合等（2013）指出，中国联防联控的协调机制面临重大转型，

---

① Nordenstam, B. J., Lambright, W. H., Berger, M. E., Little, M. K., "A Framework for Analysis of Transboundary Institutions for Air Pollution Policy in the United States", *Environmental Science & Policy*, Vol. 1, No. 3, 1998, pp. 231 – 238. 汪小勇、万玉秋、姜文、缪旭波、朱晓东：《美国跨界大气环境监管经验对中国的借鉴》，《中国人口·资源与环境》2012 年第3 期。

② ApSimon, H. M. and Warren, R. F., "Transboundary Air Pollution in Europe", *Energy Policy*, Vol. 24, No. 7, 1996, pp. 631 – 640. Tuinstra, W., Hordijk, L., Kroeze, C., "Moving Boundaries in Transboundary Air Pollution Co-Production of Science and Policy under the Convention on Long Range Transboundary Air Pollution", *Global Environmental Change*, Vol. 16, No. 4, 2006, pp. 349 – 363. 刘洁、万玉秋、沈国成、汪晓勇：《中美欧跨区域大气环境监管比较研究及启示》，《四川环境》2011 年第 5 期。

③ 周适：《环境监管的他国镜鉴与对策选择》，《改革》2015 年第 4 期。

④ Bergin, M. S., West, J. J., Keating, T. J., Russell, A. G., "Regional Atmospheric Pollution and Transboundary Air Quality Management", *Annual Review of Environment and Resources*, Vol. 30, No. 1, 2005, pp. 1 – 37.

⑤ 汪小勇、万玉秋、姜文、缪旭波、朱晓东：《美国跨界大气环境监管经验对中国的借鉴》，《中国人口·资源与环境》2012 年第 3 期。

需特别注重跨地区协调机制的“常态化”；张世秋等（2015）的研究表明，中国大气污染治理步入跨地区合作的新阶段，需注重不同地区的差异化诉求，建立不同主体有效合作的激励机制。这些研究从不同角度探讨了中国环境管理制度存在的问题，也尝试给出了解决办法。然而，此类研究针对的是全国一般情况，并非针对京津冀地区的案例研究，给出的方案不足以匹配京津冀大气环境协同治理面临的新情况、新趋势和区域特殊性。①

针对京津冀跨区域大气污染协同治理的研究并不多见。汪伟全（2014）② 从公共管理的视角，归纳空气污染跨域治理模式，并以北京地区为例，探讨了市政府不同职能部门的合作，指出了跨域空气污染治理利益协调和补偿机制的重要性。Wu 等（2015）③ 针对京津冀地区，计算了大气污染物治理的边际成本，发现京津冀地区大气污染治理成本差异很大，为设计环境经济政策、提高区域治污效率提供了重要支撑。以上述成果为借鉴，本书着重从经济学视角，提出京津冀大气环境协同监管的理论基础，深度归纳国际经验，在对京津冀大气环境监管制度与区域协同机制评估基础上，提出京津冀大气污染协同治理制度和配套政策方案，以期为京津冀协同发展和大气污染协同治理提供学理支持。

---

① 曾贤刚：《地方政府环境管理体制分析》，《教学与研究》2009 年第 1 期。柴发合、李艳萍、乔琦、王淑兰：《我国大气污染联防联控环境监管模式的战略转型》，《环境保护》2013 年第 5 期。陈健鹏、高世楫、李佐军：《“十三五”时期中国环境监管体制改革的形势、目标与若干建议》，《中国人口·资源与环境》2016 年第 11 期。宋国君、金书秦、傅毅明：《基于外部性理论的中国环境管理体制设计》，《中国人口·资源与环境》2008 年第 2 期。杨妍、孙涛：《跨区域环境治理与地方政府合作机制研究》，《中国行政管理》2009 年第 1 期。张凌云、齐晔：《地方环境监管困境解释——政治激励与财政约束假说》，《中国行政管理》2010 年第 3 期。张世秋、万薇、何平：《区域大气环境质量管理的合作机制与政策讨论》，《中国环境管理》2015 年第 2 期。

② 汪伟全：《空气污染的跨域合作治理研究——以北京地区为例》，《公共管理学报》2014 年第 1 期。

③ Wu, D., Xu, Y., Zhang, S., “Will Joint Regional Air Pollution Control Be More Cost – Effective? An Empirical Study of China's Beijing – Tianjin – Hebei Region”, *Journal of Environmental Management*, Vol. 149, 2015, pp. 27 – 36.

第二节　跨域环境治理理论

（一）集体行动理论

奥尔森集体行动逻辑阐释了个人理性与集体理性的冲突，以及不同主体的利益分异，根源在于理性个体在具有共同利益的集体中会陷入“搭便车”的困局[①]。京津冀跨域大气污染防治面临环境外部性与集体行动困境的双重困扰，深层次原因在于域内治污成本收益的空间不均衡，三地经济发展差异大，空气质量诉求也显著不同，导致区域环境管理内生激励不足[②]。建立激励相容、利益协调的治理模式是解决困境的关键。在上级协调的同时，同级地方政府可围绕区域公共物品提供，进行平等协商和谈判，使地方利益诉求得到充分表达和尊重，即通过纵向与横向相结合的方式解决跨域公共服务供给问题。突出横向自主合作有助于消除政策间矛盾、优化稀缺资源配置、增进利益主体协同度[③]。选择政策工具时需倚重经济手段的利益协调功能，推动治理手段从命令型为主向命令型和经济型并重的转型[④]。当某地为改善区域整体环境而牺牲超出自身责任的经济利益时，受益方须进行相应经济补偿[⑤]。

---

① ［美］曼瑟尔·奥尔森：《集体行动的逻辑》，陈郁、郭宇峰、李崇新译，上海人民出版社 1995 年版。李文钊：《中央与地方政府权力配置的制度分析》，人民日报出版社 2017 年版。薄贵利：《集权分权与国家兴衰》，经济科学出版社 2001 年版。［美］约瑟夫·E. 斯蒂格里茨：《公共部门经济学（第三版）》，郭庆旺等译，中国人民大学出版社 2005 年版。

② 王金南、宁淼、孙亚梅：《区域大气污染联防联控的理论与方法分析》，《环境与可持续发展》2012 年第 5 期。

③ Pollitt, C., "Joined - Up Government: A Survey", *Political Studies Review*, Vol. 1, No. 1, 2003, pp. 34 - 49.

④ 马本、秋婕：《完善决策机制落实企业责任 加快构建现代环境治理体系》，《环境保护》2020 年第 8 期。

⑤ 王金南、宁淼、孙亚梅：《区域大气污染联防联控的理论与方法分析》，《环境与可持续发展》2012 年第 5 期。

（二）环境分权理论

跨域污染治理可通过将管理权赋予高层级政府而实现内部化。治污责任的纵向配置通过改变治污监管和治理行为激励，决定跨域协同治理的需求和形式。理论上，环境管理权下放具有诸多优势：第一，地方政府更具信息优势，更了解居民偏好、污染源、治理成本等信息，决策更贴近实际，更具经济效率①；第二，有助于政策差异化。当环境损害成本的地区差异较大，政策差异化可增进经济福利②；第三，环境公共品具有规模不经济特征，地方提供能够节省供给成本③；第四，地方政府拥有更大自主性，促进环境政策创新④；第五，更能与地方城市规划等事务协调⑤。

环境向下分权也存在重大挑战，可能导致地方政府间协调不足，缺少跨域立法和规制导致污染泄漏，特别是来自地方经济利益压力可能造成政策执行扭曲。一是在多级政府、多目标委托代理框架下，经济增长目标自上而下层层加码，环保压力传递却层层递减⑥，导致分权体制下基层政府“重经济、轻环保”。二是地方间策略互动行为可能导致政府无效率的弱环境规制：首先，跨域污染导致分权决策“以邻为壑”，治污收益跨界外溢导致“搭便车”现象，产生集体行动困境；其次，为争夺流动性资源（资本和人才），保持工业竞争力，各

---

① Oates, W. E., "An Essay on Fiscal Federalism", *Journal of Economic Literature*, Vol. 37, No. 3, 1999, pp. 1120 - 1149.

② Ulph, A., "Harmonization and Optimal Environmental Policy in a Federal System with Asymmetric Information", *Journal of Environmental Economics and Management*, Vol. 39, No. 2, 2000, pp. 224 - 241.

③ Olson, M., "The Principle of 'Fiscal Equivalence': The Division of Responsibilities Among Different Levels of Government", *The American Economic Review*, Vol. 59, No. 2, 1969, pp. 479 - 487.

④ Oates, W. E., "An Essay on Fiscal Federalism", *Journal of Economic Literature*, Vol. 37, No. 3, 1999, pp. 1120 - 1149.

⑤ Sjöberg, E., "An Empirical Study of Federal Law Versus Local Environmental Enforcement", *Journal of Environmental Economics and Management*, Vol. 76, 2016, pp. 14 - 31.

⑥ 参见2016—2018年中央对31个省级行政区环保督察情况的反馈意见。

地方政府将放松管制作为筹码而出现“竞次”[①]。从地方策略互动角度看，污染跨界外溢和治污“搭便车”是传统分权体制在跨域治理失灵的首要因素，是建立有效机制应突破的关键挑战[②]。由此可见，环境管理权的纵向配置是成本收益权衡的结果，即便污染具有跨省影响，其治理亦不应完全由中央政府负责，地方政府间的协调和合作亦不可或缺。

（三）网络治理理论

政策网络理论聚焦参与区域治理的政府部门、企业、社会组织和公民等多主体及其关系，治理主体通过分享公共权力、管理公共事务，建立利益相关者构成的横向合作关系[③]。发挥网络治理在京津冀大气污染治理中的作用，要求参与主体的多元化、治理手段的多样化和创新性[④]，以实现各主体参与的积极性和激励有效性。中央政府应把控政策推出时机，支持地方政府间通过协商、对话建立合作机制，实现信息与技术共享。调整考评机制以协调各级政府利益与协作关系；地方政府根据辖区实际制定政策，激励和监管地方企业采取治污行动；畅通公众和社会组织参与区域大气污染治理的渠道，拓展环境监管形式，降低治理成本，提高环境治理的针对性和有效性[⑤]，实现政府主导、企业执行、公众参与的良性循环。

---

① Brueckner, J. K., “Strategic Interaction among Governments: An Overview of Empirical Studies”, *International Regional Science Review*, Vol. 26, No. 2, 2003, pp. 175 – 188.

② 马本、郑新业、张莉：《经济竞争、受益外溢与地方政府环境监管失灵——基于地级市高阶空间计量模型的效应评估》，《世界经济文汇》2018 年第 6 期。

③ 张康之、程倩：《网络治理理论及其实践》，《新视野》2010 年第 6 期。

④ 于溯阳、蓝志勇：《大气污染区域合作治理模式研究——以京津冀为例》，《天津行政学院学报》2014 年第 6 期。

⑤ 赵孝贤、刘莹：《我国大气污染跨区域协同治理法律机制的完善》，《法制与社会》2020 年第 24 期。

第三节　大气污染跨域协同治理的美国经验

（一）美国跨域大气治理的机构

1. 国家管理机构——美国环境保护署及区域分局

美国环境保护署（EPA）的职责包括制定和执行环境法规，从事或赞助环境研究和环保项目、培养公众环保意识等。EPA现有全职雇员大约18000名，所辖机构包括华盛顿总部、10个区域分局和超过17个研究实验所。总部现有管理机构中，设有大气和辐射办公室专门负责美国的大气污染防治工作，共有公务人员约1400名。根据《清洁空气法案》和《国家环境空气质量标准》规定的污染物排放标准，EPA将全国分为3类：达标区、不达标区和无法判定区。其中，不达标区被划定为大气质量控制区，必须实行《州实施计划》（以下简称SIP），以达到并保持大气质量标准。

EPA将美国50个州划为10个大区，每个大区设立区域分局，由它们代表EPA执行联邦的环境法律、实施EPA的各种项目，促进跨州区域性环境问题的解决[①]。各区域办公室与EPA总部保持着密切联系。由于区域办公室能够充分了解区域大气环境问题，在通过与总部的合作中，区域办公室在国家政策制定中发挥了关键作用。其中该办公室培养了一批环保署的领导型人才和具有环境管理能力的专家型人才，增强了EPA成功解决环境问题的能力[②]。

2. 区域管理机构——美国加州南海岸空气质量管理局

美国加州南海岸空气质量管理局（SCAQMD）是加州政府下属的机构，受加州政府的领导、接受加州政府的财政拨款，SCAQM的规定必须由CARB（California Air Resources Board）以及EPA通过才能

---

① 郑军、魏亮、国冬梅：《美国大气环境质量监测与管理经验及启示》，《环境保护》2015年第18期。

② 宁淼、孙亚梅、杨金田：《国内外区域大气污染联防联控管理模式分析》，《环境与可持续发展》2012年第5期。

生效①。其内部机构设置与职责划分见表6－1②。

表6－1　美国加州南海岸空气质量管理局机构设置与职责划分

组织机构	主要职责
理事会	颁布条例并确定支持或通过规则修订
行政办公室	机构管理，制定和实施达到环境空气质量标准的战略
法律顾问	执行和诉讼，并代表执行干事处理差异、减少订单和允许向听证委员会提出上诉
科学与技术办公室	对国家监测站、州和地方监测站以及光化学评估监测站计划进行监测和分析
工程与合规办公室	许可证制度，包括发放和管理区域清洁空气激励市场的许可证、允许在非区域清洁空气激励市场建造和运营设备及联邦V级的经营许可证计划
监督执行办公室	确保遵守许可证条件、当地空气质量规则和条例以及州和联邦在许可设施的空气质量规定
规划与面源办公室	空气质量规划功能，并为新的规则和现有规则的修订制定建议
立法与公共事务办公室	促进公众参与和了解空气质量问题、法律和政策；向广大市民、企业及地方政府等提供有关法规与规划信息
人力资源办公室	管理和解释人力资源相关的法律法规，管理人员和员工关系
财务办公室	金融相关事务，包括处理工资单、管理合同采购等审核
信息管理办公室	信息管理职能，包括网络服务、公共档案申请、技术规划等

资料来源：加州南海岸空气质量管理局官方网站（http：//yourstory. aqmd. gov/nav/about/offices#GB）。

SCAQMD作为跨地区空气污染的管理机构，健全成熟的运行机制保障了其有效发挥空气污染跨界治理功能，形成跨行政区空气治理机制。SCAQMD还形成了有效的经费保障机制。SCAQMD的经费来源主要包括三部分：第一，商业污染企业的排污收费，排污大户也是缴费

① 郑军、魏亮、国冬梅：《美国大气环境质量监测与管理经验及启示》，《环境保护》2015年第18期。

② 周胜男、宋国君、张冰：《美国加州空气质量政府管理模式及对中国的启示》，《环境污染与防治》2013年第8期。

大户，该部分收入占预算总额的约70%。第二，机动车辆注册登记费，该收入大概占20%。在征收机动车辆注册登记费的同时，每辆机动车再加收5美元的附加费，主要用于改善城市空气质量、开发清洁燃料、鼓励合乘等方面的支出。第三，商业污染企业每年必须缴纳的排污许可年费（陶希东，2012）①。

3. 区域管理机构——臭氧传输委员会

臭氧传输委员会（OTC）是根据《清洁空气法》建立的跨州组织。《清洁空气法案》1990年修正案开始对臭氧进行区域管理和控制，划分了臭氧传输区域（Ozone Transport Region，OTR），并在臭氧污染严重的东北部（包括缅因州、弗吉尼亚州等12个州与哥伦比亚区）建立了管理机构——臭氧传输委员会（Ozone Transport Commission，OTC）②。该委员会负责就跨域污染问题向环保署提供咨询，并负责制定与实施东北和大西洋中部地区地面臭氧问题的区域解决方案。

（1）机构设置。OTC的组成成员有一定的限制，参加会议的成员必须是政府环境委员，EPA是其中必须参与的成员之一，从而保证联邦政府和州政府能在一起讨论问题。当地方政府需要通过OTC向EPA提供建议时，EPA可以赞成也可以驳回。但是驳回OTC的建议，EPA必须给出理由，并提出可以达到相同目的的供选择的其他方案。

（2）职能职责。OTC的工作包括三个主要方面：第一，风险评估和模型研究。大气污染造成了哪些潜在的健康威胁和不确定性？该项工作要求OTC时刻保持高度的科学敏感性，不断关注新的科学研究成果；第二，移动源的政策发展，主要是汽车的移动污染；第三，固定源的政策，主要是能源的有效利用。

（3）运作方式。其一，联合科研、企业等各种机构进行科学研究和综合评估，通过对大气污染物的传输研究，为EPA制定控制臭氧

① 陶希东：《美国空气污染跨界治理的特区制度及经验》，《环境保护》2012年第7期。

② 宁淼、孙亚梅、杨金田：《国内外区域大气污染联防联控管理模式分析》，《环境与可持续发展》2012年第5期。

长距离传输相关决策提供可靠依据；其二，OTC 成员州之间的约定。在 OTC 成员共同签署的理解备忘录指导下，各成员通过合作协议，相互合作、共同协商区域内移动污染源的控制；其三，联合机制。OTC 成员州通过该机制可以在某个事件上一致对外①。

由于中美两国体制的差异，中国中央政府在跨地区环境治理上具有更大的权威性，中央政府的治污决策和政策在中国自上而下的环境治理中发挥着重要作用。本书分析美国经验，侧重于从跨域协同体制特别是合作机制上借鉴其中可取可行的做法，如管理机构联合科研机构与企业综合研究污染物的传输机制，为科学决策提供坚实的依据；通过跨域横向的综合决策，统筹跨域大气污染治理等。这些是中国在跨域大气污染协同治理体制机制探索中可以借鉴的重要方面。

（二）美国跨州大气污染治理政策

为从政策工具上分析美国跨域大气污染治理经验，本书进一步梳理了美国跨地区大气污染治理计划（见图 6－1），然后以州际 $PM_{2.5}$ 和臭氧治理为例，分析了美国跨州大气污染治理的主要过程。

1. 美国跨域大气污染治理计划沿革

（1）酸雨计划（ARP）。1990 年“清洁空气法”（CAA）修正案的第四章设立了酸雨计划，该计划通过减少化石燃料发电厂的 SO_2 和年度 NO_x 排放的方式解决美国的酸雨问题。与建立特定排放限制的传统命令控制手段相比，ARP 中的 SO_2 计划引入了一种新型的配额交易系统，该系统利用市场的经济激励来减少污染。该配额分配和交易计划分两个阶段实施：第一阶段始于 1995 年，影响了 21 个东部和中西部各州污染最严重的燃煤机组；第二阶段于 2000 年开始，扩大到包括其他毗邻煤、石油和天然气燃烧的州。在第二阶段，EPA 收紧了年度 SO_2 排放上限——从 2010 年开始永久年度上

① 朱玲、万玉秋、缪旭波、杨柳燕、汪小勇、刘洋：《论美国的跨区域大气环境监管对我国的借鉴》，《环境保护科学》2010 年第 2 期。

限设定为895万个配额。

（2）氮氧化物预算交易项目（NBP）。NBP是一个基于市场的限额和交易计划，旨在减少夏季臭氧污染高发期间发电厂和其他大型燃烧厂的NO_x排放，以解决导致美国东部臭氧污染的空气污染跨地区运输问题。该计划在2003年至2008年的臭氧高发季节实行，是1998年颁布的NO_x排放州实施计划（SIP）呼吁的核心部分，旨在帮助各州达到1979年制定的臭氧国家空气质量标准。排放州实施计划覆盖的所有21个辖区（20个州和华盛顿特区）都参与了NBP。2009年，清洁空气州际计划（CAIR）的臭氧季节计划开始实施，该计划有效取代了NBP以继续实现电力部门臭氧高发季节的NO_x减排。

（3）清洁空气州际计划（CAIR）。CAIR要求28个东部辖区（27个州和华盛顿特区）减少SO_2和NO_x排放，这些排放具有跨州影响导致下风向区域的细颗粒物和臭氧污染。CAIR要求25个东部辖区（24个州和华盛顿特区）的电力部门限制每年排放的SO_2和NO_x，以解决形成细颗粒物的区域州际空气污染传输问题。它还要求26个辖区（25个州和华盛顿特区）限制电力部门形成臭氧的NO_x的季节排放，以解决在臭氧高发期产生的跨州空气污染传输问题。与ARP类似，CAIR使用三个独立的基于市场限额和交易计划来实现减排并帮助各州达到1997年的臭氧和细颗粒物国家空气质量标准。EPA于2005年5月12日发布了CAIR，并于2006年4月26日发布了CAIR联邦实施计划（FIP）。CAIR的NO_x臭氧季节和NO_x年度计划于2009年开始，而CAIR的SO_2计划于2010年开始。

（4）跨州空气污染计划（CSAPR）。EPA于2011年7月发布了CSAPR，要求美国东半部的28个州通过减少电厂的跨州排放而改善空气质量，跨州排放导致了其他州的细颗粒物和夏季臭氧污染。CSAPR要求23个州减少SO_2和年度NO_x排放，以帮助下风向区域达到2006年24小时或1997年细颗粒物的国家空气质量标准。CSAPR将需要减少SO_2排放的州分为两组。两组必须在第一阶段减少SO_2排放。第一组必须进一步减少第二阶段SO_2排放量，以消除它们对下风向空气质量的重大影响。CSAPR第一阶段的实施始于2015年1月1日，第二阶段于2017年1月1日开始实施。

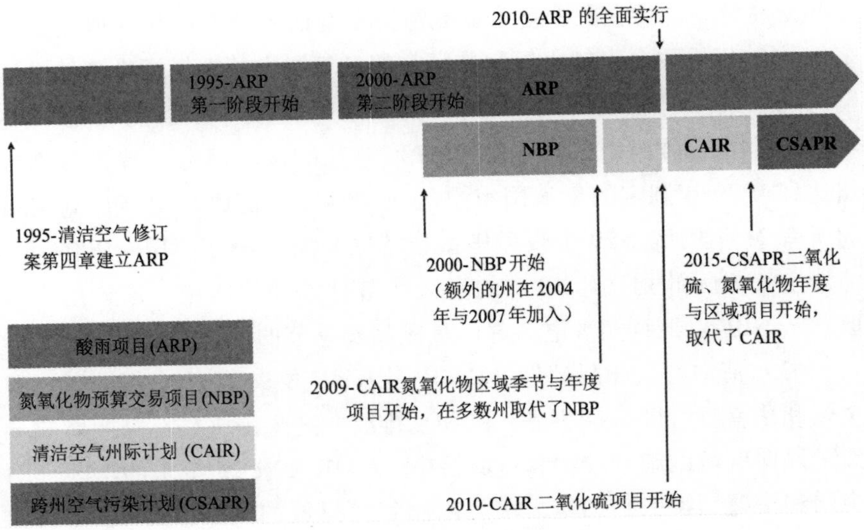

图6－1　美国跨域大气污染治理计划的演变历程

资料来源：EPA网站。

2. 美国跨域大气污染治理决策

根据EPA2011年颁布的《联邦实施计划：$PM_{2.5}$和臭氧的州际传输和SIP认证的更正》，美国通过限制州际间NO_x和SO_2的传输来进一步治理下风向州的$PM_{2.5}$和臭氧问题，具体决策和实施流程见图6－2。

第一，识别下风向州未达标区域。基于空气质量标准进行判定，根据2003年至2007年的实测数据，EPA对未来的空气质量设计值进行预测，用这些值的平均值来评估某个区域是否处于未达标状态。EPA使用最大预计设计值来评估某一地区是否难以达到国家环境大气质量标准（即一个地区是否有理论上的可能性在不利的排放和天气条件下未达标）。表6－2展示了年度$PM_{2.5}$浓度中上风向州对下风向州污染的最大贡献。

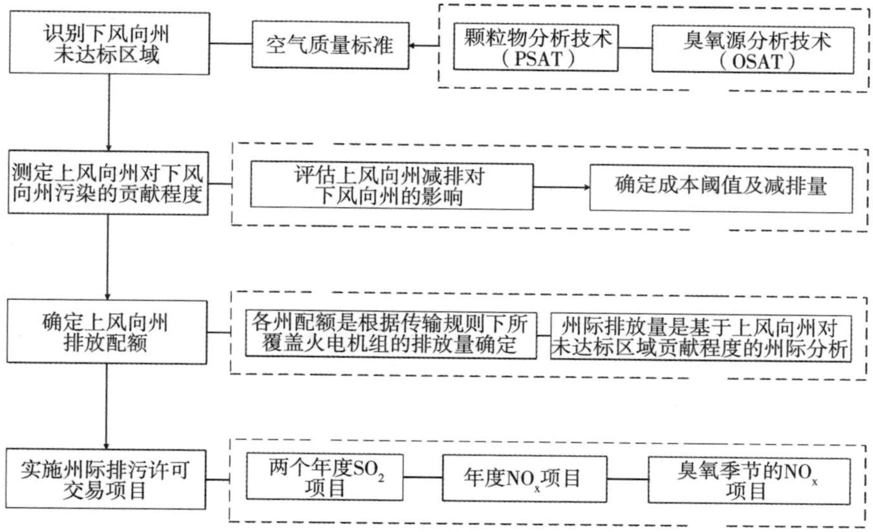

图 6－2　美国跨域大气污染治理计划决策和实施流程

注：颗粒源分析技术（PSAT）：用于计算对下风向州 $PM_{2.5}$ 的未达标区域的贡献程度。在 PSAT 模拟中，NO_x 排放跟踪颗粒硝酸盐浓度，SO_2 排放跟踪颗粒硫酸盐浓度，并且有机碳、元素碳和其他 $PM_{2.5}$ 物质被确认为主要颗粒；臭氧源分析技术（OSAT）：用于计算对下风向州 8 小时臭氧的未达标区域的贡献程度。OSAT 追踪了 NO_x 和 VOC 排放中有关臭氧的形成。

表 6－2　上风向州对下风向州污染的最大贡献额

上风向州	对下风向未达标州年度 $PM_{2.5}$ 的最大贡献（$\mu g/m^3$）	对下风向达标州年度 $PM_{2.5}$ 的最大贡献（$\mu g/m^3$）
阿拉巴马州	0. 51	0. 19
阿肯色州	0. 10	0. 04
康涅狄格州	0. 00	0. 00
特拉华州	0. 00	0. 00
佛罗里达州	0. 08	0. 01
格鲁吉亚州	0. 46	0. 13
伊利诺斯州	0. 50	0. 65

第二，测定上风向州对下风向州污染的贡献度。综合使用空气质量模型与基于成本的多因素分析确定上风向州的实际减排量。具体步骤如下：

①评估上风向州减排对下风向州的影响。EPA 使用空气质量评估模型来估算不同成本下的综合减排，上风向污染贡献州对预计未达标下风向监测点的空气质量影响。②确定成本阈值和减排量。EPA 通过减排成本和空气质量信息进行多因素综合分析，以确定“合适的成本阈值”。分析空气质量的因素包括：下风向州的空气质量改善多少是上风向州减排的贡献；下风向州本地减排的潜力和可能性。成本因素包括：每吨减排成本与国家和州平均成本的对比；每吨成本是否与流行治污技术的成本一致；需要增加多少成本才能实现空气质量改善。EPA 会基于污染物减排边际成本曲线，选择成本可以接受的减排量。

第三，确定上风向州排放配额。各州配额是根据传输规则下所涵盖火电机组的排放量确定的，州际排放量是基于 EPA 对每个上风向州对未达标区域贡献程度的州际分析，使用 2012 年和 2014 年预计的州际排放量设定该州相关污染物的排放配额，并根据州际规则进行控制。每个州传输规则下包括年度 SO_2、年度 NO_x 或臭氧季节性 NO_x 的排放配额，传输规则将排放配额分配给现有发电机组。

第四，实施州际排污许可交易项目（Air Quality – Assured Trading Programs）。该项目从 2012 年开始，建立了四个州际交易计划：两个年度 SO_2 计划，一个年度 NO_x 计划，一个臭氧季节的 NO_x 计划。SO_2 交易计划的第 1 组是针对需要更大规模减排以消除其重大污染贡献的州，SO_2 交易计划的第 2 组针对减排相对较小的州。SO_2 的两个交易计划只能在组内进行。为分别遵守年度 NO_x 和臭氧季节性 NO_x 交易计划，可以使用分配给各州的年度 NO_x 和臭氧季节 NO_x 配额。

针对州际交易措施，EPA 同时提供了州内交易与直接管制两种其他方案，通过对比并征求了公众意见。绝大多数公众意见支持交易补救措施：通过使用州特定的控制预算并允许州际交易，该措施为发电厂提供了灵活性选择，可以进行最具成本有效性的减排，例如安装控制设施、更换燃料、降低使用率、购买配额或上述措施的组合。与州际交易相比，在达到同样的减排效果时，州内交易或直接管制之于污染源选择的灵活性较小，将产生更高的减排成本。

（三）美国跨域大气污染协同治理经验镜鉴

1. 有效的跨域管理机构、健全的运行机制提升跨域大气污染治理能力

美国采取了国家管理机构（EPA）、跨区域管理机构（EPA 分局、SCAQMD、OTC 等）、各州环境管理机构，构成了多层次的管理体系；特别是区域管理机构的设立建立在规范的法律法规、机构设置、职能职责、运作方式基础上，在跨州大气污染治理上发挥了较大的作用。跨域管理机构的成员既包括 EPA 成员也包含地方政府环境委员，在协同地方治理臭氧问题的同时，联邦政府也能够参与政策讨论并提供相应指导。当地方通过 OTC 向联邦政府提出治理建议时，若联邦政府拒绝，必须给出具体理由，并提出可达到相同目的的替代方案，反映出联邦政府与地方政府之间就跨域大气污染治理上进行了密切协作。相关机构在横向和纵向上的充分协作，提高了应对跨域大气污染的管理能力。

2. 污染跨域影响测定技术成熟，明确跨域污染减排责任归属

针对跨域污染的州际影响大小，美国使用颗粒物分析与臭氧源分配技术并结合空气质量限值进行定量化的判定识别，明确跨区域大气污染中上风向州对下风向州的贡献份额，而后结合减排成本确定上风向州的具体排放配额。对于跨域污染治理，明确的责任界定是协同治理的重要科学基础。协同治理方案应建立在污染跨域影响定量化测定基础上，大气污染跨域测定技术和判定程序是精准治理、科学治理的重要支撑。

3. 严谨量化的成本收益分析，制定体现经济效率的减排目标

EPA 合理量化并确定了每吨排放的成本阈值并绘制“成本曲线”，进一步测算出使下风向空气质量发生明显变化的成本阈值点，即为实施某类排放控制所排放的污染物能够实现的最优成本效益方案。通过严谨量化的成本收益分析，在减排目标制定时体现经济效

率，确保减排目标既不过于激进，也不过于保守，更好地协调经济发展与污染治理之间的矛盾。

4. 区域间形成密切的协作关系，配额交易政策确保污染治理低成本

酸雨计划、氮氧化物预算交易项目、清洁空气州际计划等州际空气质量保障项目的实施使各州之间建立密切的业务关系，通过责任界定、配额分配、跨州排污许可交易、州减排计划等工作建立密切的协作机制。在满足污染排放限值前提下，通过排污许可交易这种经济手段，为火电厂提供了更灵活的进一步减排激励，在减排量相同时，在低成本实现目标上具有显著优势。排污企业可以采用诸如安装污染控制设施、更换燃料、降低使用率、购买配额等措施，或者这些措施的组合实现合规目标。

第七章　京津冀大气污染协同治理制度演变、评估与设计

京津冀大气污染协同治理制度建立在中国传统的环境管理体制基础之上，并受最新生态环境管理体制改革的影响。从环保系统人员在多层级间的配置和环保资金投入结构等角度，分析京津冀跨域大气污染协同治理的制度基础。而后依据京津冀协同治污实践，将协同制度分为协同萌芽期、机制探索期和体制完善期，按照协同治理措施的特点，划分为临时性、运动式措施与常态化、制度化治理措施，并对主要的治理手段进行了梳理。基于这些分析，识别出京津冀大气污染协同治理面临的主要问题：治理效果不稳固、长效机制未建立，治理成本高、成本收益地区失衡。从决策机制、实施机制、考评机制、信息机制、资金机制五个角度分析了产生上述问题的原因，最后从这五个方面对京津冀大气污染协同治理制度进行了改进思路的设计，旨在建立激励兼容、利益平衡的跨域协同治理新格局。

第一节　京津冀环境管理体制与变革

中国传统的生态环境管理体制在国家、省、市、县四级政府均设有专门的生态环境保护机构。省级生态环境厅实行省级人民政府与生态环境部的双重领导，但在行政上隶属于省级政府，省级生态环境厅主要领导的任命由省政府负责，需征求生态环境部党组意见；市/县级生态环境局局长则由同级人民政府任命，上级生态环境局仅对其业务进行指导。京津冀环境管理体制是全国体制的缩影，传统的“条块

分割、以块为主”的环境管理体制赋予县级政府较大的环保政策执行的权力，中央政府则对生态环境政策的制定具有较高的权威性。在跨省污染治理上，集中的政策制定与自上而下的协调可能严重依赖上级的行政权威，过于分散的政策执行监管则可能导致跨域污染治理协调上陷入步调不一的各自为政的局面。因此，在纵向权力优化的前提下，探索激励兼容、体现经济效率的跨域协同治理新制度，是建立横向协同治理长效机制和改善区域环境质量的重要内容与根本保障。

（一）环保系统人员配置

2008 年 3 月，第十一届全国人民代表大会第一次会议通过了《国务院机构改革方案》，将原国家环境保护总局升格为环境保护部，并作为国务院组成部门。以此次机构改革为节点，京津冀各级环保人员数量呈现出较大变化（见图 7－1）。其中，环保监察人员数量受机构改革影响最大，中央环保人员数量在 2008 年后快速上升，仅 2009 年就增长 70%，此后逐年稳定增长；与此同时，省级环保监察人员历年变动不大，而县级人数增长较快，保持了年均 5% 的增速。环保行政人员受机构改革影响，统计期间中央环保人员数量自 2008 年后呈稳步上升趋势；地级市行政人员自 2007 年后有所下降，2007—2015 年人员数量基本稳定在 500 人左右。不难看出，中央政府在环保行政和监察方面的职能在 2008 年后呈现增强趋势，京津冀的省级与地级市环保人员变化幅度不大，整体较为稳定，而县级人员数量呈快速增长趋势，这种趋势反映出中央和县级环境管理能力在持续增加，而省和市级的环保管理力量被相对削弱，京津冀的区域特征与全国总体趋势保持一致。

近年来生态环境管理体制改革进入加速期。2016 年 9 月 22 日，中央办公厅、国务院办公厅印发了《关于省以下环保机构监测监察执法垂直管理制度改革试点工作的指导意见》。其主要内容：一是将市、县环境监察职能上收。市、县两级的环境监察职能由省级环保部门统一行使，通过向市或跨市县区域派驻等形式实施环境监察；二是在县级不再实行县环保局隶属于县政府的属地管理。县级环保局作为市

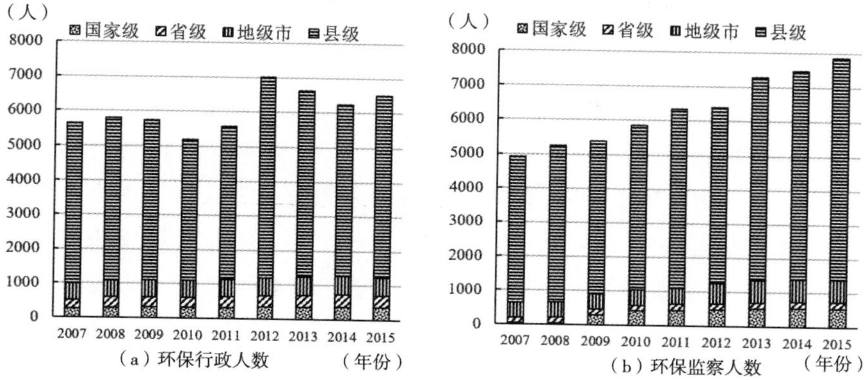

图 7－1　京津冀环保行政与环保监察人员数量结构与变化

资料来源：《中国环境年鉴》。

局的派出分局，市级环保局将实行以省级环保厅为主的双重管理，虽仍为市政府工作部门，但主要领导由省级环保厅提名、审批和任免。因此本次省以下环保机构监测监察执法改革在于“加强条、削弱块”，但此次改革并不是加强中央政府的生态环境管理权，是有限度的向上集中，主要致力于解决属地化的环保体制不利于环境政策在地方得到充分执行的问题。

2018 年 9 月 11 日，中国机构编制网发布了于 2018 年 8 月 1 日起施行的《生态环境部职能配置、内设机构和人员编制规定》（简称“三定方案”），其中机关行政编制由 311 名增加到 478 名，司局级领导职数由 48 名增加到 78 名。从国家级与京津冀省级环保机构人员增长趋势来看，中央环保人员总体数量远大于京津冀省市级。具体而言，中央环保行政与监察人员增速较快，且明显多于京津冀省级人员数量。经历了新一轮体制改革，国家级环保机构人数增长明显，京津冀省级环保人员仍相对不足；中央环境监管权进一步增强，而京津冀等省级的环境管理权相对削弱。

（二）环保资金投入结构

环保资金投入是环境治理的重要资源和支撑。环保资金既包括污染源治理的私人投入，也包括政府的公共支出。在中国的大气污染治理领域，工业企业的治污支出远远超过政府财政支出。如图 7－2 所示，以工业企业大气污染治理设施运行费用为例，2010 年以来呈现较快上升趋势，2015 年达到 1866 亿元；由于该项支出没有包括治污设备建设支出，因此是企业大气污染治理的保守值。而 2015 年各级政府财政投入到大气污染治理上的资金总计 298 亿元，尽管该项支出从 2010 年经历快速增长趋势，到 2018 年达到 695 亿元。可见，政府大气污染治理投入快速增长，2018 年名义值是2010 年的25.7 倍；但中国大气污染治理资金主体是工业企业等重点污染源的私人投入。这意味着，环境管制力度增加后，治理成本的增加主要由各地区的企业承担，进而影响到该地区的总体收入和各主体的经济收入[①]；政府给予的经济补偿很可能不能够抵偿当地经济的损失。

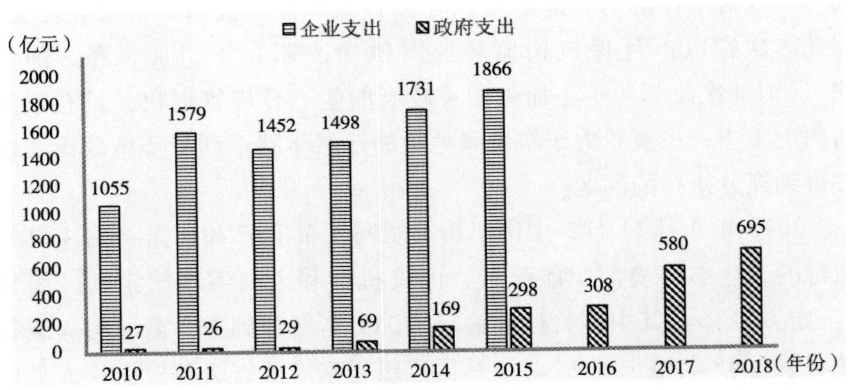

图 7－2　中国大气污染治理工业企业支出与政府财政支出对比

资料来源：财政部网站历年财政决算数据、中国环境统计数据；其中企业支出为大气污染治理设施运行费用，2015 年之后的数据不可得。

在不同层级政府财政投入中，图 7－3 表明，地方政府 2010 年的

① 马本、刘侗一、马中：《环境要素的环境收益、数量测算与受益归宿》，《中国环境科学》2021 年第 6 期。

节能环保财政支出有半数以上（58%）来自中央的转移支付；2015年地方节能环保财政支出中来自中央的转移支出降至42%，地方本级支出5年内增加155%，而中央对地方转移支付仅增加35%。该趋势表明，地方政府承担了更多的节能环保的财政支出责任，中央政府对地方的转移支付是地方履责的重要支撑，但对地方节能环保上的支持力度有所下降。

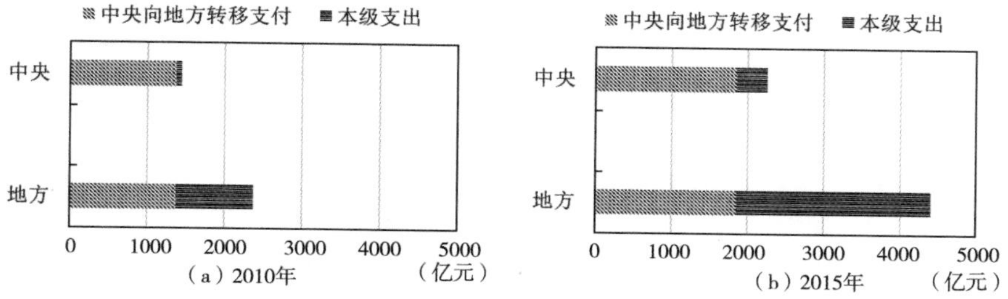

图7－3　2010年和2015年中央与地方节能环保财政决算

资料来源：财政部历年全国财政决算。

进一步地，针对政府大气污染治理财政支出，根据图7－4，中央财政在2014年承担了主体责任，其转移支付数额为106亿元，同年地方财政支出仅为63亿元；随着《大气污染防治行动计划》的深入实施和污染防治攻坚战的深入推进，地方财政在大气污染治理上的投入超过中央财政的转移支付，成为政府财政投入的主要来源。比如，2018年地方各级财政有495亿元用于大气污染防治，同年中央财政转移支付数额仅为200亿元。可见，地方财政在大气污染治理上承担了越来越大的支出责任。考虑到工业企业等污染源的治理投入是污染治理资金的主体，而地方政府财政支出又是大气污染治理政府资金的主要来源，因此不难得出包含京津冀在内的中国各地区大气污染治理的经济成本主要由地方企业和政府承担的结论。

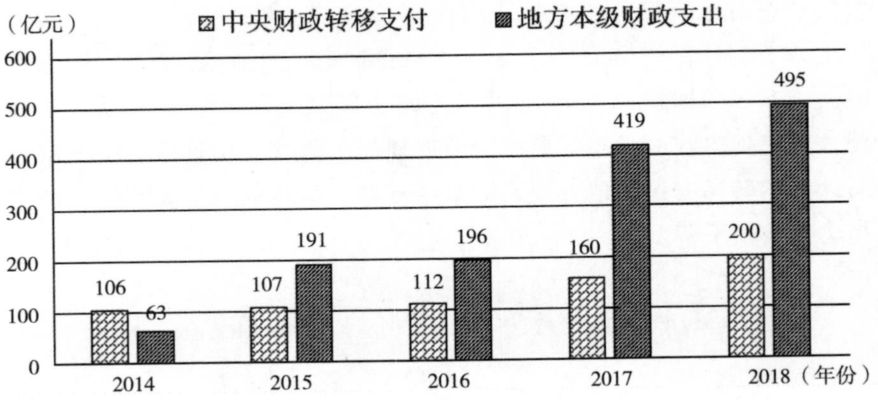

图 7-4 中央财政与地方财政的大气污染防治资金支出

资料来源：国家财政部网站历年财政决算。

第二节 京津冀大气污染治理的协同实践

（一）协同治理的制度演变

对协同治理制度和措施进行归纳，将京津冀大气污染协同治理实践划分为三个阶段：协同萌芽期、机制探索期与体制完善期，具体措施见图 7-5。

协同萌芽期（2007—2009 年）。2007 年国务院发布《第 29 届奥运会北京空气质量保障措施》，是最早涉及北京周边大气污染协同治理的文件之一。虽然多为临时性举措，但在一定程度上打破了“各自为政”的治理体制，为开展区域间联防联控做出了有益尝试。

机制探索期（2010—2016 年）。2010 年 5 月，原环保部等发布《关于推进大气污染联防联控工作改善区域空气质量的指导意见》，首次提出建立大气污染联防联控机制，标志着区域协同治理进入探索实施阶段。以 2013 年 9 月“大气十条”的颁布为节点，京津冀跨域治理机制和政策密集出台；特别是同年 10 月，京津冀及周边地区大气污染防治协作小组（以下简称“协作小组”）成立，联防联控措施首次上升到制度层面。2015 年，又相继建立了机动车控制协作机制、环境执法联动工作机制等，开展了较为丰富的区域协作机制的探索。

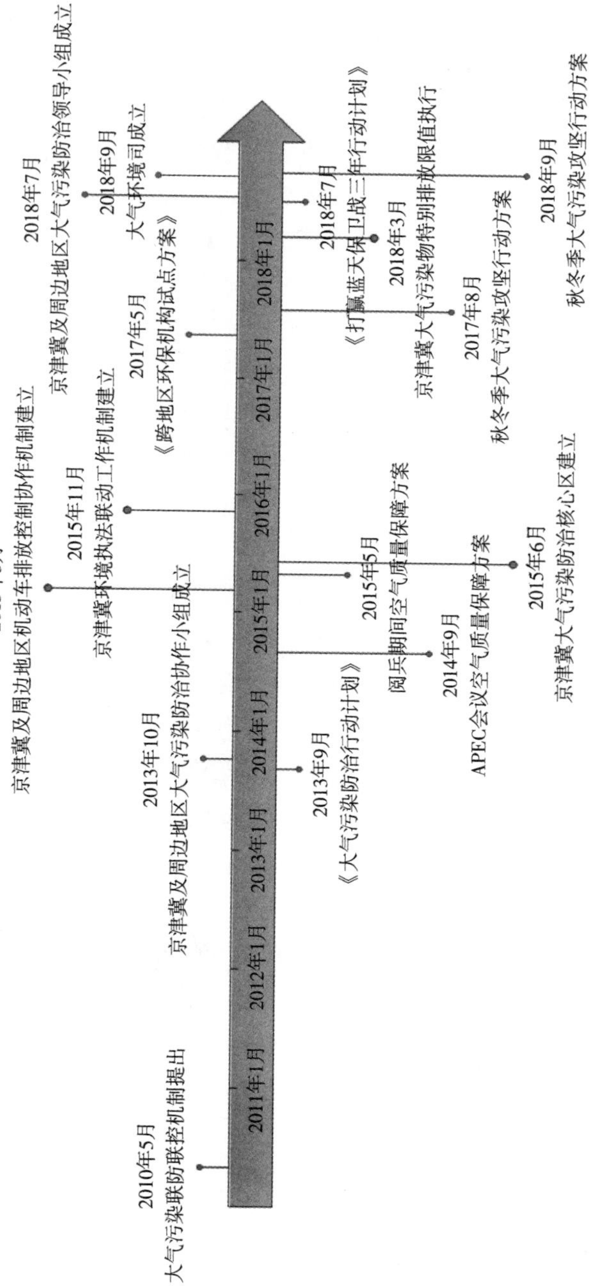

图7-5　京津冀大气污染治理跨域协同实践

在此期间，划定了京津冀大气污染防治核心区，制定并实施了 APEC 会议、阅兵期间空气质量保障方案，取得了较好效果。

体制完善期（2017 年）。2017 年 5 月京津冀跨地区环保机构试点方案通过，启动了跨域常设环保机构的探索；2018 年 7 月成立京津冀及周边地区大气污染防治领导小组（以下简称“领导小组”），2018 年 9 月生态环境部大气环境司代行京津冀及周边地区大气污染管理局职能，标志着京津冀大气污染协同治理进入体制完善期。该阶段的突出表现是，跨地区大气污染治理的统筹协作有了更强有力的组织保障。截止到目前，介于中央和省级之间的京津冀跨地区环保机构仍未最终落地，体制的探索与完善仍在进行时。

（二）协同治理的政策措施

为分析京津冀及周边地区大气污染协同治理措施，本书梳理了 2010 年 5 月大气污染联防联控机制确立至 2019 年 10 月《京津冀及周边地区 2018—2019 年秋冬季大气污染综合治理攻坚行动方案》发布期间的主要协同治理措施。根据法律依据、执行手段、持续时间、成本大小等特点，将协同治理措施划分为两大类：临时性、运动式措施与常态化、制度化治理，具体划分依据参见表 7－1。其中，临时性、运动式措施可能不具有充分的法律依据，主要靠行政力量强制实施，持续时间较短，具有较高的短期成本。

表 7－1　不同类型大气污染治理措施的划分依据

措施特点	临时性、运动式治理措施	常态化、制度化治理措施
法律依据	法律法规可能不充分	成型的环境政策，有充分法律依据
执行手段	行政性，主要依靠行政力量和政府意志	规范性，依靠命令、经济、信息等综合手段
持续时间	时间短，短则几天	长期、常态化存在
成本大小	短期成本高	更可能具有成本有效性

1. 临时性、运动式治理措施

经过梳理，临时性、运动式的治理措施主要包括：企业停产、限产，企业错峰生产，工地停工，交通尾号限行，淘汰落后，燃煤禁令，散煤替代等。这些措施对空气质量改善一般具有立竿见影的效果，具有临时干预特征。2010—2019 年京津冀及周边地区应对空气污染主要的临时性、运动式的联防联控措施见表 7－2。

表 7－2　京津冀大气污染防治的行政性联防联控措施

措施类型	时间	文件	措施主要内容
企业停产、限产、工地停工	2014 年	《京津冀及周边地区 2014 年亚太经济合作组织会议空气质量保障方案》	机动车同步限行；北京市工地停工；河北省 2000 多家企业临时停产，1900 多家企业限产，1700 多处工地停工；其他省市也采取相应措施，减少大气污染物排放量
	2015 年	有序开展中国人民抗日战争暨世界反法西斯战争胜利 70 周年纪念活动空气质量保障工作	北京、天津、河北等七地政府和环保部共同制定行动方案，决定从 8 月 28 日零时至 9 月 4 日 24 时，统一实施临时强化减排措施，燃煤锅炉、工业企业及混凝土搅拌站停产限产
企业停产、限产、工地停工	2018 年	《京津冀及周边地区 2018—2019 年秋冬季大气污染综合治理攻坚行动方案》	暂未制定行业排放标准的其他工业炉窑，按照颗粒物、二氧化硫、氮氧化物排放限值分别不高于 30 毫克/立方米、200 毫克/立方米、300 毫克/立方米执行；自 2019 年 1 月 1 日起达不到上述要求的，实施停产整治。鼓励各地制定更为严格的地方排放标准
企业错峰生产	2016 年	“大气十条”《中期评估及下一阶段政策建议》	严控周边地区高架点源，划定“工业错峰生产区”，切实降低秋冬季污染源活动水平
	2017 年	《京津冀及周边地区 2017—2018 年秋冬季大气污染综合治理攻坚行动方案》	“2＋26”城市要实施钢铁企业分类管理，按照污染排放绩效水平，2017 年 9 月底前制定错峰限停产方案
	2018 年	《京津冀及周边地区 2018—2019 年秋冬季大气污染综合治理攻坚行动方案》	自 2018 年 11 月 1 日起，未列入管理清单中的工业炉窑，一经发现，立即纳入秋冬季错峰生产方案，实施停产

续表

措施类型	时间	文件	措施主要内容
淘汰落后燃煤锅炉	2013 年	《大气污染防治行动计划（2013—2017）》（“大气十条”）	京津冀区域城市建成区域要加快现有工业企业燃煤设施天然气替代步伐；到2017年，基本完成燃煤锅炉、工业窑炉、自备燃煤电站的天然气替代改造任务
	2016 年	《京津冀大气污染防治强化措施（2016—2017年）》	限时完成燃煤锅炉窑炉“清零”任务，所有城市建成区淘汰35蒸吨及以下燃煤锅炉，其他地区淘汰10蒸吨及以下燃煤锅炉
	2017 年	《京津冀及周边地区2017—2018年秋冬季大气污染综合治理攻坚行动方案》	2017年10月底前，“2＋26”城市全面完成以电代煤、以气代煤任务。纳入2017年度淘汰清单中的4.4万台燃煤锅炉全部“清零”
	2018 年	《京津冀及周边地区2018—2019年秋冬季大气污染综合治理攻坚行动方案》	加大燃煤小锅炉（含茶水炉、经营性炉灶、储粮烘干设备等燃煤设施）淘汰力度，2018年12月底前，北京、天津、河北省（市）基本淘汰每小时35蒸吨以下燃煤锅炉；山西、山东、河南省淘汰每小时10蒸吨及以下燃煤锅炉，城市建成区基本淘汰每小时35蒸吨以下燃煤锅炉
散煤替代或燃煤替代	2016 年	“大气十条”《中期评估及下一阶段政策建议》	增加京津冀地区天然气供应，采用煤改气、煤改电等方式对北京周边传输通道燃煤进行替代
	2017 年	《京津冀能源协同发展行动计划（2017—2020年）》	京津冀共同推进压减燃煤工作。北京的任务为2020年平原地区将基本实现“无煤化”；2020年底前河北省平原农村地区取暖散煤三年内基本“清零”；天津市除山区使用无烟型煤外，其他地区取暖散煤基本“清零”
	2018 年	《打赢蓝天保卫战三年行动计划2018—2020》（“新大气十条”）	集中资源推进京津冀及周边地区区域散煤治理。2020年采暖季前，在保障能源供应的前提下，京津冀及周边地区基本完成生活和冬季取暖散煤替代，重点支持京津冀及周边地区实现“增气减煤”
	2018 年	《京津冀及周边地区2018—2019年秋冬季大气污染综合治理攻坚行动方案》	2018年10月底前，“2＋26”城市要完成散煤替代362万户

2. 常态化、制度化治理措施

常态化、制度化治理措施主要是对污染的根源进行治理、建立大气污染治理长效机制的措施，长期稳定存在，多为已经成熟的环境政策手段，具有较充分的法律依据。其中，诸如环境保护税等经济手段，更能够兼顾政策的成本有效性。

京津冀及周边地区应对大气污染所采取的主要环境政策手段包括大气污染应急联动制度，环境质量标准，交通、工业企业的污染物排放标准，污染物特别排放限值，排污许可证制度，要求企业进行脱硫、脱硝、除尘改造，达到超低排放标准，实施环境保护税等税收政策，对煤改气、煤改电等财政补贴等政策。2010—2019 年该区域应对大气污染的主要常态化、制度化措施见表 7－3。

基于对京津冀及周边地区大气污染协同治理措施的分析，不难发现在大气污染联防联控措施中，临时性、运动式的措施占据较大比重，这些措施对改善京津冀空气质量发挥了重要作用。临时性、运动式措施在京津冀秋冬季大气污染综合治理攻坚行动方案、大气污染防治计划、蓝天保卫战三年行动计划等政策文件中均有体现。在过去的

表 7－3　京津冀大气污染治理常规性联防联控措施

措施类型	时间	文件	措施主要内容
应急联动机制	2013 年	《大气污染防治行动计划（2013—2017）》（“大气十条”）	组织实施环评会商、联合执法、信息共享、预警应急等大气污染防治措施，通报区域大气污染防治工作进展，研究确定阶段性工作要求、工作重点和主要任务
	2016 年	《京津冀大气污染防治强化措施（2016—2017 年）》	由京津冀空气质量预测预报中心统一提供京津冀每个城市空气质量 3 天准确预报和 10 天潜势分析
	2018 年	《打赢蓝天保卫战三年行动计划 2018—2020》（“新大气十条”）	加强重污染天气应急联动。强化区域环境空气质量预测预报中心能力建设。环境保护部将基于区域会商结果及时发布相应级别预警

续表

措施类型	时间	文件	措施主要内容
环境质量标准	2015 年	《京津冀协同发展生态环保规划》	规定京津冀地区空气质量的红线，给出具体的浓度限值。2017 年京津冀地区 $PM_{2.5}$ 浓度将控制在 73 微克/立方米，2020 年主要污染物排放总量大幅削减，京津冀地区 $PM_{2.5}$ 浓度要比 2013 年下降 40% 左右，控制在 64 微克/立方米左右
	2016 年	“大气十条”中期评估及下一阶段政策建议	明确“十三五”环境质量改善目标。北京市 2016 年 $PM_{2.5}$ 浓度下降 5%。天津市 $PM_{2.5}$ 年均值下降 25%，二氧化硫、氮氧化物等污染物排放严格实行倍量替代。河北省明确 $PM_{2.5}$ 浓度较 2013 年下降 40
	2018 年	《打赢蓝天保卫战三年行动计划 2018—2020》（“新大气十条”）	实施重点区域降尘考核。京津冀及周边地区各市平均降尘量不得高于 9 吨/月·平方千米
交通、工业企业的污染物排放标准	2014 年	《大气污染防治成品油质量升级行动计划》	2015 年底前，京津冀区域内重点城市全面供应国 V 标准的车用汽、柴油。此后，三大油企的保供骨干企业，如燕山分公司、齐鲁石化等，每年可向京津冀及周边地区供应国 V 车用汽、柴油 2306 万吨和 2945 万吨
	2018 年	《打赢蓝天保卫战三年行动计划 2018—2020》（“新大气十条”）	2018 年底前京津冀及周边地区基本完成重点行业污染治理升级改造，全面执行大气污染物特别排放限值
排污许可证制度	2016 年	《京津冀大气污染防治强化措施（2016—2017 年）》	2016 年 10 月底，各城市火电企业及传输通道城市的钢铁、水泥企业按要求申领排污许可证
	2017 年	《京津冀及周边地区 2017—2018 年秋冬季大气污染综合治理攻坚行动方案》	2017 年 10 月底前，各城市完成电力、钢铁、水泥企业排污许可证核发，12 月底前完成铜铅锌冶炼、电解铝、原料药制造、农药等行业排污许可证核发工作
	2018 年	《打赢蓝天保卫战三年行动计划 2018—2020》（“新大气十条”）	建立覆盖所有固定污染源的企业排放许可制度，2020 年底前，完成排污许可管理名录规定的行业许可证核发

续表

措施类型	时间	文件	措施主要内容
要求企业进行脱硫、脱硝、除尘改造、超低排放改造	2014 年	《京津冀及周边地区重点行业大气污染限期治理方案》	加快火电企业脱硫、脱硝、除尘改造。抓紧钢铁企业脱硫除尘设施建设。加大水泥企业脱硝除尘改造力度。推进平板玻璃企业大气污染综合治理
	2018 年	《京津冀及周边地区2018—2019 年秋冬季大气污染综合治理攻坚行动方案》	2018 年 10 月底前，天津、河北、山东、河南省（市）基本完成每小时 65 蒸吨及以上燃煤锅炉超低排放改造，达到燃煤电厂超低排放水平
环境保护税等税收政策	2018 年	《打赢蓝天保卫战三年行动计划 2018—2020》（“新大气十条”）	严格执行环境保护税法，落实购置环境保护专用设备企业所得税抵免优惠政策。对符合条件的新能源汽车免征车辆购置税，继续落实并完善对节能、新能源车船减免车船税的政策
对煤改气、煤改电等财政补贴政策	2014 年	《京津冀地区散煤清洁化治理工作方案》	三省（市）加大洁净煤使用补贴力度，使洁净煤在市场竞争中更有优势，如北京市财政每吨补贴 400—600 元，天津市补贴 500 元，河北省补贴 300—500 元

几年，行政治污手段得到广泛应用，此类手段重约束、轻激励，难以做到各地区激励兼容。特别是，在重大活动期间，为改善区域空气质量，诸如停产限产等临时性、运动式手段得到更广泛应用，地方政府的治污协同实际上更多是来自上级政府的行政命令。而在常态化管理手段中，特别排放限值对企业形成了强力约束，而经济激励手段的应用相对不足，各地为达到空气质量目标，控制污染物排放在短期势必付出高昂的成本，甚至以牺牲当地的经济发展为代价。

可以看出，现阶段京津冀及周边地区大气污染协同治理措施，以中央政府强力的“嵌入式”协同为主，域内各地区的联防联控主要是完成自上而下的目标任务，而非各省市之间自主的治污横向协作。且现阶段的治理以刚性措施为主，治污成本大部分由地方政府和当地企业承担，导致京津冀协同治理过程中可能出现地区利益失衡，对建立激励兼容的跨域大气污染治理新模式提出了新的要求①。

第三节 京津冀大气污染协同治理制度评估

（一）问题概述

1. 治理效果不稳固、长效机制未建立

京津冀地区大气环境质量年度间出现明显反弹。以 $PM_{2.5}$ 为例，2017 年秋冬季攻坚期后，除山西省浓度下降不明显外，其他省份均明显下降；2018—2019 年秋冬季攻坚期六省份浓度同比下降均不明显，京津冀 $PM_{2.5}$ 平均浓度为 82 微克/立方米，同比上升 6.5%；重污染天数合计为 624 天，同比增加 36.8%。据生态环境部发布的重点区域 2018—2019 年秋冬季空气质量目标的完成情况，仅有北京等 4 市完成 $PM_{2.5}$ 浓度改善目标，其中 20 个城市同比浓度不降反升，反映出大气污染的反复性与治理的艰巨性。

重大活动后的报复性反弹。在 APEC 会议、阅兵、“两会”等重大活动期间，空气质量明显好转②。京津冀及其周边地区为了保障空气质量，采取了更加严格的大气污染防治措施③。然而，重大活动结束后，空气质量出现了报复性反弹。2014 年 10—11 月，为保障 APEC 期间空气质量，京津冀及周边地区采取了一系列临时性、强制性措施，通过机动车单双号限行、工地停工、企业限产或停产等方式，减少大气污染物的排放量。2014 年 11 月与 2013 年同期相比，京津冀区域 13 个城市平均达标天数增加 2.9%，与 2014 年 10 月相比，京津冀区域 13 个城市平均达标天数比例提高 1.7%，空气质量有所改

---

① 邢华、邢普耀：《大气污染纵向嵌入式治理的政策工具选择——以京津冀大气污染综合治理攻坚行动为例》，《中国特色社会主义研究》2018 年第 3 期。

② 杜雯翠、夏永妹：《京津冀区域雾霾协同治理措施奏效了吗？——基于双重差分模型的分析》，《当代经济管理》2018 年第 9 期。

③ 石庆玲、郭峰、陈诗一：《雾霾治理中的“政治性蓝天”——来自中国地方“两会”的证据》，《中国工业经济》2016 年第 5 期。

善。APEC 会议期间（11 月 1 日至 12 日），$PM_{2.5}$浓度均值约 74 微克/立方米，空气质量优良。11 月 15 日后，受污染物排放量增加和不利气象条件影响，北京市出现 3 次重污染过程、4 天重度污染和 1 天严重污染，与去年同期相比污染明显加重；$PM_{2.5}$、PM_{10}和 NO_2月均浓度升高，其中北京、天津及河北中南部 $PM_{2.5}$浓度均大于 150 微克/立方米①，相关研究也揭示了这一反弹现象②。

2015 年中国人民抗日战争暨世界反法西斯战争胜利 70 周年纪念活动后京津冀及周边地区空气质量反弹情况。2015 年 6 月，北京市政府印发了《中国人民抗日战争暨世界反法西斯战争胜利 70 周年纪念活动北京市空气质量保障方案》，周边的河北、天津等六省区市也分别制定了保障方案。采取的主要措施有：关停部分燃煤电厂，压减燃煤、淘汰老旧机动车、淘汰高污染企业。从 8 月 28 日零时至 9 月 4 日 24 时，统一实施临时强化减排措施，燃煤锅炉、工业企业及混凝土搅拌站停产限产。阅兵活动期间（8 月 20 日至 9 月 3 日），与不采取措施相比，北京市 $PM_{2.5}$浓度平均下降约 41%③。具体而言，$PM_{2.5}$平均浓度为 17.8 微克/立方米，PM_{10}平均浓度为 25.3 微克/立方米，SO_2平均浓度为 3.2 微克/立方米，NO_2平均浓度为 22.7 微克/立方米④，津冀晋蒙鲁豫等周边省区市空气质量同步改善，70 个地级以上城市 $PM_{2.5}$平均浓度同比下降 40% 左右。但是阅兵活动结束后，污染物出现明显反弹，其中 $PM_{2.5}$浓度最高达到 146 微克/立方米，PM_{10}高达 163 微克/立方米。

2. 治理成本高、成本收益地区失衡

在区域大气污染治理中，治理成本总体较高，河北承受了更大的成本，却未得到相应的治理收益。京津冀大气污染具有明显的区域特

① 张媛媛、吴立新、任传斌等：《APEC 会议前后京津冀空气污染物时空变化特征》，《科技导报》2016 年第 24 期。

② 张媛媛、吴立新、任传斌、项程程、李佳乐、柴曼：《APEC 会议前后京津冀空气污染物时空变化特征》，《科技导报》2016 年第 24 期。

③ 北京市环境质量监测中心。

④ 魏娜、孟庆国：《大气污染跨域协同治理的机制考察与制度逻辑——基于京津冀的协同实践》，《中国软科学》2018 年第 10 期。

征，重污染期间“2+26”城市域内传输达35%—50%，北京区域传输高达60%—70%。一方面，为应对区域性污染，河北承担了较大的经济成本。2014—2015年京津冀实施“大气十条”中更严格的治理措施，造成河北、天津的制造业损失9.6%和5.9%，但北京的经济损失不明显①。特别地，2014年APEC会议和2015年阅兵期间“关、停、限”企业共52000余家，对河北和天津等工业比重高的地区产出造成了较大的负面冲击；又如2017—2018年秋冬季攻坚行动期间，北京市淘汰燃煤锅炉1500台，天津市5640台，河北省高达1.7万台，后者的成本是北京的10余倍。主要的大气污染治理措施对京津冀的影响见表7-4。另一方面，空气质量改善对北京等高收

表7-4　典型大气污染治理措施对京津冀及周边地区的影响

具体措施	文件	对京津冀地区的福利影响
工厂停工、工地停工、企业限产	2014年《京津冀及周边地区2014年亚太经济合作组织会议空气质量保障方案》	会议期间，京津冀地区累计停产企业9298家，限产企业3900家，停工工地4万余处
	2015年《中国人民抗日战争暨世界反法西斯战争胜利70周年纪念活动空气质量保障方案》	七省区市共计将有12255家燃煤锅炉、工业企业及混凝土搅拌站停产限产
淘汰落后	2013年《河北省大气治理50条》；河北省对重工业实施6643工程	完成6000万吨钢铁产能压减任务，造成2580亿元资产损失，影响557亿元税收收入。2014年一季度，影响工业增速4个百分点
	2017年《京津冀及周边地区2017—2018年秋冬季大气污染综合治理攻坚行动方案》	北京市淘汰燃煤锅炉1500台、天津市5640台、河北省1.7万台、山西省969台、山东省1.57万台、河南省2914台；共淘汰燃煤机组72台398万千瓦

① Li, X., Qiao, Y., Shi, L., “Has China's War on Pollution Slowed the Growth of Its Manufacturing and by How Much? Evidence from the Clean Air Action”, *China Economic Review*, Vol. 53, 2019, pp. 271-289.

续表

具体措施	文件	对京津冀地区的福利影响
限期治理	2014 年《京津冀及周边地区重点行业大气污染限期治理方案》	天津市有 17 家，而河北省达到 379 家，河北省完成 2017—2020 年重点领域治理任务，仍需政府出资 732.8 亿元
严格标准	2013 年《关于执行大气污染物特别排放限值的公告》	所有企业都需达标，意味着更大的治理设备投资和运行费用。以河北省为例，每年工业企业废气治理设施运行费用达 90 亿元以上
尾号限行	2014 年《京津冀及周边地区 2014 年亚太经济合作组织会议空气质量保障方案》	日均限行车辆 1173 万辆（为限行区车辆总数的 39.3%），对本地区居民便利出行造成了一定影响，尤其是降低了已购车消费者的福利

入地区的福利增进更大。相关研究表明，城镇居民大气环境质量需求的收入弹性为 2.3，高收入居民对大气环境质量有更强烈的需求①。对北京而言，收入水平更高，居民改善空气质量的意愿更强，空气质量改善带给北京的社会福利改善大于低收入地区。河北的人均收入仅为北京的1/3，为天津的不足 1/2，空气质量改善对河北的福利改善程度明显偏小。由于治污成本较大而治理收益较少，河北在区域大气污染治理上可能缺少内在的主动性和积极性②。

（二）决策机制

1. 京津冀大气污染治理政策的决策主体

京津冀跨域大气污染协同治理决策中央部门与地方政府均参与其中，按照相关政策颁布的机构分为三种形式：中央政府有关部门颁布、中央政府与京津冀地方政府联合颁布和京津冀地方政府自主联合颁布，具体的政策参见表 7－5。

① 马本、张莉、郑新业：《收入水平、污染密度与公众环境质量需求》，《世界经济》2017 年第 9 期。

② 魏娜、孟庆国：《大气污染跨域协同治理的机制考察与制度逻辑——基于京津冀的协同实践》，《中国软科学》2018 年第 10 期。

表 7－5　　京津冀大气污染治理政策的决策主体

政策发布来源	发布时间	发布部门	政策文件
中央政府有关部门出台	2010 年 5 月	国务院	《关于推进大气污染联防联控工作改善区域空气质量的指导意见》
	2011 年 12 月	国务院	《国家环境保护“十二五”规划》
	2012 年 10 月	环境保护部、发展改革委、财政部	《重点区域大气污染防治“十二五”规划》
	2013 年 9 月	国务院	《大气污染防治行动计划》
	2013 年 9 月	环境保护部、发展改革委等	《京津冀及周边地区落实大气污染防治行动计划实施细则》
	2014 年 5 月	国家发展改革委、国家能源局	《京津冀地区散煤清洁化治理工作方案》
	2015 年 4 月	中共中央政治局	《京津冀协同发展规划纲要》
	2017 年 5 月	中央全面深化改革领导小组	《跨地区环保机构试点方案》
	2018 年 6 月	国务院	《打赢蓝天保卫战三年行动计划》
中央政府与京津冀地方政府联合出台	2008 年 7 月	生态环境部 京津冀三地政府	《关于发布北京奥运会、残奥会期间极端不利气象条件下空气污染控制应急措施的公告》
	2016 年 7 月	生态环境部 京津冀三地政府	《京津冀大气污染防治强化措施（2016—2017 年）》
	2017 年 2 月	生态环境部等 京津冀及周边地区政府	《京津冀及周边地区 2017 年大气污染防治工作方案》
	2017 年 8 月	生态环境部等 京津冀及周边地区政府	《京津冀及周边地区 2017—2018 年秋冬季大气污染综合治理攻坚行动方案》
	2018 年 10 月	生态环境部等 京津冀及周边地区政府	《京津冀及周边地区 2018—2019 年秋冬季大气污染综合治理攻坚行动方案》
	2019 年 10 月	生态环境部等 京津冀及周边地区政府	《京津冀及周边地区 2019—2020 年秋冬季大气污染综合治理攻坚行动方案》

续表

政策发布来源	发布时间	发布部门	政策文件
京津冀地方政府联合出台	2013 年 5 月	北京市环保局、河北省环保局	《2013 年至 2015 年合作协议》
	2017 年 4 月	京津冀三地政府	《建筑类涂料与胶粘剂挥发性有机化合物含量限值标准》
	2017 年 5 月	中关村管委会、天津市科委、河北省科技厅	《发挥中关村节能环保技术优势 推进京津冀传统产业转型升级工作方案》
	2017 年 11 月	京津冀三地发展改革委	《京津冀能源协同发展行动计划（2017—2020 年）》

资料来源：政府网站整理。

其中，中央政府部门出台的政策以宏观的“规划”“计划”或“纲要”为主，相关政策文件数量较多，反映出中央政府在京津冀大气污染治理中的深度干预；中央政府与京津冀地方政府联合出台的政策主要针对某些特定事件或时段，如年度的大气污染防治方案与秋冬季应对重污染天气的防治方案等；京津冀三地政府自主联合出台的大气污染联防联控政策总体较少，三地横向自主合作减排的机制尚不成熟。2013 年 5 月京冀两地环保局签署了《2013 年至 2015 年合作协议》，提出建立京冀环境保护和生态建设合作机制，在跨域联动执法监管与环境科研信息等方面开展合作。该协议是京津冀地方政府自主联合开展大气跨域治理的重要文件，但后续政策并未跟进，其他自主合作政策鲜有颁布，特别是未看到公开披露的针对跨域污染治理的自主协商制度和以经济补偿为主要特征的实质性跨域横向合作机制。这表明现阶段京津冀跨域大气污染治理协同机制更多依靠自上而下的权威传递，而地方间自主协商决策进行的联合治理并不多见。因此，建立地区间多种形式的协商合作机制，更好地应对跨域大气污染问题可能需要一个相对长期的过程。

中央政府通过行政权威较多地进入到跨域大气污染治理体系中，

这是纵向嵌入式治理机制的典型表现①。中央政府以多种形式嵌入地方自主联合治理有其合理性，能够在一定程度上解决地方间自主协商难以协调的问题。但是，在这个过程中需要把握中央干预协调与地方自主合作之间的平衡。中央政府在这种治理机制中的角色定位十分关键，它不是区域合作的主导者和干预者，而是区域合作的促进者和支持者，调动地方自主联合治理的积极性对于建立激励兼容的跨域协同长效机制十分重要。

2. 京津冀大气环境治理目标与污染物排放标准

京津冀大气环境质量改善目标是决策机制的核心内容，大气质量改善幅度目标决定着采取什么样的措施和多大力度的措施，是区域大气污染治理的指挥棒。2013 年《大气污染防治行动计划》颁布，对京津冀的空气质量提出了明确目标，要求到 2017 年京津冀区域空气质量有明显好转，具体目标是到 2017 年，京津冀区域细颗粒物浓度下降 25%，其中北京市细颗粒物年均浓度控制在 60 微克/立方米左右。北京、天津、河北在 $PM_{2.5}$ 下降率上被赋予了相同的目标。

继而，2017 年《京津冀及周边地区 2017—2018 年秋冬季大气污染综合治理攻坚行动方案》规定，2017 年 10 月至 2018 年 3 月，京津冀大气污染传输通道城市 $PM_{2.5}$ 平均浓度同比下降 15% 以上，重污染天数同比下降 15% 以上；2018 年发布的《京津冀及周边地区 2018—2019 年秋冬季大气污染综合治理攻坚行动方案》要求 2018 年 10 月至 2019 年 3 月，京津冀及周边地区细颗粒物（$PM_{2.5}$）平均浓度同比下降 3% 左右，重度及以上污染天数同比减少 3% 左右。不难发现，对于北京、天津、河北，在“大气十条”和秋冬季综合攻坚方案中，均没有对三地的大气污染治理目标加以区分；考虑到河北产业结构较重、经济发展相对落后，与北京持平的大气污染治理目标意味着将承受更大的经济代价。

---

① 邢华、邢普耀：《大气污染纵向嵌入式治理的政策工具选择——以京津冀大气污染综合治理攻坚行动为例》，《中国特色社会主义研究》2018 年第 3 期。

2018 年国务院印发《打赢蓝天保卫战三年行动计划》，将北京、天津、河北的 $PM_{2.5}$ 治理目标予以区分。其中，北京市到 2020 年，$PM_{2.5}$ 浓度 46—55 微克/立方米，重污染天数较 2015 年减少 25% 以上，氮氧化物、挥发性有机物浓度减少 30% 以上；天津市到 2020 年，$PM_{2.5}$ 浓度 52 微克/立方米，优良天数 71%，重污染天数较 2015 年减少 25% 以上；河北省到 2020 年，$PM_{2.5}$ 浓度 55 微克/立方米，优良天数 63%，重污染天数较 2015 年减少 25% 以上。体现一定差异性的目标反映出决策机制更加考虑地方差异性，但目标的差异仍小于各地经济和产业结构的差异，仍体现出较强的依赖上级权威的特征。

通过考察大气污染物排放标准进一步分析京津冀跨域协同决策机制的特点。2012 年 1 月起环保部相继发布火电、钢铁等行业的最新大气污染物排放标准，在发布污染物浓度限值的同时增设大气污染物特别排放限值；该限值的排放控制水平达到国际先进甚至领先水平，适用于重点地区的重点行业。譬如，火电行业的燃煤锅炉等设施在特别排放限值下的适用范围不再区分新建和既有设备，不再实行老机组老标准的宽松要求，烟尘与二氧化硫浓度限值分别加严 33% 与 50%；炼焦行业中特别排放限值对颗粒物、二氧化硫浓度收严 70%，氮氧化物浓度仅为国家标准的 18% 左右。

2013 年 2 月环保部发布《关于执行大气污染物特别排放限值的公告》，指出要在全国重点控制区的火电、钢铁、石化、水泥、有色、化工六大行业以及燃煤锅炉项目执行大气污染物特别排放限值。2018 年 1 月环保部发布特别排放限值执行范围集中于京津冀及周边地区，相较于 2013 年执行公告，实施范围由京津冀的 9 个城市扩大至“2 + 26”城市，对于污染物排放国家标准中已制定特别排放限值的行业（包括火电、钢铁、炼焦、化工、有色、水泥、锅炉等 25 个行业或子行业）全部执行特别排放限值。以火电行业为例，在京津冀地区适用的各类大气污染物排放标准的限值和实施范围见表 7 – 6。

表 7－6　　　　京津冀火电行业大气污染物排放限值

燃料和热能转化设施类型	污染物项目	适用条件	限值（mg/m^3）
燃煤锅炉	烟尘	全部	20
	二氧化硫	全部	50
	氮氧化物	全部	100
	汞及其化合物	全部	0.03
以油为燃料的锅炉或燃气轮机组	烟尘	全部	20
	二氧化硫	全部	50
	氮氧化物	燃油锅炉	100
		燃气轮机组	120
以气体为燃料的锅炉或燃气轮机组	烟尘	全部	5
	二氧化硫	全部	35
	氮氧化物	燃气锅炉	100
		燃气轮机组	50

资料来源：中国生态环境部网站发布的《火电厂大气污染物排放标准（GB 13223—2011）》。

通过对京津冀跨域治污政策发布主体、大气环境质量目标，大气污染物特别排放限值的分析，以京津冀为代表的中国区域污染治理决策主要依赖自上而下的行政指令；在大气污染严重的背景下，针对北京、天津、河北制定几乎一致的污染治理目标，实施统一的特别排放限值，而各地区在经济发展、产业结构、治污意愿等方面的差异性并不是跨域治污决策的主要考量因素。例如，河北在经济发展水平、财政实力、产业结构、治污成本等方面与北京、天津存在明显差异；经济发展上，北京 2018 年人均 GDP 为 14.02 万，天津为 12.07 万，河北仅有 4.78 万，仅为北京市的 1/3；财政实力上，北京近年的财政收入在 4000 亿元以上，而下辖 11 地级市的河北省，其财政收入仅相当于北京的 1/2；产业结构方面，北京的二产比重在 20% 之下，三产比重达 70% 以上，天津二产占比下降到 50% 以下，三产比重逐步增加，但河北仍主要依靠二产，占比 50% 以上，三产比例不足 40%；治理成本方面，河北仅每年工业企业废气治理设施运行费用达 90 亿元以上，高于北京的 10 亿元和天津的 30 亿元。由是观之，京津冀及周边地区的协同治理决策并未对区域成本效益进行综合分析，各地在经济发展、产业结构、治污意愿等方面的差异并不是决策的主要考虑因素，当前的决策模式不足以有效协调区域间的利益诉求差异问题①。

（三）实施机制

京津冀及周边地区协同措施的实施，主要依靠生态环境部华北督察局与各地的环保机构监测监察执法。本书分析了生态环境部华北督察局的职能，同时对京津冀省以下环保机构监测监察执法垂直改革的主要内容进行归纳，分析环保机构变化对大气污染跨域协同政策实施的影响。

1. 生态环境部华北督察局

2008 年，为应对跨省污染监管问题，环境保护部设立了华北督查中心，主要负责北京、天津、河北、山西、内蒙古、河南等省区对国家环境政策、规划、法规、标准的执行情况。2017 年 11 月，经中央编办批复，环保部华北督查中心由事业单位转为环境保护部派出的行政机构，更名为环境保护部华北环境保护督查局，职责不变。在 2018 年 3 月生态环境部批准成立后，更名为生态环境部华北督察局，职能机构与职责同步进行了调整，其职责包括：①监督地方对国家生态环境法规、政策、规划、标准的执行情况；②承担中央生态环境保护督察相关工作；③协调指导省级生态环境部门开展市、县生态环境保护综合督察；④参与重大活动、重点时期空气质量保障督察；⑤参与重特大突发生态环境事件应急响应与调查处理的督察；⑥承办跨省区域重大生态环境纠纷协调处置；⑦承担重大环境污染与生态破坏案件查办；⑧承担生态环境部交办的其他工作。

具体而言，机构设置由原来的督查一处至督查五处分别负责不

---

① 魏娜、孟庆国：《大气污染跨域协同治理的机制考察与制度逻辑——基于京津冀的协同实践》，《中国软科学》2018 年第 10 期。

同职能，转变为设置督察一处至督察六处分别负责六个省份的环境执法督察，并增设督察支持一处和二处，配合中央有关部门开展环保督察工作，有效增强了中央政府对省级政府环保法规政策执行的约束力。职责上，环保督察对地方的影响明显加强。华北督察局密切关注"一台一报一网"，对各地贯彻落实环保督察整改进度进行持续关注并公开相关信息，社会监督得以强化；辖区内被督察地区狠抓中央环保督察发现问题整改，结合问题实质与工作实际，通过报道工作推进和典型做法开展持续宣传，营造良好舆论氛围，进一步巩固拓展督察成果。2017 年 7 月至今，华北督察局持续跟进并公开京津冀及周边地区六省市生态环保督察整改工作（每半个月发布一次督察整改工作宣传报道情况），从这个角度看，华北督察局的环保督察职能更实，具有更强的持续性，对约束相关各省的环保行为具有更显著的效果①。

2. 京津冀生态环境机构监测监察执法垂直管理制度改革

2016 年，中国启动了环保机构监测监察执法省以下垂直改革试点；河北是开展垂改较早的省区之一，2016 年 12 月即印发了《河北省环保机构监测监察执法垂直管理制度改革实施方案》，在省以下垂改进度上走在全国前列；天津于 2017 年 11 月、北京于 2019 年 3 月分别公布垂改实施方案。省以下垂改主要是加强省级政府的环保督察和监测职能，将市县的监测职能上收，可以形成对地方执法更有力的约束，改变"考生判卷"的监测制度失灵；省以下环保督察由省级负责，能够最大限度地避免地方保护主义对环保执法的干扰；县级生态环境机构调整为市生态环境局的派出分局，由市生态环境局负责人事和工资，旨在减少基层政府对环境执法的干预；市级生态环境局仍为市政府部门，但主要领导的任命由省级生态环境厅负责。具体改革措施参见表 7－7。

---

① 资料来源：生态环境部网站（http：//hbdc. mee. gov. cn/zxdt/201707/t20170710_417568. shtml）。

表 7－7　京津冀省以下生态环境机构监测监察执法垂直管理改革

时间	文件	垂改方案主要内容
2019 年 3 月	《北京市生态环境机构监测监察执法垂直管理制度改革实施方案》	1．强化党委和政府及其相关部门的环境保护责任。严格实行环境保护量化问责和责任追究。 2．调整各区生态环境机构管理体制。将现行的各区生态环境部门由各区党委政府管理，调整为以市生态环境局为主的双重管理体制，仍为区政府工作部门。 3．加强生态环境监察工作。市生态环境部门统一行使生态环境监察职能，建立生态环境保护督察专员制度。 4．加强生态环境监测工作。市生态环境监测机构统一承担全市行政区域内生态环境质量监测、调查评价、考核工作；各区生态环境监测机构仍由各区生态环境部门管理，负责执法监测、应急监测和污染源监督性监测。 5．强化生态环境保护综合执法工作。组建市、区两级生态环境保护综合执法队伍，统一实行生态环境保护执法。将生态环境保护综合执法机构列入政府行政执法部门序列。强化属地执法，生态环境保护执法重心下移。 6．健全基层生态环境保护管理体制。乡镇（街道）进一步细化落实基层生态环境保护职责。村（社区）要充分发挥网格员的生态环境保护巡查监督作用
2016 年 12 月	《河北省环保机构监测监察执法垂直管理制度改革实施方案》	1．调整省市县三级环境保护行政主管部门的领导关系。垂改以后，市环保局以省环保厅领导为主，由省环保厅党组对市环保局党组班子成员进行提名。县环保局改为市环保局的派出分局，人财物完全由市环保局直接管理。 2．上收环境监测事权，完善环境监测体系。把市县环保局环境监测的事权上收到省环保厅，负责对环境业务的统一领导，对数据进行集中审核。 3．建立跨区域的环境监察机构，完善环境监察体系。建立了 6 个环境监察专员办公室，每个办公室负责两个市的环境监察。 4．加强执法力量建设，统一执法体系。统筹三级力量对污染进行打击
2017 年 11 月	《天津市环保机构监测监察执法垂直管理制度改革实施方案》	1．市环保局要进一步加强对环保工作统一监督管理，各区环保局自觉接受以市环保局为主的双重管理。 2．构建起新型环境保护管理体制，确保环境监测监察执法的独立性、统一性、权威性和有效性。 3．各区党委和政府对本区域内环境保护的主体责任，只能加强不能削弱

省以下环保垂改对跨域协同意味着，省级生态环境部门对于辖区大气污染防治上的权力增加，对于所辖市、县的影响力更大，在省级进行跨域治污协同决策后，更具备条件监督所辖市、县严格执行相关区域协同治理政策。同时，由于省级环保权力增加，更有利于在省级层面开展平等协商和联合行动，为解决跨省大气污染问题提供更加便利的条件。

3. 跨域协同实施机制特点

虽然京津冀环境治理体制在不断完善，治理能力在提升，但既有实施机制仍具有鲜明的行政色彩；跨域大气污染治理政策的实施主要依靠自上而下的生态环境的压力传递，辅之以环保督察的模式。区域环境联动执法方面，京津冀做了积极尝试。例如，2015 年京津冀及周边地区机动车排放控制协作机制、京津冀环境执法联动工作机制的建立，在一定程度上形成了共同打击京津冀区域内环境违法行为，改善环境质量，形成相互配合环境监察执法的局面。但区域间的联合执法较少，以命令控制型政策为主，缺乏激励型手段进行辅助，持续性不强、地方合作意愿参差不齐①，无法有效解决区域间空气污染治理的利益失衡问题。

实施机制的主要问题，一是过于依赖行政命令手段。京津冀大气污染治理措施多为行政命令，包括强化督查、企业停产限产、错峰生产、工地停工、交通限行等；既有实施机制主要依靠自上而下的中央权威，具有较强的行政色彩。一方面，北京作为中央政府所在地，为依靠中央权威强力协同提供了便利。在大气污染治理领域，已形成以大气质量目标责任制为核心，比较完备的层层下达、考核问责的目标责任分解体系。另一方面，治理手段以行政命令为主，与经济激励手段相比，实施具有更强的刚性，但治理成本较高。二是经济手段的作用有限。由于严格的行政命令、特别排放限值等的实施，大大压缩了企业达标后进一步治污的可能，挤压了排污许可交易等经济手段发挥

① 吴芸、赵新峰：《京津冀区域大气污染治理政策工具变迁研究——基于 2004—2017 年政策文本数据》，《中国行政管理》2018 年第 10 期。

作用的空间，区域间排污许可交易尚未建立。目前京津冀大气污染治理中较为成熟的经济手段包括环境保护税、火电行业环保补贴等，但由于环保税是对企业征税而非补贴，对区域利益协调作用有限。对火电行业的脱硫脱硝除尘补贴，资金来源是全国电力用户，对利益补偿有一定作用，但难以推广复制到钢铁、水泥等行业①。用于空气污染治理的公共财政功能还需要进一步理顺，横向转移支付尚未建立。

（四）考评机制

从政策目标、考核主体与对象、考核频率、考核指标、考核结果、考核结果应用六个方面分析京津冀区域大气污染协同治理的考评机制。对2013—2019年京津冀及周边地区大气污染治理的主要政策进行梳理，发现既有的措施主要以达到规定的空气污染物浓度、污染天数作为政策目标和考核指标，均由国务院、生态环境部等相关部门分别考核京津冀及周边各地区政府，考核频率以年度为主，并在实施过程中开展中期和终期评估。考核结果通常是以各行政区是否达到规定目标，并根据完成情况划分等级。一般，考核结果会向社会公布，作为中央政府对领导班子和领导干部综合考核评价的重要依据。考核不合格的地区，由上级生态环境部门会同有关部门公开约谈地方政府主要负责人、进行区域环评限批、取消国家授予的有关生态文明荣誉称号；对于篡改、伪造监测数据等违法行为，考核结果直接认定为不合格，并依纪依法追究责任。

现行的京津冀及周边地区的大气污染协同治理考评机制，实质上是环境质量目标责任制的具体应用，且均为自上而下的单个行政区考评，对各地方政府目标完成情况的考评主要是行政性、惩罚性的考核，体现了鲜明的中国特色，对大气污染防治政策的执行有一定的促进作用，但是激励性考评机制的缺乏导致欠发达地区对大气污染治理的主动性较弱。此外，考核依据仅限于各地是否完成了既定目标，而

---

① 马中、蒋姝睿、马本、刘敏：《中国环境保护相关电价政策效应与资金机制》，《中国环境科学》2020年第6期。

缺少对各地区的治理在整个京津冀空气治理中贡献的考评，无法有效平衡区域间的利益格局。同时由于各地发展程度、诉求、治理成本存在差异，强力考核模式可能导致区域间的利益分异进一步加剧。

（五）信息机制

针对京津冀跨域治理信息机制，按照污染源信息，污染区域信息，应急预警机制，空气质量监测、信息搜集和传输机制，信息平台建设五部分进行分析。

1. 污染源信息

当前的污染源排放信息主要依靠环境统计制度，重点污染源需要填报环境统计报表，向地方环保局报送污染物排放量、环境治理等相关信息；生态环境机构对污染源排放进行监督性监测，通过监测人员对监测现场进行勘察、设置监测区环境样品的采样点、利用监测设备进行样品采集的方式进行。根据生态环境部发布的污染源数据信息，京津冀三地共有2482家企业处于国家重点监控废气排放源的范围内。

2. 跨域协同范围信息

由于大气具有流动性，准确识别京津冀空气污染涉及的区域是开展针对性区域污染治理的前提。从相关部门发布的针对京津冀区域政策中，可以发现大气污染跨域治理涉及的政策范围和治理区域经历了多次调整①。

2013年9月，关于印发《京津冀及周边地区落实大气污染防治行动计划实施细则》的通知，京津冀及周边地区具体指北京、天津、河北、山西、内蒙古、山东；包含了内蒙古，未包含河南。2015年5月，协作小组成员单位扩大到八个中央部委和七个省区市，河南

---

① 安俊岭、李健、张伟、陈勇、屈玉、向伟玲：《京津冀污染物跨界输送通量模拟》，《环境科学学报》2012年第11期。沈洪艳、吕宗璞、师华定、王明浩：《基于HYSPLIT模型的京津冀地区大气污染物输送的路径分析》，《环境工程技术学报》2018年第4期。孙韧、肖致美、陈魁、高璟赟、刘彬、杨宁、李鹏：《京津冀重污染大气污染物输送路径分析》，《环境科学与技术》2017年第12期。

省、交通运输部加入协作小组[①]。2016 年 7 月，关于印发《京津冀大气污染防治强化措施（2016—2017 年）》的通知，仅针对北京、天津和河北，不涵盖周边的省。2017 年 3 月，关于印发《京津冀及周边地区 2017 年大气污染防治工作方案》的通知中明确，京津冀及周边地区包括北京、天津、河北、山西、山东、河南的大气污染传输通道"2+26"城市，即北京市，天津市，河北省石家庄、唐山、廊坊、保定、沧州、衡水、邢台、邯郸，山西省太原、阳泉、长治、晋城，山东省济南、淄博、济宁、德州、聊城、滨州、菏泽，河南省郑州、开封、安阳、鹤壁、新乡、焦作、濮阳；其中未包含内蒙古。

近年有不同学者对京津冀地区大气污染物的输送路径[②]、空间集聚特征[③]进行了研究，京津冀区域的空气污染治理区域范围逐渐清晰。从以上对"京津冀及周边地区"的范围调整，可以看出政策实施范围与最新污染物扩散科学规律的结合比较紧密，中央政府相关大气污染防治政策的针对性增强。

3. 区域应急预警机制

2013 年颁布的"大气十条"中明确提出，建立区域应急预警联动机制。随后的京津冀大气污染治理政策对区域应急预警机制建设提出了要求，参见表 7-8。京津冀三地逐步建立起区域空气质量预报预警会商工作机制，从最初的简单电话沟通，到视频连线共同会商空气质量形势；当预判可能出现大范围的空气重污染时，由环境部统一调度，及时启动空气重污染预警，实施空气重污染应急措施，从日常会商到重大活动期间随时会商，会商结果准确性不断提升。

---

① http://www.zhb.gov.cn/xxgk/gzdt/201702/t20170221_396926.shtml。

② 安俊岭、李健、张伟、陈勇、屈玉、向伟玲：《京津冀污染物跨界输送通量模拟》，《环境科学学报》2012 年第 11 期。沈洪艳、吕宗璞、师华定、王明浩：《基于 HYSPLIT 模型的京津冀地区大气污染物输送的路径分析》，《环境工程技术学报》2018 年第 4 期。孙韧、肖致美、陈魁、高璟赟、刘彬、杨宁、李鹏：《京津冀重污染大气污染物输送路径分析》，《环境科学与技术》2017 年第 12 期。

③ 张伟、张杰、汪峰、蒋洪强、王金南、姜玲：《京津冀工业源大气污染排放空间集聚特征分析》，《城市发展研究》2017 年第 9 期。

表 7-8　京津冀大气污染区域应急预警相关措施

时间	文件	对应急预警联动机制提出的要求
2013 年	《大气污染防治行动计划（2013—2017）》（“大气十条”）	组织实施环评会商、联合执法、信息共享、预警应急等大气污染防治措施，通报区域大气污染防治工作进展，研究确定阶段性工作要求、工作重点和主要任务
2016 年	《京津冀大气污染防治强化措施（2016—2017 年）》	由京津冀空气质量预测预报中心统一提供京津冀每个城市空气质量 3 天准确预报和 10 天潜势分析
2016 年	“大气十条”中期评估及下一阶段政策建议	加强区域一体化的大气污染监测网络、动态污染源清单和空气质量预测预报能力建设
2017 年	《京津冀及周边地区 2017—2018 年秋冬季大气污染综合治理攻坚行动方案》	积极完善应急联动机制，建立快速有效的运行模式。环境保护部将基于区域会商结果及时发布相应级别预警
2018 年	《打赢蓝天保卫战三年行动计划 2018—2020》（“新大气十条”）	加强重污染天气应急联动。强化区域环境空气质量预测预报中心能力建设
2018 年	《京津冀及周边地区 2018—2019 年秋冬季大气污染综合治理攻坚行动方案》	省级预报中心基本实现以城市为单位的 7 天预报能力
2019 年	《京津冀及周边地区 2019—2020 年秋冬季大气污染综合治理攻坚行动方案》	加强区域应急联动。强化压力传导，持续推进强化监督定点帮扶工作，实行量化问责，完善监管机制，层层压实责任

4. 空气质量监测、信息搜集和传输机制

中国环境监测总站根据国务院“大气十条”要求和环境保护部《全国环境空气质量预报预警实施方案》，发布各省（自治区、直辖市）、省会城市和计划单列市环境空气质量预报预警信息。城市发布内容包括未来 24 小时和 48 小时空气质量指数范围、空气质量等级、首要污染物等预报信息；转发当地政府发布的预警信息，并根据能力建设进展发布空气质量形势预报等更多精细化城市预报内容。省区和区域发布内容包括辖区省域空气质量形势预报信息，转发当地政府发布的预警信息，并根据能力建设进展发布区域空气质量形势图等更多其他详细预报信息。预报数据来自各参与发布的城市、省区环境监测成员单位、区域预报中心和相关环境保护预报部门，基于现有污染源监测、环境空气质量新标准实时监测、大气污染过程模拟分析以及相关监测成员单位会商预报的预报结果。

5. 信息平台建设现状

目前已建设完成全国空气质量预报信息发布系统、区域大气污染防治信息共享平台，实现了全国和重点区域空气质量形势预报、省域空气质量形势预报、城市空气质量预报和重点污染源数据等信息共享。生态环境部建设了数据信息中心，将环境质量信息、污染源信息和其他环境信息及时更新和发布。

综上，在京津冀区域联防联控方面，信息机制已初步建立。但与此同时，信息机制还存在京津冀区域内各主体减排成本信息不完全，对跨域影响大小和方向的信息监测、模拟与共享不足，污染源污染排放量数据不准确等问题。其中，区域大气污染的贡献份额和责任机制不明确是造成京津冀区域利益失衡的重要原因之一。京津冀大气污染具有跨地区属性，但地级市之间的相互影响机制和影响大小不明确。美国在治理跨州空气污染时，借助先进的颗粒源分析技术、臭氧源分析技术将上风向州对下风向州 $PM_{2.5}$ 浓度影响大小测算得十分清楚，从而合理界定各地区的治理责任。由于京津冀跨域污染相互影响大小不清、责任机制不明确，难以做到对不同省市精准施策，往往采取全域统一的控制政策，譬如针对“2 + 26”城市的大气污染物特别排放限值。当高收入的北京通过其地位、博弈优势等因素，将自身对环境质量的高需求转化为严苛的区域性政策，河北等经济欠发达地区将承受较大的成本压力。

（六）资金机制

资金机制是京津冀跨域协同治污的重要保障。国家与地方相继出台了大气污染专项资金管理办法，对资金分配、重点支持领域等作出了明确规定，是中央与地方政府通过经济激励应对跨域大气污染问题的集中体现。从中央政府对地方政府的大气污染防治转移支付、京津冀地区地方财政中大气污染治理资金支出、京津冀地区间横向资金互动三个方面，分析区域协同治理的资金机制。

1. 中央政府对京津冀的大气污染防治资金投入

中央财政通过转移支付的形式为地方政府大气污染治理提供资金。以 2018 年为例（见图 7－6），中央财政安排 200 亿元大气污染治理专项转移支付资金，其中用于京津冀三省市的资金 77.8 亿元，占总量的 38.90%；河北获得的转移支付数额在 12 省区中最多，达 63.7 亿元，占总量的 31.86%；天津、北京分别获得 10.8 亿元和 3.2 亿元。尽管河北得到了最多的中央专项转移支付资金，在一定程度上补偿了其大气污染治理的成本，但结合下文的数据，河北省地方财政在大气污染治理上的投入更大。

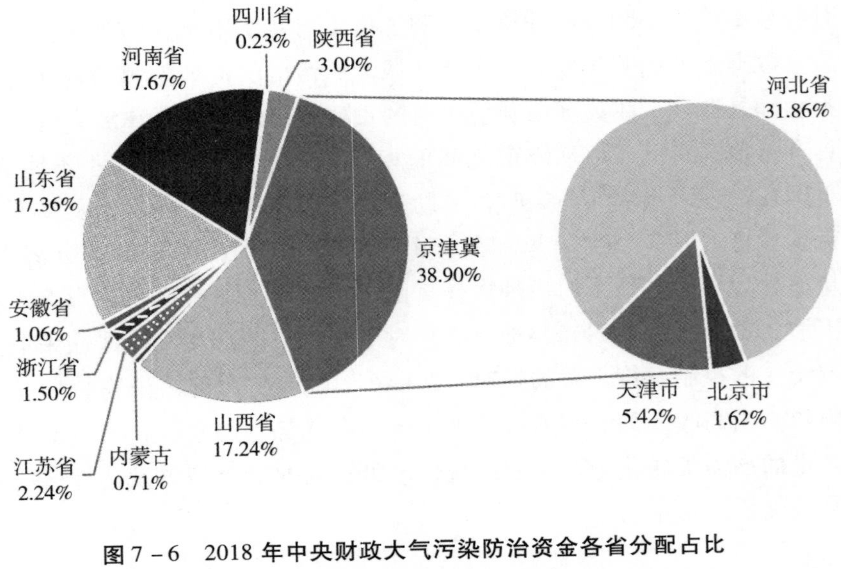

图 7－6　2018 年中央财政大气污染防治资金各省分配占比

资料来源：国家财政部经济建设司专项转移支付大气污染防治资金统计。

2. 京津冀地方政府用于大气污染防治资金支出

针对京津冀三地政府大气污染防治资金，分析了 2014—2018 年北京市本级、天津市本级、河北省本级和河北省合计的资金量，见表7－9。相对于天津市本级，北京市本级在大气污染防治支出方面支持力度明显较高，且天津市本级的该项支出呈大幅下降趋势，从2014年的10.2亿元下降到2018年的0.4亿元；而北京市则从2014年的15.3亿元提高到2018年的75.9亿元。与两个直辖市相比，河北省行政层级更多，其省本级支出在2014—2017年均较少，在5.5亿元以下，而2018年大幅扩张为48.3亿元，表明河北省本级在地区大气污染治理上的支出责任增加；进一步地，河北省地方财政在大气污染治理上的投入2018年达到268亿元，其中来自中央的转移支付资金仅63.7亿元，河北地方财政承担了本省大气污染防治支出的主要部分，并且河北省的支出远远超过天津市、北京市本级的支出。在一定程度上说明，京津冀跨域协同对河北的财政支出提出了更高要求。根据环境保护部2014年发布的《京津冀及周边地区重点行业大气污染限期治理方案》要求限期治理的钢铁企业中，未包含北京市企业，天津市有17家，而河北省达到379家[①]；据测算，河北省完成2017—2020年重点领域治理任务，需政府出资732.8亿元[②]，河北省大气污染治理面临更多的经济与社会利益冲突。

表7－9　京津冀三地大气污染防治财政资金支出

指标	2014年	2015年	2016年	2017年	2018年
北京市本级	15.3	40.5	49.0	72.5	75.9
天津市本级	10.2	12.5	13.1	7.8	0.4
河北省本级	2.1	1.9	1.5	5.5	48.3
河北省合计	54.7	105.0	78.5	180.1	268.0

资料来源：京津冀三地财政部财政预算与决算发布，其中2018年为预算数据。

① 《关于印发〈京津冀及周边地区重点行业大气污染限期治理方案〉的通知》，http：//www.mee.gov.cn/gkml/hbb/bwj/201407/t20140729_280610.htm。

② 加大对河北省大气污染治理投入力度_2018年第13期（总第277期），公民与法治电子版，http：//gmyfz.yzdb.cn/mb/14/shownews.asp？nojx＝277&id＝4631。

3. 京津冀区域间横向大气污染治理资金支出

在京津冀区域间横向污染治理资金互动上，虽然近年京津冀地区的横向治污补偿机制在不断探索和建立之中，但成型的区域间横向污染治理资金帮扶较少，且与各自治理资金需求不相匹配。表7－10梳理了近年来京津冀区域大气污染治理横向转移支付情况，目前仅发现两个案例，分别是北京、天津向河北的部分地级市提供的财政资金支持。近年来，河北大气污染防治资金支出与节能环保支出均迅速增加，但是常态化的横向转移支付机制尚未建立，零星的横向支持亦不足以明显缓解河北省在资金上的较大需求。由此，既有的横向资金支持机制还无法有效平衡京津冀各地区的资金需求与利益分异①。

表7－10　京津冀区域间横向大气污染治理资金互动

时间	出资主体	资金用途
2015—2016年	北京市	北京市财政安排资金9.6亿元，支持廊坊市、保定市10蒸吨以下燃煤锅炉淘汰及20蒸吨以上燃煤锅炉深度治理
2015—2016年	天津市	每年拨付大气污染防治专项资金4亿元，支持唐山市、沧州市燃煤锅炉淘汰、清洁能源替代、散煤治理等大气污染防治重点项目

第四节　京津冀跨域大气污染协同治理制度构建

为建立跨域大气污染协同治理长效机制，通过协同过程的利益平衡实现区域空气质量持续改善，在京津冀既有跨域协同治理实践基础上，结合美国经验，构建与京津冀特征匹配的、与中国制度特点适应的跨域大气污染协同治理制度。

① 张世秋、万薇、何平：《区域大气环境质量管理的合作机制与政策讨论》，《中国环境管理》2015年第2期。

（一）决策机制

京津冀大气污染协同治理主要由“领导小组”决策，是自上而下的权威式决策，其目标制定并未针对特定的大气环境问题，手段上多依赖停产限产、淘汰落后等行政性手段和特别排放限值等命令控制手段，经济激励使用较少。完善决策机制，可以从以下方面着手：

（1）以解决特定的大气污染为目标。将多种大气环境问题或污染区分开来，目标制定应针对某一种特定的污染①。比如，跨界 $PM_{2.5}$ 污染的控制，与本地的 $PM_{2.5}$ 控制是不同的；前者仅针对具有跨界影响的污染源（如火电厂高架源的 SO_2、NO_x 排放），而后者针对的是仅具有本地影响的污染源（低矮源 SO_2、NO_x 排放）。属性不同的大气环境问题或污染要分别制定目标和控制策略。

（2）体现成本收益原则的目标设定。京津冀区域内产业结构、收入水平、污染情况等差异巨大，大气污染治理成本和收益亦存在显著异质性。在制定区域大气污染控制目标时，要建立在精细的成本和收益测算及情景分析基础上；考虑到地方政府具有的信息优势，在各城市、省区目标决策过程中，要在事实基础上充分尊重地方诉求和意愿合理确定各地区的浓度改善目标。

（3）选择更加灵活的手段实现目标。逐步将临时性、强制性的停产限产等措施向常态化的环境管理手段转型，建立污染源管理的长效机制；注重政策手段之间的协调，污染物排放标准的修订要基于成本收益考量，污染物排放标准不宜继续加严，为排污许可交易等经济手段预留空间；针对跨界污染源，积极探索区域交易、区域补偿等经济手段，解决区域利益失衡问题。

（二）实施机制

当前，京津冀协同治理的实施主要依靠环境执法监督：地方环保

---

① 马本、秋婕：《完善决策机制落实企业责任 加快构建现代环境治理体系》，《环境保护》2020 年第 8 期。

执法监督、京津冀及周边地区强化督察、针对地方政府的环保督察等。伴随着临时性、运动式手段向常规性环境管理手段转型与命令手段向经济手段的转型，京津冀协同治理的实施亦面临转型。

（1）从依赖中央权威向鼓励地方合作转型。在权威体制下，中央以多种形式嵌入京津冀大气污染治理决策，有其合理性①。需要在中央的干预协调与地方的自主合作之间寻求新的平衡，鼓励地方之间以自主协商、平等谈判、签订协议等方式开展协作②，通过"科斯手段"使地方利益得到充分尊重，调动中央和地方两个积极性。

（2）从短期行政命令向常态化监管转型。中央对重点区域环保强化督察是一种临时的制度安排，旨在与短期行政命令相匹配，确保其有效落实。这种安排持续性不高，需要建立对企业日常监督性检查的常态化制度，实质上是建立以排污许可制度为核心的监督性检查，以推动环保政策的落地。

（3）从外在的强力监督向内在激励转型。京津冀大气污染治理激励型政策不足，通过经济刺激的行为改变较弱，实施更多地具有行政性色彩③。排污许可交易、税收（环境保护税）、价格（如环保电价）、财政等经济手段发挥更大作用的同时，政策的实施则从外在的强力监督向内在激励转型，从根本上改变持续性不足、地方合作意愿参差不齐的困境。

（三）考评机制

在地方政府为辖区环境质量负责的法律框架下，以空气质量达标为最终目标，自上而下的大气环境质量目标责任制是当前跨域污染治理考评的主要形式。环境质量目标责任制以秋冬季、年度或规划期

① 邢华、邢普耀：《大气污染纵向嵌入式治理的政策工具选择——以京津冀大气污染综合治理攻坚行动为例》，《中国特色社会主义研究》2018 年第 3 期。

② 王勇：《从"指标下压"到"利益协调"：大气治污的公共环境管理检讨与模式转换》，《政治学研究》2014 年第 2 期。

③ 吴芸、赵新峰：《京津冀区域大气污染治理政策工具变迁研究——基于 2004—2017 年政策文本数据》，《中国行政管理》2018 年第 10 期。

（三年或五年）为周期，以 $PM_{2.5}$年均浓度为主要指标。在确定了合理的环境质量标准后，考核评价应以达到环境质量标准为最终目标；考核指标要探索多元化，还可以包括超标天数、重污染天数等；考虑到跨界影响，可采取区域总体与分省市考核相结合的方式。

（四）信息机制

信息服务于决策、实施与考评，根据“环境问题→跨域影响大小→污染源→治理手段”的思路，所需的信息包括污染治理成本和收益、污染源、污染扩散规律等，信息制度的构建要点包括：

（1）丰富不同大气污染成本收益信息。针对特定的大气污染问题，对环境质量改善收益进行核算，并与污染治理成本进行对比，确定污染治理的净效益；在目标制定时，有赖于对污染治理成本的模拟分析，掌握不同地区成本收益信息，有助于认识和解决地区利益失衡问题。

（2）建立跨域大气污染跨界影响矩阵。针对跨域大气污染，要结合风向、气象等因素，建立各省、地市间的影响矩阵，量化测算跨域影响的大小，为识别跨域影响污染源奠定基础。

（3）对污染源分类并核查排放信息。解决跨域污染问题，需要掌握污染源信息，即本地污染源和跨界污染源。由于污染排放数据缺少天然的市场核查机制，影响数据质量的因素众多，以行政区为单位的污染物排放总量考核可能给排放信息带来扭曲①。因此有必要建立污染源排放信息的核查机制。

（五）资金机制

资金是政策实施的保障，也是协调利益冲突的核心。要促进利益平衡，既要落实污染者付费原则，同时要建立受益者补偿制度，积极探索区域性环境经济手段，建立中央财政转移支付和地方横向支付相

① Kostka, G., “Command without Control: The Case of China’s Environmental Target System”, *Regulation & Governance*, Vol. 10, No. 1, 2016, pp. 58 – 74.

结合的受益者补偿制度。

（1）理顺污染源责任、落实污染者付费原则。为应对利益失衡，污染物排放标准不宜继续严格，为排污许可交易等经济手段留出空间，同时降低遵从成本、缓解监管压力，有利于真正落实污染者付费原则。污染者付费原则与受益者补偿是可以兼容的，在排放标准规定的范围内，企业的整理遵循污染者付费原则，超出标准规定的进一步治理，可基于受益者补偿缓解成本压力。

（2）建立区域性排污许可交易等经济手段。2013 年至 2017 年 11 月底，河北省公共财政用于大气污染防治的资金为 500.5 亿元，同期企业投入为 1631 亿元①，企业的治理投入是资金的主体。因此，企业污染治理资源的优化配置，对于降低达标成本至关重要。与排放标准相比，排污许可交易具有低成本减排的特点，应针对跨域污染源开展排污许可交易政策的探索，以更低成本达到污染治理目标。

（3）通过中央转移支付补偿地方进一步治污。中央层面的环境政策不断加码，如果超出不发达地区自身的环境质量需求，其强制实施将产生重大福利损失②。在这种情形下，中央可通过转移支付的形式，补偿经济欠发达地区企业超出排放标准要求的深度治污。考虑到京津冀空气质量是区域性公共物品，而非全国性，中央转移支付不应补偿欠发达城市进一步治理的所有成本。

（4）建立横向转移支付弥补中央资金缺口。建立横向的跨界污染治理补偿机制亦是协调利益冲突的有效途径。为改善区域环境质量，使富裕地区环境质量与居民诉求相匹配，一个体现经济效率、兼顾环境公平的办法是，建立横向的治污补偿机制，高环境质量需求地区对低环境质量需求地区进行专项补偿，以推动实现欠发达地区开展大于

---

① 参见河北新闻网《河北五年发展回眸：保护碧水蓝天 美丽河北绿意浓》，2018 年 1 月 13 日。

② Ulph, A., "Harmonization and Optimal Environmental Policy in a Federal System with Asymmetric Information", *Journal of Environmental Economics and Management*, Vol. 39, No. 2, 2000, pp. 224 - 241.

自身需求的治污行动[①]。补偿的数额，一则考虑中央转移支付的支持力度，二则基于跨界影响的污染源进一步治理的成本，还要兼顾不同地区的财政实力。

① 马本、张莉、郑新业：《收入水平、污染密度与公众环境质量需求》，《世界经济》2017 年第 9 期。

第八章　京津冀大气污染跨域协同治理的配套政策分析

在对京津冀大气污染协同治理制度评估和设计基础上，特别是对跨域协同在决策机制、实施机制、考评机制、信息机制和资金机制进行优化设计的基础上，有必要对京津冀大气污染治理政策进行进一步深入分析，通过配套政策的优化为京津冀跨域协同提供更有力的政策工具支撑。本章着眼于利益协调、经济效率、有效性等视角，对现行的大气污染防治政策进行了分析评价，包括环境保护目标责任制、大气污染物排放标准、企业停产限产错峰生产和淘汰落后、环境保护税、环境财政、环保电价和可再生能源上网电价政策等。而后提出了优化大气污染治理政策的思路，一是降低对临时性、运动式治理工具的依赖，逐渐向常态化、规范化的治理工具转型；二是现有的大气污染排放标准政策不宜进一步加严，为经济手段的采用并发挥更大的利益协调作用提供政策空间；三是系统设计并重视跨域大气排污许可交易制度与大气污染治理纵向和横向的财政转移支付制度在区域利益协调中的作用。最终目标是建立体现环境公平、重视利益平衡、提高经济效率的跨域大气污染协同治理政策工具集。

第一节　现行大气污染防治政策评价

将大气污染防治政策工具分为命令控制型和经济激励型两大类。近年来，中国大气污染治理政策以临时性、运动式政策和自上而下命令式的管理手段为主，包括环境保护目标责任制、空气质量标准和污染物排放标准、停产限产、错峰生产、淘汰落后等；经济激励政策包括环境保护税、环保电价和环境财政等。

（一）环境保护目标责任制

“大气十条”发布前，中国大气污染治理目标以污染物排放量下降率为主，京津冀对 SO_2、NO_x等大气污染物排放总量进行控制。例如《“十二五”节能减排综合性工作方案》提出2015年北京市 SO_2排放总量较2010年下降13.4%、NO_x 排放总量较2010年下降12.3%的目标；《“十三五”节能减排综合性工作方案》要求各地污染物总量减排目标较“十二五”时期大幅提高（见表8-1）。

表8-1 京津冀及周边省份的污染物排放总量控制目标

地区	SO_2				NO_x（万吨）			
	2010年排放量（万吨）	2015年减排目标（%）	2015年排放量（万吨）	2020年减排目标（%）	2010年排放量（万吨）	2015年减排目标（%）	2015年排放量（万吨）	2020年减排目标（%）
北京	10.4	13.4	7.1	35	19.8	12.3	13.8	25
天津	23.8	9.4	18.6	25	34	15.2	24.7	25
河北	143.8	12.7	110.8	28	171.3	13.9	135.1	28
山西	143.8	11.3	112.1	20	124.1	13.9	93.1	20
山东	188.1	14.9	152.6	27	174	16.1	142.4	27
河南	144	11.9	114.4	28	159	14.7	126.2	28

注：数据来源于《“十二五”节能减排综合性工作方案》《“十三五”节能减排综合性工作方案》。

2013年国务院印发《大气污染防治行动计划》，首次明确提出“到2017年，京津冀细颗粒物浓度下降25%，北京市细颗粒物年均浓度控制在60μg/m^{3}左右”目标，标志着环境保护目标责任制从排放总量控制向质量改善为主的转型（见表8-2）。作为大气污染治理的核心目标，环境质量改善目标具有更强的刚性，京津冀在大气污染治理目标上的协同本质上依靠中央政府自上而下的目标分解与下达；各地为完成属地目标，分别采取大气污染治理措施，表现为各地在污染治理上共同发力，这自上而下的协同主要依靠以环境质量目标制定与考评的政治激励。

表 8-2　京津冀大气环境质量控制目标

文件	控制目标
《国家环境保护“十二五”规划》	北京市：2015 年较 2010 年，PM_{10}浓度下降 10%、SO_2下降 13.4%、氮氧化物排放量下降 12.3%、空气质量好于或等于 2 级的天数比例达到 80%
	天津市：2015 年较 2010 年，PM_{10}浓度≤0.1 毫克/立方米、SO_2下降 9.4%、氮氧化物排放量下降 27.5%、化学需氧量排放下降 8.6%、氨氮排放量下降 15.2%、空气质量好于或等于2 级的天数比例≥85%
	河北省：2015 年较 2012 年，PM_{10}浓度下降 10%、SO_2下降 14.3%、氮氧化物排放量下降 15.5%、空气质量好于或等于 2 级的天数比例≥85%
《大气污染防治行动计划》	到 2017 年，京津冀区域细颗粒物浓度下降 25%，其中北京市细颗粒物年均浓度控制在 60 微克/立方米左右
《京津冀及周边地区 2017—2018 年秋冬季大气污染综合治理攻坚行动方案》	2017 年 10 月至 2018 年 3 月，京津冀大气污染传输通道城市 $PM_{2.5}$平均浓度同比下降 15% 以上，重污染天数同比下降 15% 以上
《京津冀及周边地区 2018—2019 年秋冬季大气污染综合治理攻坚行动方案》	2018 年 10 月至 2019 年 3 月，京津冀及周边地区细颗粒物（$PM_{2.5}$）平均浓度同比下降 3% 左右，重度及以上污染天数同比减少 3%
《打赢蓝天保卫战三年行动计划》	北京市：2020 年，$PM_{2.5}$浓度 46—55 微克/立方米，重污染天数较 2015 年减少 25% 以上，氮氧化物、挥发性有机物浓度减少 30% 以上
	天津市：2020 年，$PM_{2.5}$浓度 52 微克/立方米，优良天数 71%，重污染天数较 2015 年减少 25% 以上
	河北省：2020 年，$PM_{2.5}$浓度 55 微克/立方米，优良天数 63%，重污染天数较 2015 年减少 25% 以上

续表

文件	控制目标
《"十三五"生态环境保护规划》	北京市：到2020年，空气中$PM_{2.5}$年均浓度比2015年下降30%左右，降至56微克/立方米左右；2020年与2015年相比，全市二氧化硫、氮氧化物和挥发性有机物排放总量分别减少30%、20%和20%以上
	天津市：2020年城市空气质量优良天数比例达到70%，$PM_{2.5}$年均浓度比2015年下降25%，重度及以上污染天数下降15%
	河北省：2020年，地级城市空气质量优良天数比例增加11%，张家口、承德、秦皇岛市$PM_{2.5}$年均浓度达到35微克/立方米，$PM_{2.5}$未达标地级城市浓度下降29%，地级城市重度及以上污染天数下降30%

（二）大气污染物排放标准

大气污染物排放标准是京津冀大气污染治理的重要工具。2012年起原环保部相继发布火电、钢铁等行业大气污染物排放标准修订版，增设特别排放限值，其排放控制达到国际先进或领先水平。2018年原环保部发布文件，要求京津冀及周边"2+26"城市执行特别排放限值，对于国家标准中已制定特别排放限值的行业（包括火电、钢铁、炼焦、化工、有色、水泥、锅炉等25个行业或子行业）全部执行特别排放限值。其中，火电行业污染物烟尘与SO_2浓度限值分别加严33%与50%，燃煤发电行业大气污染物排放标准见表8-3；炼焦行业中颗粒物、SO_2浓度更是加严70%。

表8-3　　燃煤发电行业大气污染物排放标准演变

阶段	污染物排放标准	说明	具体污染物的排放限值（mg/m^3）		
			烟尘	SO_2	氮氧化物
第一阶段	无标准阶段		—	—	—
第二阶段	《工业"三废"排放标准（试行）》（GB J4—1973）	仅涉及烟尘和SO_2，对排放速率和烟囱高度有要求，对排放浓度无要求	无要求	无要求	不涉及

续表

阶段	污染物排放标准	说明	具体污染物的排放限值（mg/m³）		
			烟尘	SO_2	氮氧化物
第三阶段	《燃煤电厂大气污染物排放标准》（GB 13223—1991）	首次对烟尘排放浓度提出限值要求	600	无要求	不涉及
第四阶段	《火电厂大气污染物排放标准》（GB 13223—1996）	首次增加氮氧化物作为污染物，烟尘排放标准加严，要求增加脱硫设施	200	1200	650
第五阶段	《火电厂大气污染物排放标准》（GB 13223—2003）	污染物排放浓度限值进一步加严。对燃煤机组提出了全面进行脱硫的要求	50	400	450
第六阶段	《火电厂大气污染物排放标准》（GB 13223—2011）	被称为中国史上最严标准，燃煤电厂脱硫脱硝，重点地区的电厂实行特别排放限值	30/20	100、50	100
第七阶段	《煤电节能减排升级与行动计划（2014—2020 年）》	2020 年全国所有具备改造条件的燃煤电厂力争实现超低排放（基准含氧量 6% 条件下，烟尘、SO_2、NO_x 排放浓度分别不高于 10 毫克/立方米、35 毫克/立方米、50 毫克/立方米），有条件的新建燃煤发电机组达到超低排放水平	10/5	35	50

京津冀大气污染物排放标准显著严于欧美发达国家现行标准。以火电行业为例，2014 年国务院要求所有新建燃煤发电机组大气污染物排放应接近燃气机组排放水平。表 8－4 对比了中国现行的火电超低排放限值与美国、欧盟等地区的对比。一方面，从数值上看，中国的超低排放严于欧美；另一方面，在排放限值的时间尺度上，中国以小时为单位，美国为 30 天移动平均值，欧盟为月均值。因此，不难

看出，中国污染物排放标准的严格程度远超欧美标准。虽然严苛的火电行业排放标准对污染物减排起到了显著作用，2017 年 SO_2、NO_x 和烟（粉）尘较 2014 年分别下降了 65%、60%、72%①。但它也意味着无论企业污染治理成本的大小，均需要进行深度治理；污染物减排量一定时，治理总成本较大，且大大压缩了企业治污成本的差异性，降低了排污许可交易等经济手段发挥作用的空间，在某种意义上可能会加剧区域大气污染治理的利益失衡。

表 8－4　　中国燃煤电厂超低排放限值与美国、欧盟燃煤电厂最严格的排放限值比较　　（单位：mg/m³）

污染物	中国	美国[1]	欧盟（300MW 以上新建）[2]
烟尘	10 或 5	12.3	10
SO_2	35	136.1	150
氮氧化物	50	95.3	150

注：1. 美国标准数据来源：《新建污染源的性能标准》（NSPS，New Source Performance Standard），表中列示的是该标准中的最严排放限值，适用于 2011 年 5 月 3 日以后新、扩建机组。美国排放标准中以单位发电量的污染物排放水平表示，为便于比较将其进行了折算，评判标准为 30 天滚动平均值；2. 数据来源：欧盟－2010/75/EU《工业排放综合污染预防与控制指令》（Directiveon industrial emissions integrated pollution prevention and control），适用于 300MW 以上新建机组。评判标准为日历月均值。

（三）企业停产限产、错峰生产、淘汰落后

大气污染治理具有显著的经济成本。例如 2014—2015 年，京津冀地区所实施的严格大气污染治理措施，共造成河北、天津的制造业损失 9.6% 和 5.9%，但是北京的经济损失不明显②。较大的经济代价

① Tang, L., Qu, J., Mi, Z., Bo, X., Chang, X., Anadon, L. D., Wang, S., Xue, X., Li, S., Wang, X., Zhao, X., "Substantial Emission Reductions from Chinese Power Plants after the Introduction of Ultra－Low Emissions Standards", *Nature Energy*, Vol. 4, No. 11, 2019, pp. 929－938.

② Li, X., Qiao, Y., Shi, L., "Has China's War on Pollution Slowed the Growth of Its Manufacturing and by How Much? Evidence from the Clean Air Action", *China Economic Review*, Vol. 53, 2019, pp. 271－289.

与临时性、运动式手段的较多采用有直接关系。特别地，2014 年 APEC 会议期间和 2015 年纪念反法西斯战争胜利 70 周年阅兵活动期间，为保障空气质量采取强制性措施“关、停、限”企业共 52000 余家（见表 8－5）。临时性的行政管控，能够立竿见影改善活动期间空气质量，但可能导致污染的报复性反弹。如 2014 年 APEC 会议期间，北京及河北北部地区 $PM_{2.5}$浓度均在 75 μg/m^3 以下，而 APEC 会议结束后，$PM_{2.5}$浓度明显反弹，北京、天津及河北中南部 $PM_{2.5}$浓度均大于 150 μg/m^{3}①。2015 年纪念反法西斯战争胜利 70 周年阅兵活动期间，$PM_{2.5}$平均浓度为 17.8 μg/m^3，而活动后两周随着临时性减排措施的取消，$PM_{2.5}$浓度最高达到 146 μg/m^3。②

表 8－5　企业停产限产、错峰生产、淘汰落后等行政措施及效果

时间	文件	具体措施
2013 年	《河北省大气治理 50 条》	完成 6000 万吨钢铁产能压减任务，造成 2580 亿元资产损失，影响 557 亿元税收收入。2014 年一季度，影响工业增速 4 个百分点
2014 年	《京津冀及周边地区 2014 年亚太经济合作组织会议空气质量保障方案》	会议期间，京津冀地区累计停产企业 9298 家，限产企业 3900 家，停工工地 4 万余处
2015 年	2015 年《中国人民抗日战争暨世界反法西斯战争胜利 70 周年纪念活动空气质量保障方案》	七省区市共计有 12255 家燃煤锅炉、工业企业及混凝土搅拌站停产限产
2016 年	《京津冀大气污染防治强化措施（2016—2017 年）》	全市共完成燃煤锅炉清洁能源改造 1858 台，9488 蒸吨
2017 年	《京津冀及周边地区 2017—2018 年秋冬季大气污染综合治理攻坚行动方案》	北京市淘汰燃煤锅炉 1500 台、天津市 5640 台、河北省 1.7 万台、山西省 969 台、山东省 1.57 万台、河南省 2914 台；共淘汰燃煤机组 72 台，398 万千瓦

① 张媛媛、吴立新、任传斌、项程程、李佳乐、柴曼：《APEC 会议前后京津冀空气污染物时空变化特征》，《科技导报》2016 年第 24 期。

② 魏娜、孟庆国：《大气污染跨域协同治理的机制考察与制度逻辑——基于京津冀的协同实践》，《中国软科学》2018 年第 10 期。

续表

时间	文件	具体措施
2018 年	《京津冀及周边地区 2018—2019 年秋冬季大气污染综合治理攻坚行动方案》	2018 年 12 月底前，北京、天津、河北省（市）基本淘汰每小时 35 蒸吨以下燃煤锅炉；山西、山东、河南省淘汰每小时 10 蒸吨及以下燃煤锅炉，城市建成区基本淘汰每小时 35 蒸吨以下燃煤锅炉

（四）环境保护税

环境保护税是中国首个以环境保护为主要目标的税种，由 2018 年前实行的排污费改制而来。2018 年 1 月 1 日开始开征环境保护税，由税务部门征收，收入归地方财政。环保税法将大气和水污染物的适用税额标准与应税污染物项目数制定的权力赋予了省级政府，国家对于大气污染物税额划定了 1.2—12 元/污染当量的范围。各省根据自身经济发展和环境保护需求，在国家指定的税额范围内选择本省适用的税额标准，京津冀及周边地区的税率见表 8－6。可以看出，北京的大气污染物环境税率选择了最高值，天津的税率在 6 或 8 元/污染当量，而河北分为三档，环京实行 9.6 元/污染当量的高税率，京津周边主要区域执行 6.0 元/污染当量的中档税率，远离京津的外围地区执行 4.8 元/污染当量的低税率。山东、河南、山西等周边地区的大气污染物环境税率相对较低。进一步分析各省环境报税征收额，2019 年北京征收 5.1 亿元，天津征收 4.3 亿元，而河北征收额达到 27.3 亿元。由此可见，环境保护税对于河北的污染企业带来较大的成本影响。由于环境保护税对企业而言产生成本增量，并不能较好地平衡区域治污利益成本失衡的问题。

表 8－6　京津冀及周边地区环境保护税率与征收情况

地　区	大气污染物适用税额（元/污染当量）	2018 年环境保护税收入（亿元）	2019 年环境保护税收入（亿元）
全国	税法规定税额幅度 1.2—12	151	221
北京	12	2.3929	5.0634

续表

地区	大气污染物适用税额（元/污染当量）	2018年环境保护税收入（亿元）	2019年环境保护税收入（亿元）
天津	SO_2：6	3.5769	4.3006
	NO_x：8		
	烟尘：6		
	一般性粉尘：6		
	其他应税大气污染物：1.2		
河北	环北京环雄安地区：9.6	17.5717	27.3148
	京津周边主要区域：6.0		
	其他8个设区市：4.8		
山东	二氧化硫、氮氧化物：6.0	29.45	
	其他大气污染物：1.2		
河南	4.8		
山西	1.8		

注：数据来源于各地政府网站颁布的官方文件和财政统计数据。

（五）环境财政

近年中央本级和京津冀省本级的节能环保、大气污染防治支出均呈现上升趋势（见表8-7）。北京本级节能环保支出总额2016—2018年均超过了200亿元，天津次之，河北本级支出2014—2017年则不足10亿元，2018年增长至46亿元。具体到大气污染防治支出，河北本级的支出2014年至2017年在1.5亿元至5.5亿元之间，2018年增长至48.2亿元，北京市则从2014年的15.2亿元增长至2018年的75.9亿元，中央本级的支出则不足1亿元。可见，河北省级政府在大气污染治理上的直接财政支出较少，通过财政支出对省内地市的治污协调力度相对有限。结合三地节能环保的全省支出（见表8-8），河北数值增加迅速，2018年其节能环保支出433亿元，首次超越了北京。不难看出，受制于地方财政实力，河北的节能环保财政支出长期以来相对不足；考虑到大气污染的跨域特征，中央财政对河北的转移支付应当在弥补河北地方财政投入不足上发挥重要作用。

表 8－7　　中央本级与京津冀省（市）本级财政中环保相关支出

（单位：亿元）

项目	层级	2013 年	2014 年	2015 年	2016 年	2017 年	2018 年
节能环保支出	中央本级	100.3	344.7	400.4	295.5	350.6	427.6
	北京市	66.7	150.8	166.4	208.6	204.5	205.9
	天津市	38.0	40.3	31.0	32.7	36.4	14.9
	河北省		5.3	7.8	3.9	9.3	59.2
污染防治支出	中央本级						
	北京市	29.9	52.2	71.0	93.0	110.3	112.8
	天津市	11.3	16.3	16.8	17.1	14.0	5.9
	河北省		3.6	2.9	2.1	5.9	52.8
大气污染防治支出	中央本级	0.04	0.04	0.04	0.2	0.4	0.5
	北京市	17.0	15.3	40.5	49.0	72.5	75.9
	天津市	6.6	10.2	12.5	13.1	7.8	0.4
	河北省		2.1	1.9	1.5	5.5	48.3

注：2018 年北京市与河北省为预算值，中央本级数据来源于财政部网站历年预决算，省市数据来源于各省政府网站预决算。

表 8－8　　节能环保全省财政支出　　（单位：亿元）

省份	2014 年	2015 年	2016 年	2017 年	2018 年
北京市	213.3	303.2	363.3	458.4	336.3
天津市	57.9	73.1	65.6	110.2	66.4
河北省	193.4	282.7	262.8	353.4	433.5

注：包含中央转移支付和地方财政支出。数据来源于《中国统计年鉴》及各省市政府网站预决算。

纵向转移支付方面，2018 年中央财政为防治大气污染的转移支付资金为 200 亿元，对比 2017 年（160 亿元）保持增长态势。虽然对京津冀地区的支持力度有所减弱，但 2018 年中央财政给予河北省的大气污染防治资金 63.72 亿元，相比于 2017 年（57.77 亿元）有 10%左右的增长。2018 年河北省本级大气污染防治支出（48.28 亿元）较 2017 年的 5.5 亿元大幅增加，增速远超北京；而天津市本级的大气防治资金支出从 2017 年的 7.8 亿元大幅下降至 2018 年的 0.4

亿元（见表8－7）。河北省对大气污染防治资金有强劲的需求，反映出当地产业结构重、污染治理成本高的基本事实。从横向治污资金互动上看，各省市间的资金横向补偿很少，难以满足欠发达地区对治污资金的需求。例如，北京和天津对河北地市的大气污染治理资金支持尚未形成稳定化投入机制，支持的资金额度非常有限，与河北省治污资金需求存在较大差距。既有的横向资金支持机制无法有效平衡京津冀各地区的资金需求与利益分异①。

（六）环保电价

京津冀执行全国统一的环保电价政策，其演变见表8－9。实施环保电价政策是通过补贴的手段，激励火电企业污染治理，减少SO_2、NO_X和烟尘等大气污染物的排放。环保电价包括脱硫、脱硝、除尘以及超低排放四类上网电价加价。现行电价加价标准分别为0.015元/kW·h、0.008元/kW·h、0.002元/kW·h、0.005元/kW·h（新建）②。环保电价政策自2004年起实施，全国SO_2排放从2005年的6.36克/千瓦降低至2016年的0.39克/千瓦，NO_x排放由2005年的3.62克/千瓦降低至2016年的0.36克/千瓦，有效促进了燃煤电厂污染减排③。经测算，自政策实施以来，全国环保电价资金额逐年增长，2015年脱硫电价含税金额达517.51亿元，脱硝、除尘电价资金额分别为357.63亿元和23.29亿元，总资金超过同期的可再生能源上网补贴供给侧资金额（429.13亿元），远高于中央对地方的大气污染治理专项资金转移支付额（107.38亿元）④。据中国工业企业数据计算，实施环保电价以后，火力发电企业单位产值研发投入从2007年的

① 张世秋、万薇、何平：《区域大气环境质量管理的合作机制与政策讨论》，《中国环境管理》2015年第2期。

② 发改价格〔2007〕1176号、发改价格〔2013〕1651号、发改价格〔2013〕1651号、发改价格〔2015〕2835号。

③ 董战峰、李红祥、葛察忠、王金南、郝春旭、程翠云、龙凤、李晓亮：《环境经济政策年度报告2017》，《环境经济》2018年第7期。

④ 马中、蒋姝睿、马本、刘敏：《中国环境保护相关电价政策效应与资金机制》，《中国环境科学》2020年第6期。

0.33‰迅速增至23.84‰，年均增速达135.40%，促进了电力工业脱硫、脱硝等关键大气污染物控制技术成本不断下降①。环保电价对电力行业的大气污染减排发挥了重要作用。此外，由于环保电价政策长期稳定，随着技术进步企业减排成本不断下降，发电企业甚至可以通过电价补贴而盈利。但对于行业整体，环保电价长期稳定，意味着环保的社会成本仍然保持在较高水平，不利于可再生能源电源的发展和能源结构的调整。此外，由于环保电价政策仅针对火电行业，其他诸如钢铁、水泥等高耗能、高排放行业无类似政策，且在钢铁、水泥等非政府管制价格行业，污染治理加价政策难以形成稳定的资金机制，上网电价加价政策不能简单推广到其他行业。总体而言，该政策对促进京津冀大气污染治理利益平衡发挥了重要作用，但其仅局限于火电行业，且难以复制到其他行业，对工业总体的治污利益平衡发挥的作用局限在一定范围之内。

表8－9　中国电力行业环保电价政策及演变过程

类型	政策依据	执行时间	实施范围	电价
脱硫电价	发改价格〔2007〕1176号	2004.1.1	全国新投产燃煤脱硫机组	0.015
	〔2006〕1228号等7个文件	2006.6.30	全国燃煤脱硫机组	0.015
	〔2007〕1176号	2007.5.29	全国燃煤脱硫机组	0.015
脱硝电价	〔2011〕2618号	2011.12.1	14个省级试点燃煤脱硝机组	0.008
	〔2012〕4095号	2013.1.1	全国燃煤脱硝机组	0.008
	〔2013〕1651号	2013.9.25	全国燃煤脱硝机组	0.010
除尘电价	〔2013〕1651号	2013.9.25	全国新技术除尘改造机组	0.002
超低排放	〔2015〕2835号	2016.1.1	超低排放机组	现役0.01 新建0.005

注：电价均为含税价格（元/kW·h）。

（七）可再生能源上网电价政策

京津冀地区实行全国统一的可再生能源上网电价政策，主要包括

① 任勇：《环境政策的经济分析：案例研究与方法指南》，中国环境科学出版社2011年版。

风电和光伏发电上网标杆电价。其中，风力发电上网标杆电价政策自2009年实施以来，电价经过了3次下调，降幅最高达21.6%（见表8-10）；光伏发电上网标杆电价与风电类似，由2011年的1—1.15元/千瓦时逐步下调至2018年的0.50—0.70元/千瓦时，最大降幅达56.5%（见表8-11）。风电、光伏发电成本的大幅下降为通过大规模发展可再生能源、协调区域利益，实现大气污染治理目标提供了重要契机。

表8-10　中国陆上风力发电上网标杆电价

政策依据	生效时间	陆上风电上网标杆电价			
		Ⅰ类	Ⅱ类	Ⅲ类	Ⅳ类
发改价格〔2009〕1906号	2009.8.1	0.51	0.54	0.58	0.61
〔2014〕3008号	2015.1.1	0.49	0.52	0.56	0.61
〔2015〕3044号	2016.1.1	0.47	0.50	0.54	0.60
〔2016〕2729号	2018.1.1*	0.40	0.45	0.49	0.57

注：数据来源于国家发展和改革委员会官网关于调整上网电价有关问题的通知；表中为含税价格（元/千瓦时）。按风能资源和工程建设条件，将全国分成4类风能资源区。*针对2018年1月1日后新核准建设的陆上风电。

表8-11　中国光伏发电上网电价

政策依据	生效时间	光伏发电标杆电价			分布式光伏补贴
		Ⅰ类	Ⅱ类	Ⅲ类	
发改价格〔2011〕1594号	2011.7.24	1.15、1.00*			—
〔2013〕1638号	2013.8.26	0.90	0.95	1.00	0.42
〔2015〕3044号	2016.1.1	0.80	0.88	0.98	—
〔2016〕2729号	2017.1.1	0.65	0.75	0.85	—
发改价格规〔2017〕2196号	2018.1.1	0.55	0.65	0.75	0.37
发改能源〔2018〕823号	2018.5.31	0.50	0.60	0.70	0.32

注：数据来源于国家发展和改革委员会官网关于调整上网电价有关问题的通知；表中为含税价格（元/千瓦时）。依据各地太阳能资源条件、建设成本，将全国分为Ⅰ、Ⅱ、Ⅲ类太阳能资源区。*该时期标杆电价不区分资源区，而是按项目核准建设、建成投产日期等区分。

由于风电、光伏发电长期依赖补贴，随着其发电量快速提高，补贴资金需求快速增加。2009—2015 年全国可再生附加供给侧资金逐年增长，见表 8－12。2009 年和 2015 年分别为 74.5 亿元和 748.8 亿元，7 年间增长约 10 倍，主要是农业用电之外的其他用电对应的可再生能源附加迅速增加所致。

表 8－12　　中国可再生能源发电附加资金核算（供给侧）

年份		2009	2010	2011	2012	2013	2014	2015
可再生附加（元/千瓦时）		0.0022	0.004	0.004	0.008	0.0099	0.015	0.015
供给侧补贴资金（亿元）	居民	4.9	5.1	5.6	6.2	7.0	7.2	7.6
	其他非农	69.6	143.3	161.5	340.2	456.3	722.9	741.2
	总附加额	74.5	148.5	167.1	346.5	463.3	730.1	748.8

注：可再生附加分行业征收，按居民用电（附加费始终为 0.001 元/千瓦时）、其他用电划分，其中农业用电不征收。按当年实行天数比例为权重，得到全国平均的年度可再生能源附加率。

可再生能源上网标杆电价超出当地燃煤标杆电价的部分，即可再生能源电价补贴。各省实际的风电和光伏补贴率存在较大差异，可再生能源电价资金的供给与需求存在明显的空间不对等：京津冀电力消费量大，贡献了更多的可再生能源附加而资金需求小于西部、北部等风力和光伏资源丰富的省份，从这个角度看，征收可再生能源附加时动力不足，征收率较低①。同时，由表 8－13 数据可知，全国、京津冀及周边地区的风力和光伏发电量呈逐年上升趋势。例如，北京的风电和光伏发电总量占地区发电总量的比重从 2013 年的 0.95% 增长至 2017 年的 1.27%，河北从 2013 年的 6.4% 增长至 12.8%。但由于各地区风电与光伏发电总量占地区总发电量比重仍较小，所以可再生能源电价及补贴在降低地区大气污染排放方面发挥的作用有限。

① 时璟丽：《可再生能源电力费用分摊政策研究》，《中国能源》2010 年第 2 期。

表 8－13 京津冀及周边地区风电和光伏发电量及其占各自发电量比重

（单位：亿千瓦时）

地区	2013 年	比重（%）	2014 年	比重（%）	2015 年	比重（%）	2016 年	比重（%）	2017 年	比重（%）
全国	1466.7	2.75	1833.1	3.27	2250.8	3.92	2714	4.51	4200	6.55
北京	3.2	0.95	3.2	0.87	3.4	0.81	4.1	0.94	5	1.27
天津	5.6	0.94	6.31	1.03	6.6	1.10	9.1	1.52	12	2.01
河北	156.4	6.40	169.8	7.13	184.3	8.01	256	10.34	340	12.80
山西	58.7	2.24	79.2	3.00	107.7	4.38	162	6.20	221	7.99
山东	90.0	2.50	102.9	2.29	127.8	2.77	178	3.65	239	4.92

第二节 京津冀大气污染协同治理政策设计

（一）政策设计思路

为协同区域利益、建立区域大气污染治理激励相容的长效机制，需合理定位当前的大气污染治理政策手段。建立跨域大气污染治理的长效机制、低成本减排，需要政策手段的以下几方面转型：一是从依赖临时性、运动式的命令手段向统筹性、常态化的环境管理手段转型，降低因短期刚性治污产生的经济代价；二是从依赖命令控制型的工具选择向命令控制与经济激励型并重的手段转型，特别是注重发挥经济手段在利益协调、降低治污总成本方面的优势。

具体而言，企业停产限产、错峰生产等临时性运动式措施应逐渐向常态化、规范化的环境管理措施转变。为提高治理措施的经济效率，应逐步减少对临时性、运动式行政性命令的依赖。加快常态化、常规性环境管理手段的建设进度。首先，环境管理是专业性强、需要长期建设的公共事务，要加快以排污许可制为核心的常态化、规范性环境管理手段的建设进度，使其在跨域大气污染控制中发挥作用。其次，为应对利益失衡，污染物排放标准应相对宽松，一则为排污许可交易等经济手段留出空间，二则企业较容易达标，降低监管压力，有助于真正落实污染者的治理责任。最后，与排放标准相比，排污许可交易具有低成本减排的特点，应针对跨域污染源开展排污许可交易政策的探索，以更低成本达到污染治理目标。

（二）跨域大气排污许可交易制度

排污许可交易是基于科斯定理，以明晰的排污权为基础，因各地区、企业间的减排成本差异产生的市场交易机制。排污许可交易市场能够以较小成本实现减排目标，协调各区域的减排成本和收益，加速技术创新①。要建立京津冀排污许可交易市场，一个基本前提是通过与其他治污政策的协调，使各地、各企业的污染减排成本存在明显差异。这些协调措施包括不继续趋严的污染物排放标准（含特别排放限值）；取消不符合“污染者付费原则”的燃煤电厂脱硫、脱硝、除尘和超低排放上网电价加价政策，使企业承担其污染治理的成本。基于美国排污许可交易的成功经验，实施跨域大气污染物排污许可交易需要明确污染物交易对象、污染排放总量目标和分配程序、进行有效的排污计量和政府监管。具体而言，应按照“大气污染造成的损失—污染治理成本—空气质量控制目标—各污染源大气污染物减排目标—污染源减排手段”的流程进行决策②。

由于$PM_{2.5}$等大气污染物具有区域性，京津冀跨域大气污染物排放许可交易对象是具有跨界影响的高架源SO_2、NO_x等一次污染物，而非仅有本地影响的污染源（低矮源SO_2、NO_x）。这类污染物在环境中非均匀扩散，不随时间而长期积累，决定此类污染物浓度的是污染物排放量及其分布状态；可根据各地的空气质量控制目标确定各类污染物的减排目标，并进行许可分配，使每个监测点污染浓度下降到指

① 刘海英、谢建政：《排污权交易与清洁技术研发补贴能提高清洁技术创新水平吗——来自工业SO_2排放权交易试点省份的经验证据》，《上海财经大学学报》2016年第5期。

② 马本、秋婕：《完善决策机制落实企业责任 加快构建现代环境治理体系》，《环境保护》2020年第8期。

定标准的边际费用相同。通过对 SO_2、NO_x等污染物造成的损失和治污成本进行核算与模拟分析，选择边际治理成本与边际损失相等的治理水平，以确定空气质量目标和各类污染物的减排目标。需要注意的是，目标的确定需要系统可靠的大气污染损失、污染治理成本等数据。目前中国大气环境质量监测点已经实现了地级市的全覆盖，有助于获取污染源连续监测数据，同时需要通过排污许可制度、专业化的监测和管理人员体系的建设，利用在线监测网络与大数据技术以及企业环境统计数据责任制的建立，保证重点排污企业污染物排放数据和治理成本数据的可靠性。最后，通过专业人员和检测技术进行认证与监测，在综合考虑区域内各地经济发展、空气质量需求差异以及治理成本的基础上，通过无偿分配、奖励、拍卖等方式确定排污许可的初始配额，使各地区企业根据成本收益原则选择最优方式达到地区减排目标。

特别地，经过多年的摸索和试点，中国于2021年启动了全国性碳排放交易市场。随着碳交易的基础设施和市场制度建设的成熟，区域 SO_2、NO_x等大气污染物的交易可以利用碳交易的基础设施等有利条件，从而大大降低制度建设的成本和管理成本。

（三）跨域治理财政转移支付政策

近年来地方财政在大气污染防治上的投入呈上升趋势（见表8－14）。考虑到中国财政收入的集权特点，中央对地方纵向的财政资金支持能够弥补地方财政支出缺口，在涉及跨省大气污染治理方面中央财政支持就更为重要。中央财政通过大气污染治理专项资金的方式向地方提供资金支持，支持额度从2013年的50亿元增加到2018年的200亿元，并在2016年和2018年颁布了《大气污染专项资金管理办法》（见表8－15）。可以看出，专项资金主要用于降低大气污染物浓度，对地区内环保设施建设、发展清洁取暖等提供资金支持，是中央政府直接对各地方政府在大气污染治理上的资金补助。

表 8－14　　中央与地方的大气污染防治财政资金　　（单位：亿元）

年份	2014	2015	2016	2017	2018
中央政府转移支付	105.5	107.38	111.88	160	200
地方财政支出	62.96	190.64	196	419.2	494.92

注：数据来源于财政部官网公布的预决算数据及各省市官网财政预决算。

表 8－15　　京津冀地区大气污染防治专项资金制度演变

文件	目标	资金主要用途
2016 年《大气污染防治专项资金管理办法》	到 2017 年京津冀区域细颗粒物浓度比 2013 年下降 25%，其中北京市年均控制在 60 微克/立方米左右	根据有关省份颗粒物年均浓度下降率等情况，财政部会同环境保护部对上年预拨各省的资金进行清算：（1）对未完成任务的省份扣减资金。完成颗粒物年均浓度下降率任务 80%—100% 的扣减该年预算 10%，完成 80%（含）以下的扣减该年预算 20%。（2）奖励办法。对京津冀、京津冀周边细颗粒物下降率排名第一的省份给予定额奖励，资金额度根据当年预算规模等确定
2018 年《大气污染防治资金管理办法》	—	（1）北方地区冬季清洁取暖试点。推进散煤治理和清洁替代，并同步开展建筑节能改造。专项资金以城市为单位进行定额奖补。（2）用于支持燃煤锅炉及工业炉窑综合整治、挥发性有机物（VOCs）治理、柴油货车污染治理。专项资金根据重点任务的情况可采取定额奖补和因素法分配的方式下达。（3）氢氟碳化物销毁处置。专项资金根据生态环境部核定并经社会公示无异议的氢氟碳化物削减量及相关定额补贴标准予以安排

2020 年 3 月，国务院办公厅印发的《关于构建现代环境治理体系的指导意见》中明确提出，要厘清中央与地方在生态环境领域财政事权和支出责任，中央财政应在全国性、重点区域、跨区域以及国际合作等环境治理事务中发挥主要作用，其他环境治理主要由地方财政承担支出责任。依据财力和事权相匹配的原则，中央与地方收入分成和转移支付制度需进一步完善，并在此过程中统筹考虑地方环境治理的财政需求。

考虑到 $PM_{2.5}$ 污染的跨界性、京津冀区域内地方财政实力差距大，在纵向转移支付基础上，建立成熟的横向转移支付机制，使纵向和横向机制相互衔接、互补，是协调区域利益失衡问题的重要选项。横向转移支付机制有其理论依据。由于中国的空气质量表现出奢侈品属性，治污意愿的增加快于收入提高速度，欠发达地区自身治污意愿较低，为推动实现欠发达地区开展大于自身需求的治污行动，实现跨界污染的改善，高空气质量需求地区对低空气质量需求地区进行补偿是重要途径①。

本书基于“谁污染，谁付费”与“谁受益，谁补偿”的双重原则，提出纵向转移支付与横向资金补偿相结合的设计思路。一是完善纵向转移支付。中央政府在确定财政资金配额时将京津冀作为一个整体，将其污染治理情况、成本收益与其他地区比较，以此确定资金支持力度；区域内部根据各地实际情况进一步分配财政资金，考虑到排污许可交易主要针对跨界大型工业源，转移支付资金重点支持河北等欠发达地区提升本地环境监管的基础设施建设能力以及煤改气、煤改电等生活污染源的治理。二是建立横向转移支付，衔接纵向转移支付。着眼于区域大气环境质量的改善，为了以较小成本实现高收入地区福利提升，高收入地区可将地方财政中部分大气污染治理资金通过转移支付的形式投入欠发达地区，以补偿欠发达地区超出自身能力和意愿的进一步治理行动。其中，补充环境管理人员、设备，提升专业技能，加强监管能力建设，推动生活源治理等是财政转移支付的主要支出项目。当然，在中央确定区域、各地区大气环境治理目标过程中，一方面需要明确区域间污染物传输关系，例如上风向地区对下风向地区污染的贡献程度；另一方面各地区要充分表达利益诉求，并将纵向转移支付和横向转移支付的数量及分配与目标制定挂钩，在纵向转移支付数额确定后，地区间协商横向转移支付的供需情况，确保下风向地区所需的治污补偿，以及欠发达地区超越自身能力和意愿的深度治理得到应有的利益补偿。

建立跨区横向补偿制度可采取如下方式：京津冀各地政府通过谈

① 马本、张莉、郑新业：《收入水平、污染密度与公众环境质量需求》，《世界经济》2017 年第 9 期。

判和协商，综合考虑污染排放对区域贡献、各地方经济水平、污染程度、治理成本等，每年度按照区域整体接受到的中央转移支付、各地政府财政收入的一定比例，建立京津冀区域空气污染防治基金①，由区域管理机构统一监管和分配。其资金的用途，一方面根据污染治理成本、发展机会成本等向区域内各地进行转移支付；另一方面，利用该资金奖励对区域空气污染治理贡献突出的地区，同时在下一年度降低对未完成减排目标、隐瞒数据信息地区的资金分摊比例。

第三节　总结性评论

为有效应对京津冀大气污染治理效果不稳固、区域利益失衡、进一步治理难度大的问题，优化跨域协同治理体制机制和政策手段，构建起激励相容、责任明晰、损益平衡的京津冀区域大气污染协同治理新格局，是未来跨域协同治理和精细化治污的重要方向。本章着重从政策手段改进的角度，对既有的政策工具进行了分析评价，发现京津冀的治理实践对临时性、运动式治理手段有较大的依赖，严格的污染物排放标准和大气质量目标考核是核心工具，经济激励措施在整个过程中作用有限。基于此，提出了优化大气污染治理政策的思路：一是降低对临时性、运动式治理工具的依赖，逐渐向常态化、规范化的治理工具转型；二是现有的大气污染排放标准政策不宜进一步加严，为经济手段的采用并发挥更大的利益协调作用提供政策空间；三是系统设计并重视跨域大气排污许可交易制度和大气污染治理纵向及横向的财政转移支付制度在区域利益协调中的作用。

政策工具的优化可以为跨域大气污染治理体制机制提供更好的支撑。长期以来，中国的环境政策制定主要由中央政府决策，而政策的执行依赖自上而下的行政传导机制，主要由市县政府监管污染源。通过对京津冀环保人员和财政的分析，中央和县级环保力量得以明显加

① 中国财政科学研究院资源环境研究中心课题组、陈少强、程瑜、樊轶侠、赵世萍、向燕晶：《京津冀区域大气治理财税政策研究》，《财政科学》2017 年第 7 期。

强，而地级市特别是省级的环保力量被相对削弱，中国的环保体制呈现“重两头、轻中间”的特征。省级环境管理权的弱化成为通过横向机制发挥省级在应对京津冀 $PM_{2.5}$跨域污染作用的一大制约，同时，过于分权的政策执行将加剧行政分割和碎片化行政管理，不利于跨域大气污染协同治理机制的构建。在纵向分权体制上，将中央政府生态环境政策的决策权适当下放到省级政府，同时，将市县政府的环境监管和执法权逐步上收到省级政府，在省级政府做到环境政策制定和执行权的相对匹配与统一，将有助于解决相对集中的政策制定缺乏灵活性、分权化的政策执行刚性不足的悖论，避免出现环境决策权与执行监管权的纵向偏离导致政策制定和政策执行的双重低效率的突出问题。

环境管理权纵向优化将有助于建立激励兼容、利益平衡和体现经济效率的跨省污染协同治理机制。针对跨省区污染问题，省级环境政策制定和执行监管权的相对统一，将既有的由中央强力干预模式转化为更多依赖各省区平等协商、互利合作的新型方式，通过更加激励相容的、兼顾各地区利益的横向协同机制加以解决。针对跨市、不跨省污染治理，省级政府的协调统筹作用亦可以得以强化。为增强省级政府在环境政策制定和执行监管上的权力，需要在生态环境机构编制、人员数量和能力、公共财政保障等方面，系统性地加强省级能力建设。优化纵向环境管理权力配置，在跨域协同上更加注重横向合作机制发挥作用，这应当成为中国生态环境体制改革的重要方向。

第四篇　政策篇

本篇是纵向分权理论分析、跨域协同案例分析的结论在生态环境体制和政策完善方面的应用。科学的环境决策机制、合理的生态环境管理体制、准确及时的生态环境数据、合适的环境治理工具是构建现代环境治理体系的重要内容；在环境管理体制上，应探索实现环境决策权向省级适度下放，政策监管权向省级适度集中，从而在省级实现环境政策制定权和执行监管权相对统一的新型制度；为实现该目标，省以下生态环境机构垂直管理改革是重要支撑；在应对跨域污染上，通过横向合作机制和利益平衡机制，更好地调动地方政府积极性，建立激励相容、责任明晰、损益平衡的跨域污染治理新格局，是推动跨域污染协同治理、精准治理、低成本治理的必然选择。

第九章　对中国构建现代环境治理体系的关键措施评述

《关于构建现代环境治理体系的指导意见》高屋建瓴、内容完备，具有很强的创新性和指导性，是中国构建现代环境治理体系的行动纲领。要构建起现代环境治理体系，科学的环境决策机制是重要前提，决策过程要更好地体现环境问题的自然属性和经济效率；合理的生态环境管理体制是基石，将生态环境管理各项职能在不同政府层级间进行优化配置；准确及时的生态环境数据是基本保障，注重夯实科学决策的数据基础；环境治理手段转型是关键落脚点，政策取向做到政府干预与市场挖潜相结合，以统筹性、常态化的环境管理为核心，命令控制手段与环境经济手段并重，通过事前防控、事中控制、事后治理的全过程监管，促进企业更好地履行环境责任。

2020 年 3 月，中央印发《关于构建现代环境治理体系的指导意见》（以下简称《指导意见》），以构建现代环境治理体系为目标，提出到 2025 年建立健全环境治理的领导责任体系、企业责任体系、全民行动体系、监管体系、市场体系、信用体系、法律法规政策体系七大体系，提高市场主体积极性，形成导向清晰、决策科学、执行有力、激励有效、多元参与、良性互动的现代环境治理体系的总体要求。《指导意见》高屋建瓴、内容完备，具有很强的前瞻性和指导性，是中国构建现代环境治理体系的行动纲领。其中，不断完善环境决策机制和生态环境管理体制，通过科学决策、有力执行和有效激励，更好地落实企业环境责任、构建更为完备的企业责任体系，是加快构建现代环境治理体系的核心内容之一，可以从环境决策、管理体制、数据治理、政策手段等多个角度对《指导意见》的创新性内容进行深度解读分析。

第一节　科学的环境决策机制是重要前提

在环境决策的领导机制上，《指导意见》明确“党委领导、政府主导”，是对“党政同责”的进一步延伸，凸显了在生态环境领域以党的集中统一领导为统领的基本要求；“政府主导”则体现出生态环境是市场失灵领域，政府的公共管理和政策制定在其中要起主导作用。由于生态环境与经济发展关系密切，经济部门的决策不可避免会对生态环境产生重大影响，“一岗双责”则要求发展改革、工业、交通、林业、水利、农业农村等其他部门在相关决策时要综合考虑到其生态环境保护的责任，降低经济活动对生态环境造成的压力。

要建立起“决策科学”的现代环境治理体系，决策机制就需要与生态环境问题的自然和经济属性密切结合起来。一方面，从经济学的角度看，无论是大气、水还是土壤污染，环境的污染都会对人类健康、人类福利（比如材料损坏、生态文化消失等）、环境资源（比如对地下水、生物多样性的危害）和全球系统带来损失，对这些损失进行货币化计量，就可以得到环境污染的经济代价；另一方面，环境污染的经济学本质是节省的污染治理费用以资金流的形式进入社会经济系统，成为国民经济核算的一部分，并最终在居民、企业和政府等关键部门进行分配，整个社会因污染排放得到了额外的经济收益①。因此，针对环境污染过程，经济体在获得额外收益的同时，整个社会也因此而承受了污染的经济代价。反过来看，如果考察污染治理的过程，成本是污染治理的经济投入，收益则是环境改善后社会损害的经济价值减小量。一个重要的问题是，什么样的污染程度是最优的，或者什么样的环境管制力度是最优的，能否回答好这个问题是检验决策

① 马中、昌敦虎、周芳：《改革水环境保护政策 告别环境红利时代》，《环境保护》2014 年第 4 期。

科学与否的重要标准。

“决策科学”的现代环境治理体系要求以特定的环境问题为核心进行专业化决策。随着社会经济的发展，环境问题相互交织，变得更加错综复杂，大气污染呈现出复合型、区域性的特点，水污染则具有流域性、扩散性。在环境决策的时候，需要针对特定的环境问题，核算环境污染带来的损害价值，同时对污染治理的成本进行情景模拟，从经济效率的角度得到最优的污染治理力度。基于经济学理论，最优的污染治理力度是边际治理成本与边际外部损害相等时对应的污染减排率。比如，针对酸雨问题，科学的治理决策需要建立在对酸雨的损害评估和致酸物质减排的成本模拟基础之上，以此确定体现经济效率的酸雨控制的目标和减排量。再比如，针对跨区域 $PM_{2.5}$ 污染，亦应当系统评估 $PM_{2.5}$ 污染的经济代价，识别跨区域污染源，针对特定污染源提出具体的控制目标。

针对特定环境问题的决策机制，其决策链条可概括为“环境损害—治理成本—环境质量控制目标—污染源减排目标—污染源减排手段”。以 $PM_{2.5}$ 污染为例，确定 $PM_{2.5}$ 控制的目标需要对 $PM_{2.5}$ 造成的损害和治理成本做核算与模拟分析，在理论上，首先选择边际成本与边际损害相等时的治理水平，确定有效率的 $PM_{2.5}$ 浓度控制目标。然后，追溯到污染源，二次转化来的 $PM_{2.5}$ 要追溯到生成 $PM_{2.5}$ 的前体物质及其污染源，特别是要考虑到本地和外地贡献，将污染源分为本地源和外地源。跨界 $PM_{2.5}$ 污染的控制，与本地的 $PM_{2.5}$ 控制是不同的；前者仅针对具有跨界影响的污染源（如火电厂高架源的 SO_2、NO_x 排放），而后者针对的是仅具有本地影响的污染源（低矮源 SO_2、NO_x 排放）。属性不同的环境问题或污染要独立决策，分别制定环境质量目标，而后合理确定外地源和本地源的减排量目标，选择合适的减排手段加以实现。

现代环境治理体系的科学决策机制，要求环境综合决策要充分纳入环境损害和治理成本信息，环境治理目标的确定能够更加体现经济效率原则，与污染源减排和手段选择形成决策闭环，使总体的环境治理决策水平进一步提高，在这个过程中，生态环境管理体制则决定了生态环境决策的机构、范围和层次。

第二节　合理的生态环境管理体制是基石

在多层级政府框架下，合理配置各层级政府的生态环境管理责任，建立与污染治理需求相匹配的生态环境管理体制，是生态环境领域基础性的制度安排，也是构建现代环境治理体系的基石。由于涉及大气、水等多个环境介质，众多的性质不同的污染物，以及环境行政、监察、监测和执法等多个职能，与中国五级政府体制相互交错，最优的生态环境体制的设置就显得更具复杂性。

理论上，环境管理权力由下级政府负责的好处至少包括：发挥下级政府更了解当地污染源、治理成本、经济社会发展需求等的信息优势①；地方差异化的政策更能够匹配地方需求、推动政策创新；能够更好地与城市规划等地方事务相协同等②。将环境管理权下放也存在一些突出挑战，可能导致各辖区各自为政、缺少治污的协调与合作。特别是传统体制下地方政府以经济增长为核心目标，越是下级政府，其制定的经济增长率目标越高③，而生态环境治理的激励则呈现相反的过程，从中央到地方自上而下表现出逐级减弱的趋势。导致的结果是，越是基层地方政府越重视增长，当增长与生态环境保护存在矛盾时，往往采取牺牲环境来换取经济增长的行为，导致中国环境治理的总体乏力。同时，由于辖区越基层，污染的跨界影响就可能越大，存在以邻为壑和治污"搭便车"的负向激励，且基层政府间激烈的经

---

① Adler, J. H., "Jurisdictional Mismatch in Environmental Federalism", *New York University Environmental Law Journal*, Vol. 14, 2005, pp. 130 - 178. Oates, W. E., "An Essay on Fiscal Federalism", *Journal of Economic Literature*, Vol. 37, No. 3, 1999, pp. 1120 - 1149.

② Sjöberg, E., "An Empirical Study of Federal Law Versus Local Environmental Enforcement", *Journal of Environmental Economics and Management*, Vol. 76, 2016, pp. 14 - 31.

③ Li, X., Liu, C., Weng, X., Zhou, L. - A., "Target Setting in Tournaments: Theory and Evidence from China", *The Economic Journal*, Vol. 129, No. 623, 2019, pp. 2888 - 2915.

济竞争，也可能成为放松环境治理措施的重要原因①。由此可见，由于环境要素多元、污染类型多样、经济与环保相互耦合的关系错综复杂，生态环境管理体制的优化设置成为一个比较复杂的问题。

《指导意见》首次明确建立“中央统筹、省负总责、市县抓落实”的生态环境管理工作机制，其中“中央统筹”是指党中央、国务院统筹制定生态环境保护的大政方针，提出总体目标，谋划重大战略举措；制定实施中央和国家机关有关部门生态环境保护责任清单。“省负总责”指的是“省级党委和政府对本地区环境治理负总体责任，贯彻执行党中央、国务院各项决策部署，组织落实目标任务、政策措施，加大资金投入”。“市县抓落实”具体为“市县党委和政府承担具体责任，统筹做好监管执法、市场规范、资金安排、宣传教育等工作”。《指导意见》提出“省负总责”的生态环境管理制度安排，将同属地方政府的市县作为落实政策的主体，区分了不同层级地方政府在生态环境管理中的职能分工，对于指导下一阶段的生态环境管理体制改革具有重要意义。

2016 年 9 月，省以下生态环境机构监测监察执法垂直管理制度改革进入试点实施阶段。为落实改革，生态环境部、中央机构编制委员会办公室等相关部门积极筹划、大力推动，多个省（区、市）成立了领导小组，编制出台了改革方案，地级和县级政府积极响应，改革取得了重大进展。长期以来，中国以块为主的地方环境管理体制存在“四个突出问题”：一是难以落实对地方政府及其相关部门的监督责任；二是难以解决地方保护主义对环境监测监察执法的干预，三是难以适应统筹解决跨区域、跨流域环境问题的新要求；四是难以规范和加强地方环保机构队伍建设。省以下生态环境机构垂直改革有利于解决长期制约中国生态环境管理的“四个突出问题”，其改革的主要举措包括：县级生态环境局调整为市局的派出分局，不再作为县政府的工作部门；市级生态环境局实行以省级

① 马本、郑新业、张莉：《经济竞争、受益外溢与地方政府环境监管失灵——基于地级市高阶空间计量模型的效应评估》，《世界经济文汇》2018 年第 6 期。

生态环境厅为主的双重管理，仍为市级政府工作部门，省级生态环境厅党组负责提名市级生态环境局局长、副局长，会同市级党委组织部门进行考察；将市县两级生态环境部门的环境监察职能上收，由省级生态环境部门统一行使；市县生态环境质量监测、调查评价和考核工作由省级生态环境部门统一负责，实行生态环境质量省级监测、考核；市级环保局统一管理、统一指挥本行政区域内县级环境执法力量，由市级承担人员和工作经费。

不难看出，《指导意见》中首次明确的“省负总责、市县抓落实”的生态环境管理工作机制，是对2016年以来中国实施的省以下生态环境机构监测监察执法垂直管理制度改革试点工作的进一步明确和提炼升华，对于“全面完成省以下生态环境机构监测监察执法垂直管理制度改革”具有重要的指导意义。省以下生态环境机构监测监察执法垂直管理制度改革前，中国生态环境管理的重心在县级，中央环境管理职能部门经历了多次加强，作为中间层级的省级和市级生态环境机构在人员配置、管理能力等方面被相对削弱，不利于省级政府对跨市县的环境治理进行统筹协调，亦不利于环境执法部门开展相对独立的执法检查。在环境监测方面，《指导意见》明确了实行“谁考核，谁监测”，改变了长期以来“考生判卷”的制度失灵，为省级政府在考核和监测上发挥更大作用提供了制度保障。在环境监察方面，充分发挥了中国的制度优势，建立从中央到地方的环境保护督察制度，以督政的形式推动自上而下环境决策的贯彻落实；将市县环境监察统一到省级，有助于与中央生态环保督察紧密衔接，以最大限度排除市县等地方政府在中央生态环保督察中自身动力递减的问题。当然，生态环境体制除了因环境行政、执法、监察、监测职能而异外，在不同区域、不同污染物间也表现出差异性，这意味着，要构建起现代环境治理体系，生态环境管理体制还应探索与区域特征、环境介质和污染物类型相契合的具有灵活性的制度安排，这应当成为下一阶段体制探索的重要内容。

生态环境管理体制还需要应对跨区域、跨流域的生态环境问题。《指导意见》提出“推动跨区域、跨流域污染防治联防联控”的总体要求，这是有效应对区域性大气污染、流域性水污染的必由之路。以京津冀大气污染治理联防联控机制为例，2013 年 10 月，成立了由北京市委书记任组长，北京、天津、河北、山西、山东、河南、内蒙古七省（区、市），生态环境、发展改革、工信、交通运输、财政、住建、气象、能源八部委参加的“协作小组”；2018 年，协作小组升级为领导小组，由国务院副总理任组长，生态环境部、北京市、天津市、河北省主要行政领导任副组长，成员单位新纳入公安部，包含了周边的山西、山东、河南、内蒙古四省（区）。“协作小组”升级为“领导小组”后，强化了中央对京津冀及周边在大气污染防治措施上的协调，当然，这种协调更多的是依靠上传下达的集中统一决策与执行实现的。

第三节 准确及时的生态环境数据是基本保障

准确、及时的生态环境数据是科学化决策的基本要素，也是构建现代环境治理体系的基本保障。生态环境科学化决策需要与经济社会发展阶段相适应，体现绿色发展和公众对绿色产品及环境质量需求的动态变化。随着全面小康的实现，整个社会对绿色发展的需求随之提高，收入增长后，公众对绿色产品和优美自然环境的需求迅速提高①，科学的决策机制有赖于对社会经济发展阶段和社会需求等信息的掌握。在生态环境决策中，体现经济效率的生态环境治理目标的确定需要系统完备的环境损害经济代价、污染治理成本等数据。一是环境影响的经济评价。针对某种特定污染类型，比如城市黑臭水体，按照“建立影响因子名录→筛选和分析影响→将影响量化→将影响货币化→估算因素分析→把评估结果纳入项目经济分析”的基本步骤，获取相关的社会经济、污染损害等数据或参数，系统核算水体污染的经济代价。二是污染治理的成本。针对特定环境问题的污染源，获取污

① 马本、张莉、郑新业：《收入水平、污染密度与公众环境质量需求》，《世界经济》2017 年第 9 期。

染源污染治理的成本数据，进行情景分析和边际成本模拟，并与污染的经济代价结合起来，共同服务于制定体现经济效率的生态环境改善目标。

《指导意见》提出“加快构建陆海统筹、天地一体、上下协同、信息共享的生态环境监测网络，实现环境质量、污染源和生态状况监测全覆盖”，构建覆盖陆地、海域，地面、天空，共享的生态环境监测大网络大系统。近年来，中国生态环境质量监测取得重大积极进展，针对大气环境，经过三批建设，按照新标准建设的大气环境质量监测点位共计 1436 个，增加了国控监测站点建设并充实了监测功能，实现对全国主要地级以上城市全覆盖；“十三五”时期，调整后的地表水环境质量监测国控断面共 2767 个，增加国控水质自动监测站点和国控断面，覆盖地级以上城市水域，进一步涵盖国家界河、主要一级和二级支流等 1400 多条重要河流和 92 个重要湖库、重点饮用水水源地等；逐步建立了地面生态监测、卫星遥感监测、土壤监测等在内的生态监测体系。针对重点污染源采取的在线监测手段，有助于获取污染源连续监测数据，动态监测污染源的排放和设备运行情况，发挥了常规性环境统计不能替代的功能。构建环境质量、污染源和生态状况监测全覆盖的监测网络，有助于及时掌握环境质量的变化和企业污染排放的动态，是公众获取环境质量数据的基本保障，也是政府环境管理科学决策的重要基础。

针对企业污染排放数据，按照“企业主体”的基本原则，应当充分发挥企业的主体责任。《指导意见》指出“重点排污企业要安装使用监测设备并确保正常运行，坚决杜绝治理效果和监测数据造假”，“排污企业应通过企业网站等途径依法公开主要污染物名称、排放方式、执行标准以及污染防治设施建设和运行情况，并对信息真实性负责”，对排污企业的监测设备安装、监测数据真实性、相关排污设备和治理设备运行情况的信息公开等内容均作出了明确规定。《指导意见》还指出“完善排污许可制度，加强对企业排污行为的监督检查”，企业排污许可制的建设，对于企业环境管理的规范化、制度化、专业化具有里程碑意义，是夯实企业层面的污染排放统计数据质量的重要管理载体。长期以来，污染源排放统计数据的质量控制存在较大难度。与多数经济统计相比（比如GDP、工业产值等），企业污染排放缺少直接的市场交易记录这个天然的核查机制，并且企业污染排放量还受到企业生产工艺、污染物产生量、治污设施及其运行情况等多个因素的影响，基于排污系数的方法不容易核算准确。由于企业的环境管理具有较强的专业性，对于那些环境管理比较薄弱的企业，就更加难以保证污染排放量数据的准确性。当然，企业还可能出于自身利益等因素，在排放量申报时有意瞒报，这些因素都对污染源排放微观数据的基础构成挑战。考虑到排污许可制的专业属性和信息平台属性，在企业排污许可制全面规范化实施的基础上，加大对企业环境统计数据责任机制、核查机制的构建，探索责任明确、专业性强、第三方和市场化的信息稽核认证体系，对于夯实企业污染排放的微观数据基础具有重要意义。在污染源排放管理方面，还要充分利用在线监测网络，不断扩大在线监测数据的应用范围；同时充分利用大数据技术，不断提高污染源排放数据的可靠性，为污染源识别和管理提供有力支撑。

第四节　环境治理手段转型是关键落脚点

环境治理手段是衔接环境决策与企业环境责任的关键，是构建现代环境治理体系的关键落脚点。在生态环境治理措施上，《指导意见》指出“除国家组织的重大活动外，各地不得因召开会议、论坛和举办大型活动等原因，对企业采取停产、限产措施”，这是对环境管理措施的进一步规范化，减少临时性行政命令对企业正常的生产经营活动的随意干扰。要建立执行有力、激励有效的现代环境治理体系，建立环境污染防治的长效机制，实现低成本减排，要求环境管理手段的四个转型：

第一，从依靠政府政策干预向政府干预与市场挖潜相结合的转型。在对待不同市场主体、构建环境治理市场机制方面，《指导意见》充分体现了市场竞争精神和原则。《指导意见》指出，要“打破地区、行业壁垒，对各类所有制企业一视同仁，平等对待各类市场主体，推动各类资本参与环境治理投资、建设、运行”，这正是市场中性原则在环保领域的体现，也反映了国家对引导环保行业高质量发展的基本政策取向。只有对所有企业一视同仁，打破地区、行业的壁垒，才能让资源充分流动起来，提高全行业的全要素生产率，从而实现降低排污企业环境治理成本的最终目的。同时，这种转型能更好地落实作为市场主体的企业的环境责任：企业的生产和治理要守法、按要求公开信息、不弄虚作假，这是以企业为主体履行环境责任的底线；在此基础上，推动形成有利于发挥企业环保社会责任的市场环境和文化，充分发挥企业在环保上的主观能动性，为更多依赖市场的自主自发的企业环保行动创造更多有利条件。

第二，从临时性、运动式到统筹性、常态化的环境管理为核心的转型。近年来，在中国的环境治理中，常采用临时的行政命令手段。这些手段虽然在短期内的污染治理上取得了较好的效果，但总体的成本较高，且并不是污染治理和环境管理的长效手段。以京津冀大气污染治理为例，这些行政性措施包括强化监督、企业停产限产、错峰生产、工地停工、交通限行等。由于环境管理是专业性强、需要长期建设的公共事务，污染排放伴随企业生产运行全过程，污染源管理是日常管理，因此要加快以排污许可制为核心的常态化、常规性环境管理手段的建设进度。《指导意见》中指出“加快排污许可管理条例立法进程，完善排污许可制度”，“妥善处理排污许可与环评制度的关系”等内容，有助于加快排污许可管理的法制化，建立与其他环境手段的衔接机制。通过排污许可证管理制度的实行，摸清家底，为环境监管提供全面、准确的依据；推进生产服务绿色化，从全过程管理入手，将污染治理前置，节约治理成本；提高治污能力和水平，加强企业环境治理责任制度建设，助推企业环境治理行为由政府环境规制为驱动力的“他治”转变为由成本内部化为驱动力的“自治”；公开环境治理信息，要求企业向公众公开环境治理信息，调动社会组织和公众的共同参与作用，充分体现排污许可制作为企业环境管理综合性守法文书、环境政策的综合载体、常态化的企业环境管理综合平台的重要职能。

第三，从以命令手段为主到命令手段与经济手段并重的转型。《指导意见》提出要建立现代环境治理的市场体系，构建激励有效的环境治理体系，其中的重要一环就是更多地方采用经济手段激励社会主体广泛开展生态环保行动。在具体的手段上，《指导意见》提出了“全国性、重点区域流域、跨区域、国际合作等环境治理主要由中央财政承担环境治理支出责任”“健全生态保护补偿机制”“严格执行环境保护税法”“设立国家绿色发展基金”“开展排污权交易，研究探索对排污权交易进行抵质押融资”等多个重要的经济手段，是推动中国以命令控制型环境政策手段向命令手段与经济手段并重的环境管理手段转型的重要依据。经济手段的实施，能够为企业提供治污的经济激励，将污染治理内化为企业的自觉行动；与命令控制手段相比，经济手段更为灵活、为企业提供更多选择、在特定污染物减排上具有成本优势、能够提供持续改进的激励，是构建现代环境治理市场体系的重要内容，在现代环境治理体系中应当发挥更大的作用。

第四，从事后治理的监管向事前防控、事中控制、事后治理的全过程监管转型。《指导意见》明确将污染防控措施前移，更加注重污染的全周期监管和控制，综合采用结构优化、淘汰落后、清洁生产等措施，从源头防治污染。《指导意见》指出“从源头防治污染，优化原料投入，依法依规淘汰落后生产工艺技术。积极践行绿色生产方式，大力开展技术创新，加大清洁生产推行力度，加强全过程管理，减少污染物排放。提供资源节约、环境友好的产品和服务。落实生产者责任延伸制度”。与末端治理措施相呼应，全过程监管形成了污染全周期监管链条，能够改变环境治理仅作为事后补救措施的被动局面，是现代环境治理体系的应有之义，能够更大限度地发挥生态环境保护推动经济高质量发展的抓手功能。

综上所述，《指导意见》对构建中国现代环境治理体系提供了基本遵循和行动指南，既高屋建瓴、体系完备，又目标明确、要点突出、创新性强。在“十四五”时期，中国的生态文明和美丽中国建设必将进入崭新的阶段，《指导意见》的发布和贯彻落实必将推动环境决策机制和生态环境管理体制进一步完善，通过科学决策、有力执行和有效激励，更好地落实企业环境责任，构建更为完备的企业责任体系，加快构建起与中国管理需求相适应的、体现国家治理体系和治理能力现代化成果的现代环境治理体系。

第十章　中国环境政策制定与监管的纵向分权改革思路

长期以来，中国生态环境管理体制表现为政策制定主要由中央政府负责，政策执行监管依赖于自上而下的层层传递，主要由市县等基层地方政府负责。这种政策制定与执行监管高度分离的模式，可能出现相对集中的政策制定缺乏灵活性、分权化的政策执行刚性不足的悖论，导致政策制定和政策执行的双重低效率的突出问题。本章指出了导致中国生态环境执法困局的原因，重点分析了环境政策制定的适度分权与环境政策执行监管权的适度集中，是破解中国生态环境执法困局的关键举措。具体而言是环境政策制定权由中央适度向省级下放，而政策执行监管权从市县向省级集中，在省级逐步做到两者的相对统一。其中，优化中国生态环境政策的制定范式，加快推进地方生态环境管理垂直改革等具体建议，为中国生态文明建设制度完善提供重要方向。

第一节　通过环境政策分权破解环保执法困局

传统观点将环保执法难归结为企业违法成本低、守法成本高，这可能只是表面现象。中国主要的环保政策均由中央制定，近年来环保政策大幅加码，且在一定程度上呈现出全国“一刀切”特征。这种政策制定范式，难以与中国省区间经济社会发展阶段、公众环境质量需求的巨大差异相适应。中国跨区域污染日益突出，以中央的权威要求经济不发达地区治污，若超出其治污意愿和治污能力，既无效率，也不公平。特别是，严苛的污染物排放标准将加剧经济落后地区政策执行成本与收益的偏离度，成为弱化环保执法的一个重要根源。从完善环境政策制定范式角度，提出破解中国环保执法难的对策：污染物排放标准采用“相对宽松的中央标准＋严于中央的地方标准”的制定范式，以尊重地区差异；针对跨区域污染治理，建立地区间污染治理协调机制和补偿政策，以缓解治污意愿和能力的不均衡；政策制定向高收入群体倾斜，将其迫切的环境质量需求、较强的支付能力转化为绿色低碳行动。

（1）加码的环境政策可能导致环保执法难。中国环保政策的执行不容乐观，企业违法超标排污十分突出。2014 年以来，在环保部公开约谈的近 20 座城市中，企业违规超标排放、环评未批先建、企业环保整改不到位、在线监测数据造假等环境违法行为在这些城市不同程度地存在。2016 年，环保部公布了一季度严重超标企业黑名单，19 省区的 75 家国家重点监控企业上榜，涵盖印染、铝业、焦化、玻璃、电力、热力、盐矿等众多行业，这些企业污染排放超标率均超过 80%。因此，破解环保执法难题、实现企业达标排放，是加强中国环境保护亟待解决的重大问题。

面对总体严峻的大气污染形势，全国性环境政策呈现“加码”态势。在中国，主要的环境政策均由中央政府制定，在全国范围实施。譬如，生态环境部制定的水污染物和大气污染物排放标准就达 136 项之多。2013 年，《大气污染防治行动计划》实施后，环保部与 31 省区签订了大气污染物浓度目标责任书。其中，到 2017 年，$PM_{2.5}$浓度要在 2013 年基础上下降 10%—25%，PM_{10}浓度下降 5%—15%。污染物排放标准方面，2011 年实行的《火电厂大气污染物排放标准》被认为是“史上最严”和“世界最严”，明显严于美国、欧盟、加拿大、新西兰、澳大利亚的同类标准，该标准仅是向燃煤火电大气污染物超低排放的过渡；类似地，2014 年实施的《锅炉大气污染物排放标准》也被称为“史上最严”。

全国性严苛的环境政策，面临的一个突出问题是，难以充分考虑中国区域间发展不平衡、环境质量需求差异大的现状。特别是，污染治理要付出成本，在与经济发展的权衡取舍中，各地区赋予发展和环保的权重并不相同。国家层面加码的环境政策，对各地区提出统一要求，很难与各地区的经济社会状况完全适应。此时，加码的环境政策很可能加剧经济相对落后省区治污成本与收益的偏离程度，反而成为弱化环境执法的一个重要诱因。

（2）地区差异视角下环保执法难的成因探析。一是污染治理成本高。环保执法难的重要原因之一是要实现环境质量的根本好转，在短期内企业要付出高昂的成本。案例一：2015 年 2 月，被环保部约谈后，山东临沂市采取了较为激进的整治措施，据报道 57 家污染企业被关停，6 万多人失业，波及人口 15 万人以上。由于长期环保欠账，不折不扣执行环保政策，在短期内，可能对欠发达地区的经济社会发展造成较大冲击。案例二：2014 年 11 月出现的"APEC 会议"期间蓝天的背后，是较大的经济社会成本。包括京、津、冀、内蒙古、山西、山东"史上最严"的应急减排措施；京津冀八地市实行汽车单双号限行；河北 2000 多家企业临时停产，1900 多家企业限产，1700 多处工地停工等。这并不是普遍性案例，但反映出的问题是，在短期内，环境质量的改善必须支付高昂的成本。

二是公众环境质量需求差异大。收入水平是决定公众环境质量需求的关键因素。一个普通居民，总是在更多物质消费和更好环境质量之间做出权衡，选择对自己最有利的组合。数据分析表明，在中国，环境质量需求主要由收入高低决定，环境质量属于"奢侈品"①。对于清洁的空气、干净的水源，高收入地区和高收入人群不仅有更大的"购买"能力，也有更强烈的"购买"意愿。

中国地区间、城乡间、不同群体间收入水平呈现巨大差异。2013 年，人均可支配收入最高的上海、北京、浙江分别达 4.2 万元、4.0 万元和 3.0 万元，贵州、甘肃和西藏仅为 1.1 万元、1.1 万元和 1.0 万元。同年，按收入五等份分组，中国城镇居民人均可支配收入最低

① 马本、张莉、郑新业：《收入水平、污染密度与公众环境质量需求》，《世界经济》2017 年第 9 期。

组仅为 1.1 万元，最高组达 5.6 万元，是前者的 4.9 倍。

中国地区间、城乡间、不同群体间环境质量需求的差异更大。数据分析表明，收入水平提高 1%，人们对环境质量的需求提高 2%[①]。环境质量需求的差异被进一步放大。一个现实的表现是，京津冀居民对雾霾污染的不同态度和争论，北京居民收入高，对环境质量的要求高，与河北居民发展经济迫切需求之间形成的明显反差。

环保政策若超出当地居民的治污需求，将成为环保执法难的重要诱因。公众的环境质量诉求是环境政策制定的重要依据。公众环境质量需求视角下，全国性严苛的环境政策若超出当地居民的减排意愿，地方政府将陷入完成上级环保目标与当地居民发展经济诉求的两难，环保执法成本与收益将出现较大偏离，从而挫伤低收入地区环境执法的积极性。自上而下推动实施的、具有“一刀切”特征的命令式减排政策，既无效率，也不公平。

三是跨地区污染导致的执法动力不足。地方政府环保执法的成本独自承担、收益共享。对于地方政府，若不严格环保执法，污染的成本将与周边省区共同承担，而企业产量提高后，自身将获得更大的税收和 GDP；若严格环保执法，将损失税收和 GDP，空气改善的收益并不能由自身独享。在应对跨地区污染时，地方政府执法动力往往不足，都寄希望于周边地区率先治污，而自己“坐享其成”。

跨地区污染凸显，经济不发达地区环保执法难度尤其大。以京津冀雾霾为例，根据北京市环境保护局 2014 年发布的源解析数据，2012—2013 年，北京 $PM_{2.5}$ 来源中，外来污染的贡献约占 28%—36%；但若遭遇传输型的重污染时，“外来者”的比例甚至可以超过 50%。当雾霾污染涉及收入差距悬殊的多个地区时，高收入地区改善环境的迫切愿望，有赖于低收入地区超出自身需求的协同治污。譬如，北京的治污需求对临近的河北减排提出的高要求。这种依靠中央的权威，通过行政性指令，使落后地区超出自身意愿和发展阶段的深

① 马本、张莉、郑新业：《收入水平、污染密度与公众环境质量需求》，《世界经济》2017 年第 9 期。

度减排，将导致其环保执法困难重重。

（3）改革中国环境政策制定范式的建议。一是采用“相对宽松的中央标准+严于中央的地方标准”的政策范式。中国地区间收入差距明显，地区间环境质量需求差异被进一步放大。理论研究表明，全国“一刀切”的严格的环境标准，若严于当地居民环境质量需求，将产生重大福利损失。因此，从增进社会总体福利角度，中央政府层面严苛的污染物排放标准应被相对宽松的标准取代。随着居民环境质量需求的提高，地方政府对辖区环境质量负责的要求，为地方出台严于国家的排放标准提供了源动力和制度保障。譬如，截至2015年，在备案的148项地方性环境标准中，仅北京就贡献30项之多。在高收入地区，出台严于国家的污染物排放标准具有现实可行性。

二是建立跨地区污染治理协调机制和补偿政策。企业的污染治理支出是中国污染治理资金的投入主体。在政府污染防治和减排的公共支出中，地方政府的投入是主体。随着跨区域污染问题日益凸显，以企业和地方政府为主的治污融资模式缺少地区间的统筹机制，使地方政府对辖区环境质量负责面临一定挑战。在涉及跨区域污染治理，特别是当地区间环境质量需求差异大时，中央政府应发挥区域间治污统筹作用，通过治污财政资金的优化配置，协调区域间治污意愿和治污能力的巨大差异。在横向上，对超出低收入地区自身环境质量需求的治污要求，地区间应探索治污资金的横向补偿机制。特别是，针对$PM_{2.5}$跨区域大气污染治理，应建立高收入地区对低收入地区污染治理专项补偿机制，以缓解治污意愿和能力的地区间不均衡。

三是制定向高收入地区和高收入群体倾斜的环境保护政策。与传统替代品相比，绿色建筑、节能产品通常需要更多的初始投资，成为低收入者绿色低碳行动的一大障碍。与高收入群体较强的支付能力、较高的环境质量要求相匹配，环境政策设计应当向高收入群体适当倾斜，政策的针对性亟待增强。一方面，完善产品环境税、污水和垃圾处理费等与治污相关的税费制度，使高收入群体承担与其消费需求相匹配的治污责任；另一方面，应综合运用劝说鼓励型（如信息公开、宣传教育等）和经济刺激型手段，创造舆论环境，鼓励和引导高收入群体的绿色消费，通过其消费模式的绿色转变，促进中国产业的绿色转型。

第二节　通过环境监管适度集权破解执法困局

近年来，中国企业违法超标排放等环境违法问题频频曝光，反映出中国环境监管不力的总体现状。识别环境监管疲软的主要制度诱因，分清主次、抓主要矛盾，有助于增强生态文明制度改革的针对性。由于污染治理具有跨行政区影响的特性，在中国，以地方政府为主的环境监管体制，导致市县政府之间相互“搭便车”，可能是环境监管疲软的首要诱因；在政府绩效考核体系下，地方政府间为 GDP 和税收展开竞争，仅是引发环境监管疲软的第二位原因[①]。因此，为破解中国环境监管疲软难题，相对于淡化以 GDP 为核心的考核体系，推进省以下环境监管垂直管理的体制改革应更具优先性。建议成立垂直管理领导协调机构，统一部署、试点先行、积累经验，尽快取得实效。同时，强化区域督查中心对跨省区环境监管的协调职能，以有效应对 $PM_{2.5}$等区域性污染；实施以环境质量为核心的环保目标责任制，进一步发挥上级对地方政府间环境保护的协调作用。

（1）中国环境监管体制现状和问题。中国实行的是以属地化监管为主的环境监管体制。包括环境监测、监察执法在内的监管事项，主要由隶属于地方政府的环保局（或其下属监测站、环境执法队）负责。尽管 2006—2007 年间，原国家环保总局组建了六大区域环保督查中心，作为环保主管部门的派出机构，并未在基层环境监管中发挥主要作用。

中国环境监管总体疲软、监管不力问题突出。2014 年以来，在环保部公开约谈的近 20 座城市中，企业违规超标排放、环评未批先建、企业环保整改不到位、在线监测数据造假等环境违法现象在这些

① 马本、郑新业、张莉：《经济竞争、受益外溢与地方政府环境监管失灵——基于地级市高阶空间计量模型的效应评估》，《世界经济文汇》2018 年第 6 期。

城市不同程度地存在；2016 年 5 月，环保部公布了一季度污染物排放严重超标企业名单，包括部分中央企业在内，企业违法超标排放信息得到越来越多的披露，环境监管总体乏力的问题亟待解决。

准确识别环境监管不力的制度根源，对增强改革针对性十分重要。找出环境监管疲软的主要制度根源，有助于认准问题、对症下药，提高行政资源的配置效率。基本的政策逻辑是，若政府间环境监管“搭便车”问题是监管疲软的主要诱因，改革环境监管体制就显得尤为重要；若地方政府因经济竞争而放松环境监管是主导因素，那么，加快调整以 GDP 和税收为核心的政府激励机制将成为首要选项。

（2）属地化的监管体制是环境监管不力的主要根源。第一，市县政府间监管“搭便车”是环境监管疲软的首要诱因。污染治理收益的跨行政区特征非常明显。污染治理的一个基本特征是，其成本主要由自身承担，而环境改善的收益并不能由自己独享。在属地化监管体制下，地方政府严格环境监管的受益范围，由污染治理收益的地区间外溢特征决定。在空气和水污染中，流域性水污染、$PM_{2.5}$污染、酸雨污染等均具有跨省区特征，即便是省级政府也能从邻近省区的治污行动中获益。在地市级、县级行政区间，跨界影响更大，环境监管相互“搭便车”问题可能更为严重。

城市间环境监管“搭便车”现象普遍存在。通过对 277 个地级市相关数据的分析，周边城市环境监管力度增加 1%，会导致中心城市环境监管力度下降 0.18%。随着地级市行政面积的减小，这种“挤出效应”变得愈发明显。对于面积较小的地级市（取最小 10%），当周边城市环境监管力度增加 1% 时，将挤出其监管努力的 0.56%[①]。可以推测，在行政区面积普遍更小的县（或县级市），环境监管“搭便车”问题将更为严重。

行政区间监管“搭便车”是导致中国环境监管总体疲软的首要原因。上述“挤出效应”是考虑临近城市间经济竞争，引发的竞相放

① 马本、郑新业、张莉：《经济竞争、受益外溢与地方政府环境监管失灵——基于地级市高阶空间计量模型的效应评估》，《世界经济文汇》2018 年第 6 期。

松环境监管后的综合效应。也就是说，经济竞争的影响（系数为正）不足以抵消“搭便车”的程度（总体系数为负）。因此，行政区间环境监管“搭便车”比经济竞争的影响更大，是导致中国环境监管总体疲软的主导因素和首要根源。

第二，为 GDP 和税收而竞争仅是环境监管疲软的第二位原因。传统观点认为，中国环境监管不力的主要原因是地方政府间为 GDP 和税收而竞争，将放松环境监管作为竞争手段，从而出现“竞次”现象。这种论断忽视了污染治理跨界影响的自身属性，夸大了地方政府经济竞争的作用。

首先，经济竞争主要存在于同省经济相似的城市之间，影响范围不及“搭便车”普遍。经济相似的城市，由于经济发展阶段相似，导致对同一流动资源（如外资）的共同需求而产生竞争。由政治晋升激励引起的地区间经济竞争，主要存在于经济规模或经济增速相似的同省城市（或同市的县）之间，而在经济发展水平差距悬殊的城市间，这种竞争就不明显。因此，从影响范围上看，经济竞争对环境监管的影响，不如“搭便车”普遍。数据分析也证明了这个判断。

其次，经济竞争的手段选择多元化，可能弱化其对环境监管的影响。在地区间经济竞争中，多种竞争手段的综合运用。譬如，在中国地方政府经济竞争中，潜在竞争手段包括低价的土地供应、优惠的税收政策、不干扰企业正常经营活动的承诺等，放松环境监管仅是众多手段中的一个。当其他手段足以使城市获得经济竞争优势时，放松环境监管可能并不会发生；当放松环境监管被赋予较小权重时，城市并不会将其作为优先手段。

最后，晋升激励下的经济竞争源于上级的人事任命权，同样的制度既可以导致环境监管的放松，也可以成为强化环境监管的制度支撑。同省城市间的经济竞争，根源于上级对干部人事任命权的掌控。同样，上级可以通过人事任命权，以环保目标责任制的形式，对下级政府环境监管行为进行协调，从而缓解“竞次”和“搭便车”的负面影响。

第三，环保目标责任制在协调市县环境监管中发挥着重要作用。

中国的环境保护目标责任制于1989年提出，已实施20多年。特别是“十一五”时期，中国对COD、SO_2等主要污染物实行总量考核。至今，政府间的减排目标责任制自上而下地在全国范围内实施。数据分析表明，对于地级市的环境监管，以环保目标责任制为主要载体，来自省级的协调发挥着主要作用，其大小为0.58，来自中央的跨级协调大小为0.08①。这种管制协调，对抑制政府间环境监管“竞次”和“搭便车”起到了重要作用，体现了中国环境治理的体制优势。

（3）破解中国环境监管疲软难题的建议。第一，相对于改变绩效考核，推进环境监管垂直管理改革更为迫切。相对于改革以GDP为主的政府绩效考核体系，推进环境监管垂直管理体制改革应更具有优先性。原因概括起来，一是属地化的监管体制是导致中国环境监管疲软的首要原因；二是以GDP为核心的绩效考核体系，对中国经济增长发挥了重要作用，其影响广泛而深远，且打破容易重建难。从加强环境保护的角度，弱化GDP考核的制度改革，应谨慎而为。

考虑到省级政府对城市环境监管发挥着主要的协调作用，实行省以下环境监测监察执法垂直管理，在很大程度上能够强化中国的环境监管。与此同时，对于具有跨省影响的污染治理，中央政府的统筹协调仍不可或缺。需要指出的是，水、空气和土壤污染在污染源类别和扩散特征方面均存在差异，空气污染具有双向扩散和大区域影响的特征。从这一点看，垂直监管对于治理空气污染（特别是$PM_{2.5}$）尤为重要。

第二，强化区域督察局跨省区环境监管的协调职能，有效应对区域性污染。近年来，跨省污染问题更为严重，在针对跨区域污染治理时，中央政府环境监管的跨区域协调职能需得到强化。借鉴国际上污染防治大区域管理或流域管理的经验，在尽可能利用现有体制架构的原则下，一个可行的方案是，强化中国六大区域环境督察局的职能，使其在各自职责范围内，发挥对跨省区环境监管的实质性协调作用。

① 马本、郑新业、张莉：《经济竞争、受益外溢与地方政府环境监管失灵——基于地级市高阶空间计量模型的效应评估》，《世界经济文汇》2018年第6期。

第三，成立垂直管理领导协调机构，统一部署、先易后难、加快推进改革。环境监管垂直管理对加强中国的环境保护举足轻重，是一项全国范围的系统性改革，涉及市县环保局及其下属环境监测监察机构的职能定位和隶属关系调整；并且，中国各地区发展情况、环保管理现状不一，改革任务繁重，复杂性可见一斑。为统筹有序地推动改革，建议生态环境部牵头，相关部委参与，成立垂直管理领导协调机构。针对垂直管理，组织系统的调查研究，统一部署、试点先行、先易后难、积累经验，尽快取得实效。

第四，以质量改善为核心，进一步发挥环保目标责任制对地方环境保护的协调。调整优化环境保护目标责任制，加快推进由污染物排放总量控制向质量改善转型。在环保目标责任制框架下，以改善环境质量为核心目标，可进一步发挥中国权威型环境管理的体制优势，更大程度地调动地方政府环境规划、环境信息公开，以及配合环境监管等的积极性；也可使环境垂直监管执法获得市县政府更大程度的支持、形成合力，有助于避免省以下环境监管垂直管理后，市县政府推脱环境保护责任和不作为等潜在问题。

第十一章　中国省以下生态环境机构垂直管理改革探析

2016年9月，省以下环保垂直改革开启了环境管理体制纵向改革的大幕，在生态环境部等职能部门大力推动下，改革试点取得了重大进展。通过实地调研和数据分析，发现此项改革还存在总体进度相对滞后、中央的试点方案不完善、地方的推进机制和协调机制不足等问题。通过对关键问题的深度分析，本书认为，市以下垂直执法难以解决环保执法难题，最终改革方案应当对地方环保垂改进行分类指导，环保行政机构垂直改革宜按职能分类开展。为从制度上保障公众基本生态环境需求的满足，从完善改革方案和改进地方执行机制两个方面，提出了对策建议：一是探索县环保局"市局派出分局+县政府工作部门"、环境执法队伍市级或省级垂直的制度安排；二是强化中央政府对地方垂改的督导，提高部分省份垂改领导小组的级别，并增强与生态环境职能横向整合的统筹协调。

环境管理体制改革是生态文明制度建设中最为重要、影响最为深远、难度最大的改革举措之一，也是中国环境管理体系中长期性、战略性、基础性的制度安排。2016年9月，中办、国办发布了《关于省以下环保机构监测监察执法垂直管理制度改革试点工作的指导意见》，标志着省以下环保机构监测监察执法垂直管理制度改革（以下简称"环保垂改"）进入试点实施阶段。为落实改革，生态环境部、中央编办等相关部门积极筹划、大力推动，多个省（区、市）成立了领导小组，编制出台了改革方案，河北、重庆等试点基本完成，地级和县级政府积极响应，改革取得了重大进展。

但从改革总体进度看，距“2017 年 6 月完成试点、2018 年 6 月全面推开”的预期有明显差距。截至 2018 年 6 月底，在 12 个试点省份中，仅有河北、重庆、上海、江苏、福建、山东、河南、湖北 8 个省（市）完成了改革方案的备案，有 4 个试点省份的改革方案逾期未最终确定；在 19 个未参与试点的省份中，仅有天津、江西、吉林、四川 4 个省（市）编制完成了改革方案或成立了省级领导小组，改革进度与 2018 年 6 月全面完成的预期差距较大。

第一节　环保垂改存在的问题

（1）中央改革试点方案存在的问题。调研发现，多个省份对县政府如何履行地方性环保职能存在争议。把县环保局从县政府完全剥离，存在两个突出问题：第一，陕西咸阳市垂改经验表明，县级环保执法需县政府相关部门配合的，协调难度将大大增加。2002 年，咸阳市垂改试点后，在涉及企业搬迁、断电等环保执法时，县国土资源和电力部门对县环保局（市局分局）的请求不予配合。第二，沈阳市垂改经验表明，县政府倾向于将上级下发的环保任务“甩手”给市环保分局，县政府环保责任难以落实。2008 年，沈阳市环保垂改后，市环保局下发到铁西区政府的环保政策文件，区政府直接转发给市环保局驻铁西分局，区县级政府环保责任落实困难。

市以下垂直执法难以根本解决执法难题。2015 年 12 月至 2017 年 9 月，第一轮中央环保督察发现，省级政府环保压力传递衰减、环保责任落实不到位、对环保的认识有偏差等问题普遍存在；政府间自上而下环保压力传递层层衰减，意味着市级“重发展、轻环保”的问题更为突出。

试点期限过短增大了改革失误风险。作为自上而下推动的、环境管理领域的根本性改革，地方环保垂改的牵扯面广、改革任务重，需要“动体制、动机构、动人员”，在仅有的 9 个月试点期限内（2016 年 10 月至 2017 年 6 月），很难做到对试点效果的充分积累和深度总结，仓促之间增大了改革失误风险。

（2）地方改革推进机制存在的问题。地方垂直改革的推进机制不够有力。地方环保垂改需要生态环境、机构编制、组织、发展改革、财政、法制等部门密切配合、协力推动，地方政府有必要建立跨部门的垂改领导小组。部分省份仅由省环保厅厅长担任领导小组组长，级别偏低，难以协调其他兄弟部门，部门间联合推动改革的局面不易形成，制约改革进度。

（3）地方改革协调机制存在的问题。与生态环境职能的横向整合等改革的统筹协调不足。2018 年 3 月，生态环境部的组建启动，开启了横向的“大环保”改革，2018 年 8 月生态环境部“三定”方案公布；参照生态环境部，地方环保机构面临把分散在发改、农业、水利等多部门的职能加以整合，在地方层面需要与地方环保垂改进行统筹。

第二节　关键问题的深度分析

（1）中国的环境质量表现出奢侈品属性。属地化体制难以回应公众对环境质量的差异化诉求。数据分析表明，在中国传统的属地化环境管理体制下，环境质量表现出奢侈品属性。当收入提高 1% 时，公众对环境质量的需求提高约 2%，即公众环境质量诉求增长快于其收入增长①。地区间、城乡间、区域间收入差异大，现有环境管理体制在应对公众环境质量需求的异质性上存在明显不足。在环境执法分权体制下，市县政府对经济发展与环境保护进行权衡，往往选择牺牲环境换取高增长。环保垂改将经济与环保的关系由权衡转变为制衡，有利于环境约束的硬化，有助于地方政府更好地回应公众环境诉求。

（2）市以下垂直执法难以解决执法难题。市级政府间环境执法相互竞争与攀比十分明显。一方面，地级市在治污设施运行监管上，存在竞相放松的问题。数据分析表明，当周边城市治污设施运行的监管

① 马本、张莉、郑新业：《收入水平、污染密度与公众环境质量需求》，《世界经济》2017 年第 9 期。

力度降低1%时，会导致城市自身运行监管力度降低0.38%。由于存在激烈的经济竞争，城市政府为了经济增长，倾向于将放松环境执法作为竞争工具，出现竞相放松的问题。另一方面，在环保投资监管上，城市政府寄希望于周边投资、自身投资不足。数据分析表明，对于面积最小的10%地级市，当周边城市治污投资的监管力度提高1%，将导致城市自身投资监管力度下降0.48%—0.56%，城市间环保投资的攀比现象严重，导致总体环境监管力度的弱化①。

（3）环保垂改最终方案应做到分类指导。由于各地区在地域形态、行政区类型等方面的差异，环保垂改很难做到一种模式适用于所有情形，中央政府层面的改革方案可考虑采用分类指导的方式制定。一是由于地域形态和产业结构差异，直辖市与省（自治区）的改革应分类指导；二是针对设区的市，市辖区与市辖县（县级市）应有所区别；三是考虑到环境污染跨域性的差异，应按行政区面积大小进行分类。

（4）环保行政机构改革按职能分类开展。县级环境行政机构的设置应按职能分类开展。县政府负责当地的一些环保事务，具有信息传输距离短和利于跨部门协调的优势。比如，污染事故处理，编制县级环境保护规划、环境功能区划等。环保垂改主要针对的是易受当地政府干扰的环保职能。包括环境执法检查、违法行为调查、环境影响评价、“三同时”审核等。

第三节　完善省以下环保垂改的建议

（1）中央政府改革方案完善建议。根据试点经验、起草地方环保垂改最终方案。充分吸纳陕西、辽宁等早期垂改试点经验，河北、重庆等本轮垂改试点经验，在相关研究和论证的基础上，做到与生态环境横向改革的衔接，形成环保垂改的最终改革方案。特别是，针对省

① 马本、郑新业、张莉：《经济竞争、受益外溢与地方政府环境监管失灵——基于地级市高阶空间计量模型的效应评估》，《世界经济文汇》2018年第6期。

（自治区）和直辖市、市辖区和县（县级市）、面积差异大的同级行政区，垂改方案应分别做到分类指导。

探索县环保局“市局派出分局＋县政府工作部门”的制度安排。参考陕西垂改经验，探索实行“市局派出分局＋县政府工作部门”的制度，明确适宜县政府履行的环保职能清单，将县环保局作为市局派出分局的同时，仍保留其县政府工作部门的属性，保障县政府环保履职能力。其职能包括污染事故处理、编制县级环境保护规划、环境功能区划、环境宣传教育等不易受当地政府干预的环保事项。

探索环境执法队伍市级或省级垂直的制度安排。针对环境执法检查、企业违法行为调查、环境影响评价、“三同时”审核等易受干预的事项，可探索由市环保局或省环保厅下属的执法队伍负责的体制，使其职能履行与县政府脱钩，最大限度地避免低层级政府对环境执法的不当干预。

（2）地方改革推进机制建议。建议中央政府强化垂改督导，在生态环境部设立督导办公室。职能包括：改革目的的宣讲、改革方案的培训和释疑、改革进度的掌握与督促、试点问题反馈与经验总结、改革方案起草和修订、改革协同指导意见的起草等。督导过程应注重信息反馈，进一步凝聚改革共识。引导有利于改革推进的舆论，加强与地方的沟通交流，及时掌握地方试点动态，消除地方政府改革疑虑，进一步凝聚改革共识，必要时可将地方垂改进度纳入下一轮环保督察范围。

建议提高部分省份垂改领导小组的级别。明确省级领导小组以省长（至少为副省长）为组长，小组成员纳入生态环境、机构编制、组织、发展改革、财政、人力资源、法制等部门，增强地方垂改的多部门联动和统筹协调。在推动地方垂改的同时，领导小组亦应统筹考虑地方生态环境职能横向整合等工作。各省应要求地市级政府、各市应要求县级政府分别成立相应级别的领导小组，自上而下形成统筹有力、多部门联动的改革推进机制。

（3）地方改革协调机制建议。增强与生态环境职能横向整合的统筹协调，明确地方垂改与地方环保职能整合的优先序。建议生态环境部摸清各地区改革进度，厘清各改革之间的逻辑关系。重点是，明确地方垂改与地方生态环境职能横向整合的先后次序。生态环境职能的横向整合是在某一级政府内部进行，环保垂改涉及多层级机构的隶属关系调整，更为复杂。因此，在县级层面，更具现实可行性的方案是，先完成环保职能横向整合，再探索、实行环保垂改。对已经开展地方环保垂改与尚未启动垂改的省区，应因地施策、分类指导，避免改革混乱和挤压。

建议起草环境管理制度改革系统推进的指导意见，经有关部门批准后，指导地方相关改革的统筹协调。

第十二章　京津冀大气跨域协同治理应平衡省市间利益

2013年以来京津冀空气质量大幅改善，但2020年至今中度、重度污染仍时有发生，存在治理效果不稳固、治理成本高、域内利益失衡等问题。随着京津冀大气污染治理的空间收窄，通过精准治理降低总成本、通过利益平衡调动域内省市积极性，是决定区域空气质量能否持续改善的关键。本书探究了治理成本高和利益失衡的原因：京津冀在经济发展、产业结构上的固有差异；大气污染治理主要依赖行政命令手段、经济手段的作用有限；区域大气污染的贡献份额和责任机制不明确等。为保障京津冀空气质量持续改善，建议构建区域治理长效机制。（1）治理决策机制方面，应基于成本收益原则针对特定的大气环境问题制定目标和控制策略；以地市为单元测算区域大气污染贡献与治理责任；鼓励省市间以平等协商方式应对跨区域污染治理。（2）政策手段优化方面，在区域层面系统定位并设计大气污染治理政策；逐步减少对临时性、运动式行政命令的依赖；加快常态化、常规性环境管理手段的建设进度；充分发挥环境公共财政等经济手段的利益协调作用。

京津冀是中国大气污染最严重的区域之一，2013年以来该区域在治理手段和制度建设等方面取得了显著成绩，实现了污染物浓度的大幅下降，对保障重大活动期间的空气质量、保障人民群众身体健康发挥了重要作用。2020年京津冀及周边地区 $PM_{2.5}$浓度为51微克/立方米，比2013年下降超过50%；2017年“大气十条”收官，北京考核结果为“优秀”，天津、河北为“良好”。京津冀综合采取了严格标准、治污改造、淘汰落后、尾号限行、散煤替代等一系列行之有效的政策手段；利用体制优势，引入环保督察和强化督查制度，建立大气质量目标责任制，成立京津冀及周边地区大气污染防治领导小组，区域联防联控制度基本成型。

京津冀空气质量改善仍任重道远。区域总体未达到国家空气质量二级标准，2020 年和 2021 年春季京津冀仍出现了多次中度和重度污染过程，大气污染治理效果不稳固、易反弹，治理空间收窄、成本偏高且快速增加，区域利益失衡问题严重，协同治理的长效机制存在明显的改进空间。如何精准施策、更好协调域内大气污染治理的利益，解决河北协同治理的"不主动、不积极、不情愿"问题，建立激励相容、责任明晰、损益平衡的协同治理新格局，对推动区域空气质量进一步改善具有重要的现实意义。本章分析了京津冀大气污染治理中的突出问题，探究了利益失衡的深层次原因，提出了精准治理的协调对策，旨在为构建京津冀大气污染治理长效机制提供决策参考。

第一节 京津冀大气污染治理面临的突出问题

治理效果不稳固、持续改善的长效机制未建立。一是年度间出现明显反弹。比如 2018—2019 年秋冬季攻坚期京津冀 $PM_{2.5}$平均浓度为 82 微克/立方米，同比上升 6.5%；"2 +26" 城市重污染天数合计为 624 天，同比增加 36.8%；20 城市同比不降反升，区域大气污染出现反复。二是重大活动后的报复性反弹。2014 年至 2016 年三年的"两会"期间，$PM_{2.5}$浓度均值约为 74 微克/立方米，会后 10 天浓度均值反弹为 79 微克/立方米；2014 年 APEC 会议期间，北京及河北北部 $PM_{2.5}$浓度在 75 微克/立方米以下，会议结束后北京、天津及河北中南部 $PM_{2.5}$浓度急剧反弹为大于 150 微克/立方米；2015 年纪念反法西斯战争胜利 70 周年阅兵期间，$PM_{2.5}$平均浓度 17.8 微克/立方米，活动后两周内反弹幅度较大，$PM_{2.5}$浓度最高达 146 微克/立方米。

治理成本总体较高、成本收益出现明显的地区失衡。在大气污染治理上，河北成本高、收益小，导致河北协同治理的积极性不高。一方面，为应对区域性污染，河北承担了较大的经济成本。相关研究表明，2014—2015年，京津冀大气污染治理造成河北、天津制造业分别损失9.6%和5.9%，北京的损失不明显①；2014年APEC会议和2015年阅兵期间“关、停、限”企业共52000余家，这些企业主要分布在河北和天津；2017—2018秋冬季攻坚期间，北京市淘汰燃煤锅炉1500台、天津市5640台，河北省高达1.7万台，成本是北京的10余倍。另一方面，北京等高收入地区享受了更多的因空气质量改善的收益。研究表明，城镇居民大气环境质量需求的收入弹性为2.3，大气环境改善对高收入居民的福利提高更大。北京居民的收入水平更高，改善空气质量的意愿更强，空气质量改善对北京的福利改善大于低收入地区②。河北的人均收入仅为北京的1/3，天津的不足1/2，空气质量改善对河北的福利增进程度明显偏小。

第二节　京津冀大气污染治理利益失衡原因

京津冀在经济发展、产业结构上的固有差异。与北京、天津相比，河北经济发展水平滞后、财政实力不强、产业结构偏重、治污成本较高。2018年北京人均GDP为14.02万，天津为12.07万，河北仅有4.78万，仅为北京市的1/3。北京近年的财政收入在4000亿元以上，河北省财政收入仅相当于北京的1/2。北京的二产比重在20%之下，三产比重达70%以上，天津二产占比下降到50%以下，河北仍主要依靠二产，占比50%以上，三产比例不足40%。河北仅每年工业企业废气治理设施运行费用达90亿元以上，远高于北京的10亿元和天津的30亿元。

区域大气污染治理主要依赖行政命令手段。京津冀大气污染治理

① Li, X., Qiao, Y., Shi, L., “Has China's War on Pollution Slowed the Growth of Its Manufacturing and by How Much? Evidence from the Clean Air Action”, *China Economic Review*, Vol. 53, 2019, pp. 271 – 289.

② 马本、张莉、郑新业：《收入水平、污染密度与公众环境质量需求》，《世界经济》2017年第9期。

主要依赖行政命令，包括强化督查、企业停产限产、错峰生产、工地停工、交通限行等；大气质量目标责任制主要依靠自上而下的命令和权威。一方面，北京是中央政府所在地，为依靠中央自上而下的协同提供了便利。已形成以大气质量目标责任制为核心，比较完备的目标责任自上而下的分解与考核体系。另一方面，与经济激励手段相比，行政命令手段的实施具有更强的刚性，治理成本总体较高。目标制定以行政区为单元、具有地域封闭性，难以充分考虑各地成本收益的差异，治理措施的强力实施，成为域内成本收益分异的重要原因。

经济手段在京津冀大气污染治理中作用有限。由于淘汰落后、特别排放限值的实施，压缩了企业达标后进一步治污的空间，挤压了排污许可交易等经济手段的政策空间，区域间排污许可交易制度尚未建立。目前较为成熟的经济手段包括环境保护税、火电行业环保补贴等。由于环境保护税对企业征税而非补贴，对区域利益协调的作用有限。对火电行业的脱硫脱硝除尘补贴，通过全国电力用户对火电厂进行补贴，对利益补偿有一定作用，但难以推广复制到钢铁、水泥等行业。空气污染治理的公共财政功能还需要进一步理顺，区域内的横向转移支付尚未建立。

区域大气污染的贡献份额和责任机制不明确。京津冀大气污染具有跨地区属性，但地级市间的相互影响机制和大小不明确。美国在治理跨州空气污染时，借助先进的颗粒源分析技术、臭氧源分析技术将上风向州对下风向州 $PM_{2.5}$ 浓度影响大小测算得十分准确，以此为基础合理界定各州的治理责任。由于京津冀污染相互影响不清、责任机制不明，不足以支撑对不同省市精准施策，往往采取统一的控制政策，譬如“2+26”城市大气污染特别排放限值。责任机制不明导致胡子眉毛一把抓，精准化治理不足，成为治理成本偏高、域内利益失衡的诱因。

第三节　京津冀大气污染精准治理与利益平衡对策

（1）治理决策机制建议。针对特定的大气环境问题制定目标和控制策略。体现精准治理的大气污染防治应针对特定的大气环境问题，对区域大气污染治理目标进行成本和收益核算。1）将不同大气环境问题或污染区分开来。比如，跨界$PM_{2.5}$污染的控制，与本地的$PM_{2.5}$控制是不同的；前者仅针对具有跨界影响的污染源（如火电厂高架源SO_2、NO_x排放），后者仅针对具有本地影响的污染源（低矮源SO_2、NO_x排放）。2）针对不同环境问题，基于成本收益原则制定区域目标。要考虑成本和收益在不同省市的分布，揭示协同治理中的利益分异与诉求差异，更好认识和解决地区利益失衡问题。3）属性不同的大气环境问题要分别制定控制策略。

以地市为单元测算区域大气污染贡献与治理责任分担。以28个城市为基本单元，进一步明确各城市$PM_{2.5}$、O_3污染的自身贡献和跨界影响大小，重点分析重污染天气的污染贡献；考虑到风向、气象等因素，采用前沿的科学技术手段，例如颗粒源分析技术、臭氧源分配技术等，更加准确地测算各城市污染源对本地和外地大气污染的贡献份额。按照本地贡献、跨界贡献，进一步明确各城市在区域大气污染中的治理责任，确保治理责任与污染贡献相匹配。

鼓励省市间以平等协商方式应对跨区域污染治理。通常，中央政府以多种形式嵌入京津冀大气污染治理决策，有其制度合理性。为有效应对区域利益失衡，需要在中央政府自上而下的协调与地方的自主合作之间寻求新的平衡，鼓励地方之间以自主协商、平等谈判等方式开展跨域大气污染治理协作，鼓励地方间自主签订合作协议，使地方利益得到更充分的尊重，从而有效应对域内利益失衡导致治理积极性不高的问题。

（2）政策手段优化建议。在区域层面系统定位并设计大气污染治理政策。建立跨域大气污染治理的长效机制，实现低成本减排，政策手段需要从临时性、运动式到常态化的环境管理转型；从以命令手段为主到以命令手段和经济手段并重转型。同时要注重政策间的协调，为更好地发挥排污许可交易、污染治理补偿等经济手段的作用，京津冀污染物排放标准不宜进一步加严，使污染源的减排成本呈现较大差异，为经济手段提供政策空间，更好地平衡区域利益。

逐步减少对临时性、运动式行政命令的依赖。从治理措施的经济效率角度，应逐步减少对临时性、运动式行政命令的依赖。逐渐避免工地停工、企业停产、燃煤禁令等会对当地经济发展和居民生活造成较大冲击的政策；慎用机动车限行、企业限产等措施，适度采用企业错峰生产、散煤替代等对污染治理成效较好且对经济冲击较小的措施。

加快常态化、常规性、精细化环境管理手段的建设进度。1）环境管理是专业性强、需要长期能力建设的事务，要加快以排污许可制为核心的常态化、常规性、精细化环境管理手段的建设进度，使其在跨域大气污染控制中发挥作用，降低对临时性、运动式行政命令的依赖。2）为应对利益失衡，污染物排放标准不宜继续加严，一则为排污许可交易等经济手段留出空间，二则企业容易达标，降低监管压力，有助于真正落实污染者付费原则。3）与排放标准相比，排污许可交易具有低成本减排的特点，以碳交易为基础，应针对跨域污染源开展排污许可交易政策的探索，以更低成本达到污染治理目标。

利益协调中充分发挥公共财政等经济手段的作用。1）通过中央政府转移支付补偿超出属地责任和意愿的进一步治污。中央政府层面的环境政策如果超出不发达地区自身的环境质量需求，其强制实施将产生较大福利损失。在这种情形下，中央政府可通过转移支付，补偿经济欠发达地区的深度治污。京津冀空气质量是区域性公共物品，中央转移支付可以对欠发达城市超出污染排放标准的深度治理提供部分成本补偿。2）建立跨地区横向转移支付弥补中央资金缺口。为改善区域环境质量，使富裕地区环境质量与居民诉求相匹配，一个体现经济效率、兼顾环境公平的办法是，建立横向的治污补偿机制，高环境质量需求地区对低环境质量需求地区进行专项补偿，以推动实现欠发达地区开展大于自身需求的治污行动。横向转移支付是将污染者付费和受益者补偿相结合的政策实践：污染源达标排放体现的是污染者付费，超出排放标准的进一步治污需要按受益者补偿原则弥补成本；跨地区补偿的数额需要基于中央转移支付的支持力度，并兼顾跨界影响大小、责任界定、治理成本和地方财力。

参考文献

一　中文著作

薄贵利：《集权分权与国家兴衰》，经济科学出版社 2001 年版。
李文钊：《中央与地方政府权力配置的制度分析》，人民日报出版社 2017 年版。
齐晔：《中国环境监管体制研究》，上海三联书店 2008 年版。
钱颖一：《现代经济学与中国经济改革》，中国人民大学出版社 2003 年版。
冉冉：《中国地方环境政治：政策与执行之间的距离》，中央编译出版社 2015 年版。
任勇：《环境政策的经济分析：案例研究与方法指南》，中国环境科学出版社 2011 年版。
宋国君：《环境政策分析（第二版）》，化学工业出版社 2020 年版。
周黎安：《转型中的地方政府：官员激励与治理》，上海人民出版社 2008 年版。
周黎安：《转型中的地方政府：官员激励与治理（第二版）》，格致出版社 2017 年版。
周雪光：《中国国家治理的制度逻辑：一个组织学研究》，生活·读书·新知三联书店 2017 年版。

二　中译著作

［美］曼瑟尔·奥尔森：《集体行动的逻辑》，陈郁、郭宇峰、李崇新

译，上海人民出版社1995年版。
［美］约瑟夫·E. 斯蒂格利茨：《公共部门经济学》，郭庆旺等译，中国人民大学出版社2005年版。
［中］郑永年：《中国的“行为联邦制”》，邱道隆译，东方出版社2013年版。

三　中文论文

安俊岭、李健、张伟、陈勇、屈玉、向伟玲：《京津冀污染物跨界输送通量模拟》，《环境科学学报》2012年第11期。
白俊红、聂亮：《环境分权是否真的加剧了雾霾污染?》，《中国人口·资源与环境》2017年第12期。
蔡岚：《空气污染治理中的政府间关系——以美国加利福尼亚州为例》，《中国行政管理》2013年第10期。
曾贤刚：《地方政府环境管理体制分析》，《教学与研究》2009年第1期。
曾贤刚：《环境规制、外商直接投资与“污染避难所”假说——基于中国30个省份面板数据的实证研究》，《经济理论与经济管理》2010年第11期。
柴发合、李艳萍、乔琦、王淑兰：《我国大气污染联防联控环境监管模式的战略转型》，《环境保护》2013年第5期。
陈丰：《经济学视野下的信访制度成本研究》，《经济体制改革》2010年第6期。
陈健鹏、高世楫、李佐军：《“十三五”时期中国环境监管体制改革的形势、目标与若干建议》，《中国人口·资源与环境》2016年第11期。
陈健鹏、李佐军、高世楫：《跨越峰值阶段的空气污染治理——兼论环境监管体制改革背景下的总量控制制度》，《环境保护》2015年第21期。
陈硕：《分税制改革、地方财政自主权与公共品供给》，《经济学（季刊)》2010年第4期。

陈硕、高琳：《央地关系：财政分权度量及作用机制再评估》，《管理世界》2012 年第 6 期。
陈思霞、卢洪友：《辖区间竞争与策略性环境公共支出》，《财贸研究》2014 年第 1 期。
陈永伟、陈立中：《为清洁空气定价：来自中国青岛的经验证据》，《世界经济》2012 年第 4 期。
崔亚飞、宋马林:《我国省际工业污染治理投资强度的策略互动性——基于空间计量的实证测度》，《技术经济》2012 年第 4 期。
董战峰、李红祥、葛察忠、王金南、郝春旭、程翠云、龙凤、李晓亮：《环境经济政策年度报告 2017》，《环境经济》2018 年第 7 期。
杜雯翠、夏永妹：《京津冀区域雾霾协同治理措施奏效了吗？——基于双重差分模型的分析》，《当代经济管理》2018 年第 9 期。
郭庆旺、贾俊雪：《地方政府间策略互动行为、财政支出竞争与地区经济增长》，《管理世界》2009 年第 10 期。
韩晶、陈超凡、施发启：《中国制造业环境效率、行业异质性与最优规制强度》，《统计研究》2014 年第 3 期。
黄滢、刘庆、王敏：《地方政府的环境治理决策：基于 SO_2 减排的面板数据分析》，《世界经济》2016 年第 12 期。
李伯涛、马海涛、龙军：《环境联邦主义理论述评》，《财贸经济》2009 年第 10 期。
李平、许家云：《国际智力回流的技术扩散效应研究——基于中国地区差异及门槛回归的实证分析》，《经济学（季刊)》2011 年第 3 期。
李强：《河长制视域下环境分权的减排效应研究》，《产业经济研究》2018 年第 3 期。
李瑞娟、李丽平：《美国环境管理体制对中国的启示》，《世界环境》2016 年第 2 期。
李胜兰、初善冰、申晨：《地方政府竞争、环境规制与区域生态效率》，《世界经济》2014 年第 4 期。
李实、罗楚亮：《中国收入差距究竟有多大？——对修正样本结构偏差的尝试》，《经济研究》2011 年第 4 期。
李文钊：《环境管理体制演进轨迹及其新型设计》，《改革》2015 年第 4 期。
梁平汉、高楠：《人事变更、法制环境和地方环境污染》，《管理世界》2014 年第 6 期。
刘海英、谢建政：《排污权交易与清洁技术研发补贴能提高清洁技术创新水平吗——来自工业 SO_2 排放权交易试点省份的经验证据》，《上海财经大学学报》2016 年第 5 期。
刘洁、万玉秋、沈国成、汪晓勇：《中美欧跨区域大气环境监管比较研究及启示》，《四川环境》2011 年第 5 期。
龙小宁、朱艳丽、蔡伟贤、李少民：《基于空间计量模型的中国县级政府间税收竞争的实证分析》，《经济研究》2014 年第 8 期。
陆远权、张德钢：《环境分权、市场分割与碳排放》，《中国人口·资源与环境》2016 年第 6 期。
吕忠梅、吴一冉：《中国环境法治七十年：从历史走向未来》，《中国法律评论》2019 年第 5 期。
马本、刘侗一、马中：《环境要素的环境收益、数量测算与受益归宿》，《中国环境科学》2021 年第 6 期。
马本、秋婕：《完善决策机制落实企业责任 加快构建现代环境治理体系》，《环境保护》2020 年第 8 期。
马本、张莉、郑新业：《收入水平、污染密度与公众环境质量需求》，《世界经济》2017 年第 9 期。
马本、郑新业、张莉：《经济竞争、受益外溢与地方政府环境监管失灵——基于地级市高阶空间计量模型的效应评估》，《世界经济文汇》2018 年第 6 期。
马丽梅、张晓：《中国雾霾污染的空间效应及经济、能源结构影响》，《中国工业经济》2014 年第 4 期。
马中、昌敦虎、周芳：《改革水环境保护政策 告别环境红利时代》，《环境保护》2014 年第 4 期。
马中、蒋姝睿、马本、刘敏：《中国环境保护相关电价政策效应与资金机制》，《中国环境科学》2020 年第 6 期。
宁淼、孙亚梅、杨金田：《国内外区域大气污染联防联控管理模式分析》，《环境与可持续发展》2012 年第 5 期。
潘海英、陆敏：《环境分权对水环境治理效果的影响——财政分权视角下的动态面板检验》，《水利经济》2019 年第 3 期。
祁毓、卢洪友、徐彦坤：《中国环境分权体制改革研究：制度变迁、数量测算与效应评估》，《中国工业经济》2014 年第 1 期。
任丙强：《生态文明建设视角下的环境治理：问题、挑战与对策》，《政治学研究》2013 年第 5 期。
沈洪艳、吕宗璞、师华定、王明浩：《基于 HYSPLIT 模型的京津冀地区大气污染物输送的路径分析》，《环境工程技术学报》2018 年第 4 期。
盛巧燕、周勤：《环境分权、政府层级与治理绩效》，《南京社会科学》2017 年第 4 期。
石光、周黎安、郑世林、张友国：《环境补贴与污染治理——基于电力行业的实证研究》，《经济学（季刊）》2016 年第 4 期。
石庆玲、郭峰、陈诗一：《雾霾治理中的“政治性蓝天”——来自中国地方“两会”的证据》，《中国工业经济》2016 年第 5 期。
时璟丽：《可再生能源电力费用分摊政策研究》，《中国能源》2010 年第 2 期。
宋国君、金书秦、傅毅明：《基于外部性理论的中国环境管理体制设计》，《中国人口·资源与环境》2008 年第 2 期。
孙韧、肖致美、陈魁、高璟赟、刘彬、杨宁、李鹏：《京津冀重污染大气污染物输送路径分析》，《环境科学与技术》2017 年第 12 期。
陶希东：《美国空气污染跨界治理的特区制度及经验》，《环境保护》2012 年第 7 期。
童健、刘伟、薛景：《环境规制、要素投入结构与工业行业转型升级》，《经济研究》2016 年第 7 期。
汪伟全：《空气污染的跨域合作治理研究——以北京地区为例》，《公共管理学报》2014 年第 1 期。

汪小勇、万玉秋、姜文、缪旭波、朱晓东：《美国跨界大气环境监管经验对中国的借鉴》，《中国人口·资源与环境》2012 年第 3 期。

王金南、宁森、孙亚梅：《区域大气污染联防联控的理论与方法分析》，《环境与可持续发展》2012 年第 5 期。

王敏、黄滢：《中国的环境污染与经济增长》，《经济学（季刊）》2015 年第 2 期。

王勇：《从“指标下压”到“利益协调”：大气治污的公共环境管理检讨与模式转换》，《政治学研究》2014 年第 2 期。

王宇澄：《基于空间面板模型的我国地方政府环境规制竞争研究》，《管理评论》2015 年第 8 期。

魏娜、孟庆国：《大气污染跨域协同治理的机制考察与制度逻辑——基于京津冀的协同实践》，《中国软科学》2018 年第 10 期。

吴芸、赵新峰：《京津冀区域大气污染治理政策工具变迁研究——基于 2004—2017 年政策文本数据》，《中国行政管理》2018 年第 10 期。

邢华、邢普耀：《大气污染纵向嵌入式治理的政策工具选择——以京津冀大气污染综合治理攻坚行动为例》，《中国特色社会主义研究》2018 年第 3 期。

杨海生、陈少凌、周永章：《地方政府竞争与环境政策——来自中国省份数据的证据》，《南方经济》2008 年第 6 期。

杨继东、章逸然：《空气污染的定价：基于幸福感数据的分析》，《世界经济》2014 年第 12 期。

杨妍、孙涛：《跨区域环境治理与地方政府合作机制研究》，《中国行政管理》2009 年第 1 期。

杨作精、顾秀菊：《关于实行环境保护目标责任制的几个问题》，《中国环境管理》1989 年第 2 期。

尹振东：《垂直管理与属地管理：行政管理体制的选择》，《经济研究》2011 年第 4 期。

于溯阳、蓝志勇：《大气污染区域合作治理模式研究——以京津冀为例》，《天津行政学院学报》2014 年第 6 期。

张成、陆旸、郭路、于同申:《环境规制强度和生产技术进步》,《经济研究》2011 年第 2 期。

张华:《地区间环境规制的策略互动研究——对环境规制非完全执行普遍性的解释》,《中国工业经济》2016 年第 7 期。

张华、丰超、刘贯春:《中国式环境联邦主义:环境分权对碳排放的影响研究》,《财经研究》2017 年第 9 期。

张军、高远、傅勇、张弘:《中国为什么拥有了良好的基础设施?》,《经济研究》2007 年第 3 期。

张康之、程倩:《网络治理理论及其实践》,《新视野》2010 年第 6 期。

张克中、王娟、崔小勇:《财政分权与环境污染:碳排放的视角》,《中国工业经济》2011 年第 10 期。

张凌云、齐晔:《地方环境监管困境解释——政治激励与财政约束假说》,《中国行政管理》2010 年第 3 期。

张世秋、万薇、何平:《区域大气环境质量管理的合作机制与政策讨论》,《中国环境管理》2015 年第 2 期。

张伟、张杰、汪峰、蒋洪强、王金南、姜玲:《京津冀工业源大气污染排放空间集聚特征分析》,《城市发展研究》2017 年第 9 期。

张文彬、张理芃、张可云:《中国环境规制强度省际竞争形态及其演变——基于两区制空间 Durbin 固定效应模型的分析》,《管理世界》2010 年第 12 期。

张晏、龚六堂:《分税制改革、财政分权与中国经济增长》,《经济学(季刊)》2005 年第 4 期。

张媛媛、吴立新、任传斌、项程程、李佳乐、柴曼:《APEC 会议前后京津冀空气污染物时空变化特征》,《科技导报》2016 年第 24 期。

张征宇、朱平芳:《地方环境支出的实证研究》,《经济研究》2010 年第 5 期。

张卓元:《论中国的价格改革》,《安徽大学学报》1992 年第 2 期。

赵孝贤、刘莹:《我国大气污染跨区域协同治理法律机制的完善》,

《法制与社会》2020年第24期。
郑军、魏亮、国冬梅：《美国大气环境质量监测与管理经验及启示》，《环境保护》2015年第18期。
郑思齐、万广华、孙伟增、罗党论：《公众诉求与城市环境治理》，《管理世界》2013年第6期。
中国财政科学研究院资源环境研究中心课题组、陈少强、程瑜、樊轶侠、赵世萍、向燕晶：《京津冀区域大气治理财税政策研究》，《财政科学》2017年第7期。
周黎安：《中国地方官员的晋升锦标赛模式研究》，《经济研究》2007年第7期。
周胜男、宋国君、张冰：《美国加州空气质量政府管理模式及对中国的启示》，《环境污染与防治》2013年第8期。
周适：《环境监管的他国镜鉴与对策选择》，《改革》2015年第4期。
朱玲、万玉秋、缪旭波、杨柳燕、汪小勇、刘洋：《论美国的跨区域大气环境监管对我国的借鉴》，《环境保护科学》2010年第2期。
朱平芳、张征宇、姜国麟：《FDI与环境规制：基于地方分权视角的实证研究》，《经济研究》2011年第6期。
朱小会、陆远权：《地方政府环境偏好与中国环境分权管理体制的环保效应》，《技术经济》2018年第7期。
邹璇、雷璨、胡春：《环境分权与区域绿色发展》，《中国人口·资源与环境》2019年第6期。

四 外文著作

Elhorst, J. P., *Spatial Econometrics: From Cross – Sectional Data to Spatial Panels*, New York: Springer Heidelberg, 2014.
LeSage, J. and Pace, R. K., *Introduction to Spatial Econometrics*, London: CRC Press, 2009.
Varian, H. R., *Microeconomics Analysis* (*Third Edition*), New York: W. W. Norton & Company, 1992.

五 外文报告

Brunel, C. and Levinson, A., *Measuring Environmental Regulatory Stringency*, *Paris*: *OECD Trade and Environment Working Papers No.* 2013/05, OECD Publishing, 2013.

Grossman, G. M. and Krueger, A. B., *Environmental Impacts of a North American Free Trade Agreement*, NBER Working Paper No. 3914, 1991.

Jia, R., *Pollution for promotion*, 21st Century China Center Research Paper No. 2017 – 05. March 21, 2017.

OECD, *Environmental Compliance and Enforcement in China*: *An Assessment of Current Practices and Ways Forward*, Paris: OECD Publishing, 2006.

OECD, *OECD Environmental Performance Review*: *China* 2007, Paris: OECD Publishing, 2007.

Williams, R., *Interaction effects between continuous variables* (*Optional*), University of Notre Dame, 2015.

Wu, J., Deng, Y., Huang, J., Morck, R., Yeung, B., *Incentives and Outcomes*: *China's Environmental Policy*, IRES Working Paper Series, No. 18754, 2013.

六 外文论文

Adler, J. H., "Jurisdictional Mismatch in Environmental Federalism", *New York University Environmental Law Journal*, Vol. 14, No. 1, 2005, pp. 130 – 178.

Andreoni, J. and Levinson, A., "The Simple Analytics of the Environmental Kuznets Curve", *Journal of Public Economics*, Vol. 80, No. 2, 2001, pp. 269 – 286.

Anselin, L., Bera, A. K., Florax, R., Yoon, M. J., "Simple Diagnostic Tests for Spatial Dependence", *Regional Science and Urban Eco-*

nomics, Vol. 26, No. 1, 1996, pp. 77 – 104.

ApSimon, H. M. and Warren, R. F., "Transboundary Air Pollution in Europe", *Energy Policy*, Vol. 24, No. 7, 1996, pp. 631 – 640.

Balme, R. and Qi, Y., "Multi – Level Governance and the Environment: Intergovernmental Relations and Innovation in Environmental Policy", *Environmental Policy and Governance*, Vol. 24, No. 3, 2014, pp. 147 – 232.

Becker, R. and Henderson, V., "Effects of Air Quality Regulations on Polluting Industries", *Journal of Political Economy*, Vol. 108, No. 2, 2000, pp. 379 – 421.

Bergin, M. S., West, J. J., Keating, T. J., Russell, A. G., "Regional Atmospheric Pollution and Transboundary Air Quality Management", *Annual Review of Environment and Resources*, Vol. 30, No. 1, 2005, pp. 1 – 37.

Besley, T. and Case, A., "Incumbent Behavior: Vote – Seeking, Tax – Setting, and Yardstick Competition", *The American Economic Review*, Vol. 85, No. 1, 1995, pp. 25 – 45.

Beyer, S., "Environmental Law and Policy in the People's Republic of China", *Chinese Journal of International Law*, Vol. 5, No. 1, 2006, pp. 185 – 211.

Brajer, V., Mead, R. W., Xiao, F., "Health Benefits of Tunneling Through the Chinese Environmental Kuznets Curve (EKC)", *Ecological Economics*, Vol. 66, No. 4, 2008, pp. 674 – 686.

Brajer, V., Mead, R. W., Xiao, F., "Searching for an Environmental Kuznets Curve in China's Air Pollution", *China Economic Review*, Vol. 22, No. 3, 2011, pp. 383 – 397.

Brock, W. and Taylor, M. S., "The Green Solow model", *Journal of Economic Growth*, Vol. 15, No. 2, 2010, pp. 127 – 153.

Brueckner, J. K., "Strategic Interaction among Governments: An Overview of Empirical Studies", *International Regional Science Review*,

Vol. 26, No. 2, 2003, pp. 175 - 188.

Brunel, C. and Levinson, A., "Measuring the Stringency of Environmental Regulations", *Review of Environmental Economics and Policy*, Vol. 10, No. 1, 2016, pp. 47 - 67.

Cai, H., Chen, Y., Gong, Q., "Polluting Thy Neighbor: Unintended Consequences of China's Pollution Reduction Mandates", *Journal of Environmental Economics and Management*, Vol. 76, No. 3, 2016, pp. 86 - 104.

Chan, K. S., "Consistency and Limiting Distribution of the Least Squares Estimator of a Threshold Autoregressive Model", *The Annals of Statistics*, Vol. 21, No. 1, 1993, pp. 520 - 533.

Choi, E. K., "Patronage and Performance: Factors in the Political Mobility of Provincial Leaders in Post - Deng China", *The China Quarterly*, Vol. 212, 2012, pp. 965 - 981.

De Groot, H. L. F., Withagen, C. A., Zhou, M., "Dynamics of China's Regional Development and Pollution: an Investigation into the Environmental Kuznets Curve", *Environment and Development Economics*, Vol. 9, No. 4, 2004, pp. 507 - 537.

Dean, J. M., Lovely, M. E., Wang, H., "Are Foreign Investors Attracted to Weak Environmental Regulations? Evaluating the Evidence from China", *Journal of Development Economics*, Vol. 90, No. 1, 2009, pp. 1 - 13.

Deng, H., Zheng, X., Huang, N., Li, F., "Strategic Interaction in Spending on Environmental Protection: Spatial Evidence from Chinese Cities", *China & World Economy*, Vol. 20, No. 5, 2012, pp. 103 - 120.

Eaton, S. and Kostka, G., "Authoritarian Environmentalism Undermined? Local Leaders' Time Horizons and Environmental Policy Implementation in China", *The China Quarterly*, Vol. 218, 2014, pp. 359 - 380.

Ebert, U., "Environmental Goods and the Distribution of Income", *Envi-*

ronmental and Resource Economics, Vol. 25, No. 4, 2003, pp. 435 – 459.

Ebert, U., "Revealed Preference and Household Production", *Journal of Environmental Economics and Management*, Vol. 53, No. 2, 2007, pp. 276 – 289.

Edin, M., "State Capacity and Local Agent Control in China: CCP Cadre Management from a Township Perspective", *The China Quarterly*, Vol. 173, 2003, pp. 35 – 52.

Edin, M., "Remaking the Communist Party – State: The Cadre Responsibility System at the Local Level in China", *China: An International Journal*, Vol. 1, No. 1, 2003, pp. 1 – 15.

Elhorst, J. P., "Dynamic Panels with Endogenous Interaction Effects When T is Small", *Regional Science & Urban Economics*, Vol. 40, No. 5, 2010, pp. 272 – 282.

Elhorst, J. P. and Fréret, S., "Evidence of Political Yardstick Competition in France Using a Two – Regime Spatial Durbin Model with Fixed Effects", *Journal of Regional Science*, Vol. 49, No. 5, 2009, pp. 931 – 951.

Eriksson, C. and Persson, J., "Economic Growth, Inequality, Democratization, and the Environment", *Environmental and Resource Economics*, Vol. 25, No. 1, 2003, pp. 1 – 16.

Fan, C. C., "The Vertical and Horizontal Expansions of China's City System", *Urban Geography*, Vol. 20, No. 6, 1999, pp. 493 – 515.

Flores, N. E., Carson, R. T., "The Relationship between the Income Elasticities of Demand and Willingness to Pay", *Journal of Environmental Economics and Management*, Vol. 33, No. 3, 1997, pp. 287 – 295.

Fredriksson, P. G., Millimet, D. L., "Strategic Interaction and the Determination of Environmental Policy across U. S. States", *Journal of Urban Economics*, Vol. 51, No. 1, 2002, pp. 101 – 122.

Ghanem, D., Zhang, J., "'Effortless Perfection:' Do Chinese Cities Manipulate Air Pollution Data?", *Journal of Environmental Economics and Management*, Vol. 68, No. 2, 2014, pp. 203 – 225.

Gordon, R. H., "An Optimal Taxation Approach to Fiscal Federalism", *The Quarterly Journal of Economics*, Vol. 98, No. 4, 1983, pp. 567 – 586.

Greenstone, M., "The Impacts of Environmental Regulations on Industrial Activity: Evidence from the 1970 and 1977 Clean Air Act Amendments and the Census of Manufactures", *Journal of Political Economy*, Vol. 110, No. 6, 2002, pp. 1175 – 1219.

Grossman, G. M. and Krueger, A. B., "Economic Growth and the Environment", *The Quarterly Journal of Economics*, Vol. 110, No. 2, 1995, pp. 353 – 377.

Hammitt, J., Zhou, Y., "The Economic Value of Air – Pollution – Related Health Risks in China: A Contingent Valuation Study", *Environmental and Resource Economics*, Vol. 33, No. 3, 2006, pp. 399 – 423.

Hansen, B. E., "Threshold Effects in Non – Dynamic Panels: Estimation, Testing, and Inference", *Journal of Econometrics*, Vol. 93, No. 2, 1999, pp. 345 – 368.

Hart, C., Ma, Z., "China's Regional Carbon Trading Experiments and the Development of a National Market: Lessons from China's SO_2 Trading Programme", *Energy & Environment*, Vol. 25, No. 3, 2014, pp. 577 – 592.

Hausman, J., "Contingent Valuation: From Dubious to Hopeless", *Journal of Economic Perspectives*, Vol. 26, No. 4, 2012, pp. 43 – 56.

He, J. and Wang, H., "Economic Structure, Development Policy and Environmental Quality: An Empirical Analysis of Environmental Kuznets Curves with Chinese Municipal Data", *Ecological Economics*, Vol. 76, 2012, pp. 49 – 59.

He, Q., "Fiscal Decentralization and Environmental Pollution: Evidence from Chinese Panel Data", *China Economic Review*, Vol. 36, 2015, pp. 86 – 100.

Henderson, V., "The Impact of Air Quality Regulation on Industrial Location", *Annals Economics and Statistics*, No. 45, 1997, pp. 123 – 137.

Hering, L. and Poncet, S., "Environmental Policy and Exports: Evidence from Chinese Cities", *Journal of Environmental Economics and Management*, Vol. 68, No. 2, 2014, pp. 296 – 318.

Hoel, M., "Global Environmental Problems: The Effects of Unilateral Actions Taken by One Country", *Journal of Environmental Economics and Management*, Vol. 20, No. 1, 1991, pp. 55 – 70.

Hökby, S. and Söderqvist, T., "Elasticities of Demand and Willingness to Pay for Environmental Services in Sweden", *Environmental and Resource Economics*, Vol. 26, No. 3, 2003, pp. 361 – 383.

Hong, T., Yu, N., Mao, Z., "Does Environment Centralization Prevent Local Governments from Racing to the Bottom? Evidence from China", *Journal of Cleaner Production*, Vol. 231, 2019, pp. 649 – 659.

Horowitz, J. K. and McConnell, K. E., "Willingness to Accept, Willingness to Pay and the Income Effect", *Journal of Economic Behavior & Organization*, Vol. 51, No. 4, 2003, pp. 537 – 545.

Ito, K. and Zhang, S., "Willingness to Pay for Clean Air: Evidence from Air Purifier Markets in China", *Journal of Political Economy*, Vol. 128, No. 5, 2020, pp. 1627 – 1672.

Javorcik, B. S. and Wei, S. J., "Pollution Havens and Foreign Direct Investment: Dirty Secret or Popular Myth?", *The B. E. Journal of Economic Analysis & Policy*, Vol. 3, No. 2, 2003, pp. 1 – 34.

Jiang, L., Lin, C., Lin, P., "The Determinants of Pollution Levels: Firm – Level Evidence from Chinese Manufacturing", *Journal of Comparative Economics*, Vol. 42, No. 1, 2014, pp. 118 – 142.

Jin, H., Qian, Y., Weingast, B. R., "Regional Decentralization and

Fiscal Incentives: Federalism, Chinese Style", *Journal of Public Economics*, *Vol.* 89, No. 9 - 10, 2005, pp. 1719 - 1742.

Jones, L. E. and Manuelli, R. E. "Endogenous Policy Choice: The Case of Pollution and Growth", *Review of Economic Dynamics*, Vol. 4, No. 2, 2001, pp. 369 - 405.

Kellenberg, D. K., "An Empirical Investigation of the Pollution Haven Effect with Strategic Environment and Trade Policy", *Journal of International Economics*, Vol. 78, No. 2, 2009, pp. 242 - 255.

Kennedy, P. and Hutchinson, E., "The Relationship between Emissions and Income Growth for a Transboundary Pollutant", *Resource and Energy Economics*, Vol. 38, 2014, pp. 221 - 242.

Konisky, D. M., "Regulatory Competition and Environmental Enforcement: Is There a Race to the Bottom?", *American Journal of Political Science*, Vol. 51, No. 4, 2007, pp. 853 - 872.

Konisky, D. M., "Assessing U. S. State Susceptibility to Environmental Regulatory Competition", *State Politics & Policy Quarterly*, Vol. 9, No. 4, 2009, pp. 404 - 428.

Konisky, D. M. and Woods, N. D., "Exporting Air Pollution? Regulatory Enforcement and Environmental Free Riding in the United States", *Political Research Quarterly*, Vol. 63, No. 4, 2010, pp. 771 - 782.

Konisky, D. M. and Woods, N. D., "Environmental Free Riding in State Water Pollution Enforcement", *State Politics & Policy Quarterly*, Vol. 12, No. 3, 2012, pp. 227 - 251.

Konisky, D. M. and Woods, N. D., "Measuring State Environmental Policy", *Review of Policy Research*, Vol. 29, No. 4, 2012, pp. 544 - 569.

Kostka, G., "Command without Control: The Case of China's Environmental Target System", *Regulation & Governance*, Vol. 10, No. 1, 2016, pp. 58 - 74.

Kostka, G. and Hobbs, W., "Local Energy Efficiency Policy Implementation in China: Bridging the Gap between National Priorities and Local Interests", *The China Quarterly*, Vol. 211, 2012, pp. 765 – 785.

Kostka, G. and Mol, A. P. J., "Implementation and Participation in China's Local Environmental Politics: Challenges and Innovations", *Journal of Environmental Policy & Planning*, Vol. 15, No. 1, 2013, pp. 3 – 16.

Kostka, G. and Nahm, J., "Central-Local Relations: Recentralization and Environmental Governance in China", *The China Quarterly*, Vol. 231, 2017, pp. 567 – 582.

Kristrom, B. and Riera, P., "Is the Income Elasticity of Environmental Improvements Less Than One?", *Environmental and Resource Economics*, Vol. 7, No. 1, 1996, pp. 45 – 55.

Lai, C. Y. I. and Yang, C. C., "On Environmental Quality: 'Normal' versus 'Luxury' Good", *The Journal of Social Sciences and Philosophy*, Vol. 23, No. 1, 2010, pp. 1 – 14.

Lee, L. F., "Asymptotic Distributions of Quasi-Maximum Likelihood Estimators for Spatial Autoregressive Models", *Econometrica*, Vol. 72, No. 6, 2004, pp. 1899 – 1925.

Lee, L. F. and Yu, J., "A Spatial Dynamic Panel Data Model with Both Time and Individual Fixed Effects", *Econometric Theory*, Vol. 26, No. 2, 2010, pp. 564 – 597.

Lee, L. F. and Yu, J., "Efficient GMM Estimation of Spatial Dynamic Panel Data Models with Fixed Effects", *Journal of Econometrics*, Vol. 180, No. 2, 2014, pp. 174 – 197.

Levinson, A., "Environmental Regulations and Manufacturers' Location Choices: Evidence from the Census of Manufactures", *Journal of Public Economics*, Vol. 62, No. 1 – 2, 1996, pp. 5 – 29.

Levinson, A., "An Industry-Adjusted Index of State Environmental Compliance Costs", in Carraro, C., Metcalf, G. E., eds. *Behavioral and Distributional Effects of Environmental Policy*, University of Chicago

Press, 2001, pp. 131 - 158.

Levinson, A., "Environmental Regulatory Competition: A Status Report and Some New Evidence", *National Tax Journal*, Vol. 56, No. 1, 2003, pp. 91 - 106.

Li, H. and Zhou, L. A., "Political Turnover and Economic Performance: The Incentive Role of Personnel Control in China", *Journal of Public Economics*, Vol. 89, No. 9 - 10, 2005, pp. 1743 - 1762.

Li, X., Liu, C., Weng, X., Zhou, L. - A., "Target Setting in Tournaments: Theory and Evidence from China", *The Economic Journal*, Vol. 129, No. 623, 2019, pp. 2888 - 2915.

Li, X., Qiao, Y., Shi, L., "Has China's War on Pollution Slowed the Growth of Its Manufacturing and by How Much? Evidence from the Clean Air Action", *China Economic Review*, Vol. 53, 2019, pp. 271 - 289.

List, J. A., McHone, W. W., Millimet, D. L., "Effects of Environmental Regulation on Foreign and Domestic Plant Births: Is There a Home Field Advantage?", *Journal of Urban Economics*, Vol. 56, No. 2, 2004, pp. 303 - 326.

Liu, L., Zhang, B., Bi, J., "Reforming China's Multi-Level Environmental Governance: Lessons from the 11th Five-Year Plan", *Environmental Science & Policy*, Vol. 21, 2012, pp. 106 - 111.

López, R. "The Environment as a Factor of Production: The Effects of Economic Growth and Trade Liberalization", *Journal of Environmental Economics and Management*, Vol. 27, No. 2, 1994, pp. 163 - 184.

Manski, C. F., "Identification of Endogenous Social Effects: The Reflection Problem", *The Review of Economic Studies*, Vol. 60, No. 3, 1993, pp. 531 - 542.

Martini, C. and Tiezzi, S., "Is the Environment a Luxury? An Empirical Investigation Using Revealed Preferences and Household Production", *Resource and Energy Economics*, Vol. 37, 2014, pp. 147 - 167.

McConnell, K. E., "Income and the Demand for Environmental Quality",

Environment and Development Economics, Vol. 2, No. 4, 1997, pp. 383 - 399.

Millimet, D. L., "Environmental Federalism: A Survey of the Empirical Literature", *Case Western Reserve Law Review*, Vol. 64, No. 4, 2014, pp. 1669 - 1758.

Millimet, D. L. and Rangaprasad, V., "Strategic Competition Amongst Public Schools", *Regional Science and Urban Economics*, Vol. 37, No. 2, 2007, pp. 199 - 219.

Moore, S., "Hydropolitics and Inter-Jurisdictional Relationships in China: The Pursuit of Localized Preferences in a Centralized System", *The China Quarterly*, Vol. 219, 2014, pp. 760 - 780.

Murdoch, J. C., Sandler, T., Sargent, K., "A Tale of Two Collectives: Sulphur Versus Nitrogen Oxides Emission Reduction in Europe", *Economica*, Vol. 64, No. 254, 1997, pp. 281 - 301.

Nordenstam, B. J., Lambright, W. H., Berger, M. E., Little, M. K., "A Framework for Analysis of Transboundary Institutions for Air Pollution Policy in the United States", *Environmental Science & Policy*, Vol. 1, No. 3, 1998, pp. 231 - 238.

O'Brien, K. J. and Li, L., "Selective Policy Implementation in Rural China", *Comparative Politics*, Vol. 31, No. 2, 1999, pp. 167 - 186.

Oates, W. E., "An Essay on Fiscal Federalism", *Journal of Economic Literature*, Vol. 37, No. 3, 1999, pp. 1120 - 1149.

Oates, W. E. and Schwab, R. M., "Economic Competition Among Jurisdictions: Efficiency Enhancing or Distortion Inducing?", *Journal of Public Economics*, Vol. 35, No. 3, 1988, pp. 333 - 354.

Olson, M., "The Principle of 'Fiscal Equivalence': The Division of Responsibilities Among Different Levels of Government", *The American Economic Review*, Vol. 59, No. 2, 1969, pp. 479 - 487.

Pearce, D. and Palmer, C., "Public and Private Spending for Environmental Protection: A Cross-Country Policy Analysis", *Fiscal Studies*,

Vol. 22, No. 4, 2001, pp. 403 –456.

Pollitt, C., "Joined-Up Government: A Survey", *Political Studies Review*, Vol. 1, No. 1, 2003, pp. 34 –49.

Ready, R. C., Malzubris, J., Senkane, S., "The Relationship between Environmental Values and Income in a Transition Economy: Surface Water Quality in Latvia", *Environment and Development Economics*, Vol. 7, No. 1, 2002, pp. 147 –156.

Ring, I., "Ecological Public Functions and Fiscal Equalisation at the Local Level in Germany", *Ecological Economics*, Vol. 42, No. 3, 2002, pp. 415 –427.

Roca, J., "Do Individual Preferences Explain the Environmental Kuznets Curve?", *Ecological Economics*, Vol. 45, No. 1, 2003, pp. 3 –10.

Selden, T. M. and Song, D., "Neoclassical Growth, the J Curve for Abatement, and the Inverted U Curve for Pollution", *Journal of Environmental Economics and Management*, Vol. 29, No. 2, 1995, pp. 162 –168.

Shen, J., "A Simultaneous Estimation of Environmental Kuznets Curve: Evidence from China", *China Economic Review*, Vol. 17, No. 4, 2006, pp. 383 –394.

Sigman, H., "International Spillovers and Water Quality in Rivers: Do Countries Free Ride?", *American Economic Review*, Vol. 92, No. 4, 2002, pp. 1152 –1159.

Sigman, H., "Transboundary Spillovers and Decentralization of Environmental Policies", *Journal of Environmental Economics and Management*, Vol. 50, No. 1, 2005, pp. 82 –101.

Sjöberg, E., "An Empirical Study of Federal Law Versus Local Environmental Enforcement", *Journal of Environmental Economics and Management*, Vol. 76, 2016, pp. 14 –31.

Song, T., Zheng, T., Tong, L., "An Empirical Test of the Environmental Kuznets Curve in China: A Panel Cointegration Approach", *Chi-*

na Economic Review, Vol. 19, No. 3, 2008, pp. 381 – 392.

Sun, C., Yuan, X., Xu, M., "The Public Perceptions and Willingness to Pay: from the Perspective of the Smog Crisis in China", *Journal of Cleaner Production*, Vol. 112, 2016, pp. 1635 – 1644.

Tang, L., Qu, J., Mi, Z., Bo, X., Chang, X., Anadon, L. D., Wang, S., Xue, X., Li, S., Wang, X., Zhao, X., "Substantial Emission Reductions from Chinese Power Plants after the Introduction of Ultra-Low Emissions Standards", *Nature Energy*, Vol. 4, No. 11, 2019, pp. 929 – 938.

Tiebout, C. M., "A Pure Theory of Local Expenditures", *The Journal of Political Economy*, Vol. 64, No. 5, 1956, pp. 416 – 424.

Tuinstra, W., Hordijk, L., Kroeze, C., "Moving Boundaries in Transboundary Air Pollution Co-Production of Science and Policy under the Convention on Long Range Transboundary Air Pollution", *Global Environmental Change*, Vol. 16, No. 4, 2006, pp. 349 – 363.

Ulph, A., "Harmonization and Optimal Environmental Policy in a Federal System with Asymmetric Information", *Journal of Environmental Economics and Management*, Vol. 39, No. 2, 2000, pp. 224 – 241.

van Rooij, B., Zhu, Q., Li, N., Wang, Q., "Centralizing Trends and Pollution Law Enforcement in China", *The China Quarterly*, Vol. 231, 2017, pp. 583 – 606.

Wang, H., He, J., Kim, Y., Kamata, T., "Willingness-to-Pay for Water Quality Improvements in Chinese Rivers: An Empirical Test on the Ordering Effects of Multiple-Bounded Discrete Choices", *Journal of Environmental Management*, Vol. 131, 2013, pp. 256 – 269.

Wang, H., Shi, Y., Kim, Y., Kamata, T., "Valuing Water Quality Improvement in China: A Case Study of Lake Puzhehei in Yunnan Province", *Ecological Economics*, Vol. 94, 2013, pp. 56 – 65.

Wang, H., Shi, Y., Kim, Y., Kamata, T., "Economic Value of Water Quality Improvement by One Grade Level in Erhai Lake: A Willingness-to-Pay Survey and a Benefit-Transfer Study", *Frontiers of Economics in China*, Vol. 10, No. 1, 2015, pp. 168 - 199.

Woods, N. D., "Interstate Competition and Environmental Regulation: A Test of the Race-to-the-Bottom Thesis", *Social Science Quarterly*, Vol. 87, No. 1, 2006, pp. 174 - 189.

Wu, H., Guo, H., Zhang, B., Bu, M., "Westward Movement of New Polluting Firms in China: Pollution Reduction Mandates and Location Choice", *Journal of Comparative Economics*, Vol. 45, No. 1, 2017, pp. 119 - 138.

Wu, D., Xu, Y., Zhang, S., "Will Joint Regional Air Pollution Control Be More Cost-Effective? An Empirical Study of China's Beijing-Tianjin-Hebei Region", *Journal of Environmental Management*, Vol. 149, 2015, pp. 27 - 36.

Yu, J., Jong, R. D., Lee, L. F., "Quasi-Maximum Likelihood Estimators for Spatial Dynamic Panel Data with Fixed Effects When Both N and T are Large", *Journal of Econometrics*, Vol. 146, No. 1, 2008, pp. 118 - 134.

Yu, Y., Zhang, L., Li, F., Zheng, X., "On the Determinants of Public Infrastructure Spending in Chinese Cities: A Spatial Econometric Perspective", *The Social Science Journal*, Vol. 48, No. 3, 2011, pp. 458 - 467.

Yu, J., Zhou, L.-A., Zhu, G., "Strategic Interaction in Political Competition: Evidence from Spatial Effects across Chinese Cities", *Regional Science and Urban Economics*, Vol. 57, 2016, pp. 23 - 37.

Zhang, B., Chen, X., Guo, H., "Does Central Supervision Enhance Local Environmental Enforcement? Quasi - Experimental Evidence from China", *Journal of Public Economics*, Vol. 164, 2018, pp. 70 - 90.

Zhang, S., "Environmental Regulatory and Policy Framework in China: An Overview", *Journal of Environmental Sciences*, Vol. 13, No. 1, 2001, pp. 122 - 128.

Zheng, S. and Kahn, M. E., "Understanding China's Urban Pollution Dynamics", *Journal of Economic Literature*, Vol. 51, No. 3, 2013, pp. 731 – 772.

Zhong, L. J. and Mol, A. P. J., "Participatory Environmental Governance in China: Public Hearings on Urban Water Tariff Setting", *Journal of Environmental Management*, Vol. 88, No. 4, 2008, pp. 899 – 913.

后　记

当本书即将付梓之际，回顾多年的学术求索之路，又一次深切体会到坚持学术初心的不易，当把多年所思、所想、所悟总结整理成稿时，又感到一丝踏实和欣慰，这是对笔者多年孜孜以求的回报。笔者从就读本科接触到环境经济学，至今已有十七年，这个过程是个人不断成长的过程，也诠释了学术积累的漫长和所要付出的艰辛；在充满不确定性的学术领域求索，要有板凳要坐十年冷的坚持，要有贫而乐道、淡泊宁静的心境，更要有发自内心的对探求新知的热爱和对学术理想的坚守。当对一些问题不懈思索，得到自己的解答而获得精神上的自我满足，如果有幸对社会进步起到哪怕是微不足道的积极作用，那么求知过程中的辛勤与汗水、困顿与迷茫、探索与坚守就都是值得的。

本书是笔者不断学习、逐步完善知识体系、多学科交叉研究的成果。传统的环境经济学建立在微观经济学外部性和公共物品理论基础之上，虽然在分析政府通过环境政策提升社会福利方面卓有成效，但对环境管理权在多层级政府间优化配置的分析缺少必要的回应。特别是主流微观经济学源于西方，是基于英美等发达国家的社会制度建立起来的，如何将市场失灵理论与中国行政体制、发展阶段、污染态势等特征结合起来，探索适用于中国的环境治理制度，成为本书研究的起点。中国作为大国，地域辽阔、行政层级多，权力结构的运行逻辑主要是自上而下的，中央政府和地方政府在环境治理中扮演了什么角色，如何通过纵向优化配置实现环境治理的良治和善治，是中国环境治理面临的独特且重要的命题。要回答这个问题，需要扩展传统环境经济学的视域，而其中理解政府行为，特别是中国地方政府的制度和激励结构是绕不开的话题。因此，笔者在读博期间即围绕中国经济增长奇迹背后的制度基础，开始较为系统地学习财政分权、官员晋升、地方竞争等公共经济学、新政治经济学、发展经济学的相关内容，试图将中国的环境治理制度放在更广阔的理论视角下加以考察。除此之外，笔者还坚持学习计量经济学等定量分析工具，力求用事实说话、用数据说话，尽力做到论证的科学和严谨。

本书立足中国国情，聚焦中国环境治理面临的现实问题，体现了经济学经世致用之属性，是笔者长期坚持的学术研究服务于国家和社会需要的研究定位的体现。由于社会科学具有鲜明的时代性、地域性、民族性，笔者认为学术研究的问题应源于中国生态环境治理的实践，要基于国际视野和科学方法，研究中国环境治理中的真问题、大问题，把研究做在中国的大地上，服务于中国现代环境治理体系的构建。经过笔者长期观察发现，学界对中国生态环境管理制度的研究相对不足，特别是环境管理权在多层级政府间优化配置和跨域协同问题，还没有形成统一的理论分析框架，而生态环境管理体制的适切性非常重要，是中国生态环境治理的基础性、长期性、战略性制度安排。1988 年中国设立副部级的国家环境保护局，1998 年成立正部级的国家环境保护总局，2008 年升格为环境保护部，2018 年组建生态环境部，中国生态环境管理体制每十年就经历一轮大的改革完善，而未来中国生态环境体制如何进一步完善是一个重要且有待系统回答的理论和现实问题。本书正是围绕中国环境治理的纵向分权和跨域协同制度进行研究的阶段性成果。

本书是在国家社会科学基金结项报告和北京市社会科学基金项目报告基础上整合、修改而成的。部分章节有幸以学术论文的形式发表：(1)《收入水平、污染密度与公众环境质量需求》，《世界经济》2017 年第 9 期。(2)《经济竞争、受益外溢与地方政府环境监管失灵——基于地级市高阶空间计量模型的效应评估》，《世界经济文汇》2018 年第 6 期。(3)《中国地方环境分权与制度变迁——多级分权度测算与污染治理效应评估》，《管理评论》2022 年第 5 期。(4)《中国环境保护相关电价政策效应与资金机制》，《中国环境科学》2020 年第 6 期。(5)《完善决策机制落实企业责任 加快构建现代环境治理体系》，《环境保护》2020 年第 8 期。感谢期刊编辑部老师对本书出版予以的宝贵支持。基于本书的研究结论，已报送决策咨询建议两篇，有幸得到党和国家领导人的肯定性批示，产生了政策影响，感谢中国人民大学“国家高端智库”对本研究的支持！

笔者在开展相关研究过程中，得到论文合作者和多位专家学者的指导、帮助和鼓励，他们是郑新业教授、马中教授、宋国君教授、王华教授、吴健教授、曾贤刚教授、庞军教授等，在此特别感谢！在本书写作过程中，笔者指导的研究生张晨涛、刘侗一、胡天觊、孙艺丹、赵康、秦露等同学参与其中的部分内容，他们的研究工作富有成效，感谢他们对本书所做的贡献。本书的出版得到中国社会科学出版社的大力支持，对此深表感谢！感谢中国人民大学环境学院对本书出版提供资助，感谢中国人民大学为笔者提供相对宽松和富有活力的学术研究氛围。本书的研究内容是多年孜孜以求、不断探索的阶段性成果，得益于亲人、朋友和同事们的关心、支持和鼓励，在此表达诚挚的谢意！最后要感谢本书的读者，您的阅读是本书最大的价值之所在！

本书对从事环境经济、环境管理、公共经济与公共政策等相关领域工作的专业人员具有参考价值，也可以作为环境经济学、环境管理学等专业研究生的教学参考书。本书的很多内容具有探索性质，对中国生态环境管理制度的研究在许多方面均有待进一步深化。在本书写作过程中，虽力求资料翔实、论证严谨，但限于作者能力，难免存在疏漏，不足之处恳请读者批评指正。